U0290276

建筑新视界

Built

upon

Love

建筑在爱之上

〔加〕阿尔伯托·佩雷兹-戈麦兹 著

邹晖 译

商务印书馆
The Commercial Press

2018年·北京

Alberto Pérez-Gómez

BUILT UPON LOVE:
ARCHITECTURAL LONGING AFTER
ETHICS AND AESTHETICS

目　录

第二部　　友爱、同情，与建筑的道德维向：计划

译 者 序

　　阿尔伯托·佩雷兹-戈麦兹博士系加拿大麦吉尔大学建筑历史与理论教授。他曾经在伦敦建筑协会学院教书，于1983—1986年任加拿大卡尔顿大学建筑系主任；从1987年至今，担任麦吉尔大学建筑系"建筑历史与理论"研究生部主任。与加拿大建筑中心合作，他于1990—1993年创立了"建筑历史研究所"。佩雷兹-戈麦兹是世界著名的建筑历史学家，他是将哲学现象学融入建筑历史与理论研究的领军人物。他的主要论著包括：《建筑与现代科学的危机》（1983）、《波利菲洛，或重访幽暗森林》（1992）、《建筑表象与透视的铰接》（与佩尔蒂埃合著，1997）、《建筑在爱之上》（2006）。他于1994年创刊了影响深远的建筑历史与理论研究文本系列《Chora：在建筑哲学的缝隙中》，迄今已出版六期。在同一年，他与建筑师霍尔及理论家帕拉斯马合作出版了论著《感知的问题——建筑现象学》，深得建筑学师生的喜爱。他还在墨西哥出版了自己的西班牙语诗集。此《建筑在爱之上》中译本经作者授权翻译。译者于 1998—2005 年在佩雷兹-戈麦兹教授的指导下进行博士学位学习。

关于这本书的重要性，得把它与佩雷兹-戈麦兹以前的著作放在一起看。《建筑与现代科学的危机》着重于 18 世纪法国启蒙运动时期纷繁复杂的建筑理论与实践。18 世纪是西方建筑从传统向现代转换的关键时期，它的建筑思想与科学理性相铰接，但是并非受后者制约。相反，建筑的矛盾状况反映了启蒙运动时期西方科学隐含的危机，而这种危机一直延续到当代以技术世界观为主导的全球化建筑实践。作者对建筑中技术世界观的现象学批判导致他对西方建筑史中感性与爱的线索的追踪。效仿文艺复兴时期科隆纳的爱情文本《波利菲洛的爱的梦旅》（1499），佩雷兹-戈麦兹写下了他的超现实主义文本《波利菲洛，或重访幽暗森林》，探讨了建筑中虚构、理论与爱欲的关系，在当今技术垄断的世界中寻找建筑的爱的传统。随后他与其夫人合作完成了《建筑表象与透视的铰接》，探讨以人工透视为历史线索的从文艺复兴到超现实主义的建筑表象技术，揭示建筑的表象从来不是中性的几何构图，而是意义的体现，是诗意的形体化。文艺复兴建筑的新柏拉图主义理论根基与古希腊哲学及古罗马维特鲁威的建筑理论紧密相关。佩雷兹-戈麦兹早在 1985 年在伦敦建筑协会学院学报上发表了题为"戴达罗斯的神话"一文，分析了古希腊的神话、诗意制作与仪式化空间的关系。

　　《建筑在爱之上》可以说是佩雷兹-戈麦兹的集大成之作。这是一本独特的建筑历史与理论的论著。这表现在它的研究题目、研究方法、研究深度与广度，以及写作方式上。它开创性地探讨了人性的根本现象"爱"与建筑的关系。通过对古希腊、中世纪、文艺复兴乃至 17 到 20 世纪的重要建筑理论、哲学与文学文本的诠释性交叉阅读，作者意欲揭示充满爱意的建筑的历史性，并提出建构爱的建筑的唯一途径是诗意与道德。如同维特鲁威的《建筑十书》，本书也分十章（包括"导语"），没有插图（《建筑十书》的最早版本也是没有插图）。通过有意识地选择纯文字的写作文本，作者一方面隐喻着建筑写作的原始传统，另一方面意欲强调建筑与语言在共创建筑意义进程中的类比关系，并以此作为对当今建筑界（尤其在数字化时代）空洞的形象泛滥的回应。同理，作者在其学术讲座中很少演示建筑形象或看图说话，全然依靠理论性口述来表达思想。在书中，作者敏锐地观察到现代建筑中形式与功能、艺术与社会、道德与诗意之间的严重分离，提出建筑曾经是而且必须持续地建构在爱之上。他指出现代建筑拒弃了建筑传统的超验世界，而它所倡导的唯物与技术至上的道路又不能够满足人性界定的复杂欲望。他认为真正的建筑应该回应人类诗意栖居的愿望，使秩序与梦想产生共鸣。作者通过揭示爱与建筑的互动关系，寻求诗意与道德的建筑整合。

　　本书对从古希腊到后现代的关于建筑与爱的互动理论做了详尽的阅读与诠释。这些关于爱的历史线索与思想火花跳跃在各章的"开篇"中。在"导语"中，作者阐述了本书所欲确立的论点：仅仅依靠建筑的物质与技术手段并不能够满意地回应人性的复杂欲望。人类被给予的最大礼物是爱。真正的建筑回应着人类栖居的欲望，并充满爱意地带来了与我们的梦想共鸣的秩序感。作者在现代美学理解之外寻求建筑意义的源头，揭示在建筑的原始传统中道德与诗意价值的深层联系。作者研究的一个关键参考点是古希腊时期"爱"的概念所发生的复杂转化形态，比如古希腊节庆中的木制雕像和古希腊罗马文化的奇观构造。这些奇观构造引出了第一章中对"爱欲与创造"关系的分析。作者区分出爱神丘比特之外的原初爱神，后者具有唤起众神创造美好宇宙的力量。这个原初的爱神表达着人的存在的超丰富性，他是一种疯狂的"分离"力量，而非理性的建构。情欲的狂热给艺匠的灵魂安上了翅膀。如同戴达罗斯，作为巫师的建筑师驾驭着诗意形象的威力，以图在我们这个世界之内通过与其他世界（比如神的世界）的交流来与他人交往。作者将维特鲁威的建筑之美与古希腊神话中的情爱之美联系起来。作为哲学家、魔法师、巫师与辩才的爱神因而代表着建筑师的形象，他在文字中寻求智慧，在行为中创造奇观。在文艺复兴时期，爱欲与巫术之间产生了对等关系。恋人与巫师使用相同的技术来操纵形象，这些技术恰巧与建筑师的技术相类似。建筑师通过生产诱人且道德的产品，使他人安居在与上天相协调的身心健康的状态中。

在分析了爱欲与创造的历史关系之后，作者在第二章试图界定爱欲形体化界限——空间。在古希腊建筑中，爱欲空间是作品与参与者之间以及建筑师与其诗意创造之间的形体化间隔。美的根本特质正是在于对部件的整理组合并诱惑着使用者/观者，创造出富有意义的参与空间。古希腊的"和谐"概念是以爱为终极目标的体现。古希腊的"连接"一词意指爱神的原始连接。在吟唱诗人的爱欲空间与柏拉图的"原初空间"这个概念之间有着很深的近似性。如同爱，原初空间使所有的关系和知识成为可能，它指向使语言与文化的创造成为可能的不可见领域。古希腊罗马的圆形剧场维系着类似于爱欲空间的具有强烈张力的间距。文艺复兴的人工透视法所引入的令人神往的视觉深度也是一种爱欲空间，一种远距离参与的空间。耶稣士维拉潘多引用耶稣的"体现"概念，主张在人的世界建造理想殿堂的愿望。在第三章，作者将爱欲创造与爱欲空间融合到对爱的诗意形象的讨论中。对米开朗基罗而言，爱的主题总是炽热且苦甜交织，诗意形象内在于作品，而非客观的数字或几何。爱的传统被浪漫主义作为对实证科学的抵抗。超现实主义从浪漫主义与现象学中拾取线索，寻求艺术实践中爱的原初深度。作者着重提到18世纪的法国建筑师勒库。他的建筑设计展现了高度想象性的爱的仪式，通过讽喻的"细节描述"来庆祝那不可言状的东西：一种对立面的巧合。

从第四章开始，作者转向分析古希腊另一个爱的概念——"友爱"，并将它与建筑作为交流空间联系起来。友爱最好地表达了对他人的爱，有助于建立公民社会的秩序。友爱是承诺的基础，是人性起源的基础。仪式是集体拥戴的承诺，而建筑的计划是建筑师对业主或整个社会的承诺。在语言的空间与建筑的空间之间存在着某种类似，它被理解为交往的空间。神话诗意的言谈使对立面协调，这是一种全社会经由仪式来参与的经历。在界定这些仪式时，建筑通过形式的诗意模仿来加强其交流诗意与道德思想的能力。作为交流空间的建筑的道德形象与其恰当性有关，这很好地表现在维特鲁威的"得体"概念中。在第五章，作者将友爱与交流空间关系的讨论扩展到对建筑与语言类比关系的分析。建筑不能与语言相等同，但是建筑运作在语言的边界上，形成了语言表达形式得以产生的空间。如倒塌的巴别塔（又译"巴贝尔塔"或"通天塔"）所体现的，建筑自从无记忆时起就已运作在语言的制约上。维柯在18世纪初认识到建筑与神话之间的诗意抒发式联系，指出寻求建立在数学逻辑基础之上的大同语言是一个谬误。通过科学的模式来创造大同建筑的尝试也是徒劳的。虽然存在着建筑语言的复杂性与多样性，佩雷兹-戈麦兹强调语言与建筑的诗意是可以被翻译的。这种翻译行为既是历史与当代之间，也是不同文化之间的交流。他因而肯定了诗意建筑的本质就是创造交流空间。紧接着在第六章，作者试图识别出建筑理论中的友爱语言。这再次将读者带回到维特鲁威的理论传统。根据维特鲁威，比例是建筑理论的根基之一，这个概念是语言中最清晰的类比模式；比例的基础是语言的，并且其传递知识的模式是隐喻的。这种部件与整体之间的协调，即建筑的交流与道德维向，直接地与其诱惑的能力有关。维特鲁威的理论建构是经由人体建立起人体与建筑之间的类比。在设置建筑的几何与比例时，建筑师的作用犹如占卜师，在作品的晦暗形体中想象出明亮与数学化的目的性秩序。17世纪法国的克劳德·佩罗的建筑理论开始怀疑建筑是宇宙之类比的绝对肯定性。受佩罗建筑理论的影响，建筑与语言的语义类比关系在18世纪更多地表现为对建筑的历史语言的关注。作者在第七章通过比较19世纪初法国维尔兄弟的建筑论述，凸现这个时期建筑与语言的关系从传统到现代的转换。他们将理论理解为经由传统的伟大建筑来与过去进行交往的话语，质疑将建筑理解为由数学理性所推动的"进步"学科，提倡建筑应当通过对历史的诗意模仿而被创造出来。他们坚信作为科学的诗学，懂得展开批判的必要，通过建构建设性的历史来揭示神话中的真理以及真理与美之间的互动关系。

在揭示了建筑与语言之间的内在历史关系之后，本书第八章重点讨论了建筑作为诗意语言的可能性。作者再次肯定了18世纪维柯所发现的神话的诗意话语的历史价值及其所倡导的交错的历史循环论，以此认清线性的历史进步论的谬误。19世纪早期的建筑教授杜兰德对逻辑与功能理论的梦想演变成为现代建筑的表达方程式。自19世纪以来的建筑师不能够理解建筑学科的历史范围，因此当垄断的现代主义范式初步成型时，他们不能够意识到曾经存在的选择方向。西方的计算机绘图系统将生活的空间简约为几何实体，建筑因此表达着由意识形态或技术决定的信息，但不能够保存与保护区域文化的特殊性，从而失去了因时因地从整体生活经验出发来承担起道德责任的能力。作者指出，理想的状况是充满诗意客体的世界，它体现了民族的记忆与未来，并通过与其他民族的形体想象力的交往而表现出文化的特定性与可译性。最后在第九章，作者界定了建筑的道德实践。具有诗意与批判性的建筑作品诱发对话者的想象，打开了欲望的空间，使虚构与人的行为相交织；它诱惑人们去领会和交往，欲望而不被击垮，超越而非隐藏我们有限生命的境况。建筑的道德实践寓于其是否能够诗意地和批判地解决那些特定文化中真正有关人性的问题，揭示日常事件与客体背后的谜。建筑师应该在当今极端主义与技术至上的意识形态观的夹缝中寻求一种新的纯真心灵，像天使般展开想象的翅膀。通过历史的回忆与未来的取向，建筑应当揭示与庆祝原初神秘性的诗意潜能：一个被给予世界的丰富意义。建筑的道德实践具有戴奥尼索斯自由游戏的本质，揭示人的创造中机会与必然的巧合。

　　以上对各章节内容的概述旨在凸现作者的思想轮廓。各章节具有独立性，但又相互交织着建筑的爱的主线。各章节的理论发展都经历了从历史源头的揭示到历史批判的塑造。历史源头成为历史批判的动力，而历史批判成为历史源头的归宿。纵观全书，读者可以感知到作者在建构爱的建筑理论时，反复参考了四条历史线索：一是古希腊哲学与神话以及以此为基础的维特鲁威的建筑理论，二是文艺复兴时期的人文主义哲学与建筑实践，三是18世纪意大利哲学家维柯的历史理论，四是20

世纪的超现实主义艺术。作者将第一条线索作为其理论建构的源泉，并在各章中反复回归到这个源头。这与海德格尔寻找艺术起源的现象学方法相近似，也应和着作者的老师里克沃特在其著作《天堂中的亚当的房子——建筑历史中的原始棚屋意象》（1981）中所采用的文化人类学方法。第二条线索是第一条线索的新柏拉图主义的发展，作者将其描述为爱的形体化体现在建筑创作中的重要阶段。作者将第三条线索作为从传统向现代的转换时期所发生的一种批判史观，它维系着第一条线索的根本价值。作者将第四条线索作为对现代建筑实践的诗意抵抗，以此回响爱的原初本质。作者贯穿全书的历史的现象学诠释方法以及本书下半部分对交流空间以及建筑与语言类比关系的分析，都体现了他的另一位老师韦塞利的影响，如其集大成之作《在分裂性表象时代的建筑》（2004）。

　　较之建筑历史学家塔夫里与弗兰姆普敦的批判性史书，本书所建构的历史批判性超越了传统的以建筑客体的形式为分析对象的写作结构，以及现代建筑的批判与自我批判的无历史性窠臼，揭示了更广泛的建筑的历史、哲学与文学交织的语义基础。比如在第三章分析李布斯金的柏林犹太人博物馆时，佩雷兹-戈麦兹并没有从分析该建筑形式的原创性出发，而是首先强调这个设计延续着现代建筑中非常稀有的诗意传统，并拿李布斯金的早期试验性绘图与18世纪皮拉内西的幻想性铜版画相类比。继而揭示这个建筑所体现的一系列矛盾关系：死亡与希望、有限的生命与无限的经历、焦虑与精神的回报、天堂与神秘的空虚；而这个空虚既是大屠杀所遗留下来的空虚，同时也是希望的戏剧性展现。面对"死亡"这个历史主题，许多建筑师要么将过去抹去，要么纪念它，而李布斯金的设计不仅让人记忆，而且注入希望、成长与愈合。佩雷兹-戈麦兹指出，这种矛盾的整合，如同历史中对立面的巧合，对人性起着关键作用，且只能经由诗意来完成。李布斯金的建筑因而无法通过风格与时尚来理解，它通过揭示人的存在的有限性来使我们回应人性的礼物——爱。从这个诠释案例我们可以领会到，佩雷兹-戈麦兹针对当下流行建筑语言的历史批判从来不把现代性孤立地看待，而是通过揭示历史的起源来呈现批判的视角，从而让我们看清当代建筑失去的根本意义以及寻回这些意义所应该努力的方向。

这个新的历史批判观对于由技术世界观主导的当代中国建筑实践来说具有明鉴作用，它让我们认识到从中国自身的诗意文化传统建构对现代与当代建筑的历史批判的必要与迫切，但这种批判的历史建构不可能产生于文化自负的封闭系统，而是真正地作为交流空间的诗意与道德的建筑。全书所揭示的贯穿西方诗意建筑传统的"形体化智慧"非常近似于中国建筑传统的宇宙整合观，或者按照第三章中转引的苏东坡的诗句所言，它是充满诗情画意的天工与神作。正如本书所强调的，诗意在语言与建筑中是可翻译的，而这个可翻译性表现为隐喻的类比关系，一种过去与今天、东方与西方之间的历史巧合。这也许暗示着中国当代建筑走向世界的希望之路。

　　本书呈现了大量的西方历史与神话中的人物及其故事。作者在书中着重于对这些历史故事与情节的现象学分析与跨时空的思想对话，而对人物的历史身份没有做逐一的介绍。译文中所列西文人名大多遵从习惯译法。原注释中的西文条目基本保持原样，注释中作者的一些思想性解释语句被译成中文，并增添了相关条目的中译本，以供有兴趣的读者追踪阅读。正文括号中的页码注释保持原样，它们都遵循原参考条目的西文版本。译本尽量做到直译，并按照中文习惯斟酌打磨，使读者可以密切关注作者的思想流动与概念分析，以把握其理论的知识广度、诠释深度与批判力度。作者在对历史人物及其理论进行分析时，竭力避免"非黑即白"的二元认识论，努力呈现每个问题的丰富文脉、复杂性与矛盾性，令人信服地揭示历史所能给予当代的启明与希望：建筑在爱之上。

鸣　谢

这本书将不同学科的声音与时代连接起来。它是一个建构数年的多层面的故事。在此我向我的同事与学生们表示深厚的谢意，与他们的无数次交谈时常转移到我对问题的思考中。我有幸身处麦吉尔大学的建筑历史与理论的学术氛围中，在这里与研究生和客座学者的研讨课程时常以精彩和出人意料的方式持续，使遥远陌生的知识再现生机。

一路走来，本书很大程度受惠于建筑写作者与哲学思考者。读者也许有所不知，我的三位亲密同事的意见与著作对我的研究尤其重要。韦塞利（Dalibor Vesely）与哈里斯（Karsten Harries）关于建筑的诗意与道德的研究为我指明了起点。帕拉斯马（Juhani Pallasmaa）探讨建筑专题的"生成式"理论一直是我的灵感源泉。

在研究过程中，内沃（Marc Neveu）与迪昂（Carolinne Dionne）阅读了本书的部分章节并提出了评论。常莲（音译自

Lian Chang）与康坦追奥普洛（Christina Contandriopoulos）在建筑历史研究所的赞助下帮助完成了参考文献的编写。来自戴尔豪西大学的同事帕斯尔（Stephen Parcell）仔细阅读了本书的手稿，提出了重要的问题，并帮助斟酌了语句的表达。他对本书的内容与风格方面的建议极具价值。我对他给予的无私帮助充满感激。

我的夫人兼同事佩尔蒂埃（Louise Pelletier）阅读了我的手稿，做了深刻的评论，一直陪同我完成写作。

麦吉尔大学图书馆的珍本书籍与特别收藏馆、蒙特利尔的加拿大建筑中心图书馆的丰富资源对本书的研究极为重要。在此我对这两个机构的工作人员的支持表示感谢。

最后，我希望把自己真切的感激之情献给麻省理工学院出版社的员工。历经数年，他们的关心与执着极大地推动了本书的诞生。我尤其感谢法尔克（Alice Falk）女士令人敬佩而严格的编辑工作，感谢康诺弗（Roger Conover）让我实现了写一本没有插图的建筑著作的梦想以及他对本书书名提出的恰到好处的建议。他提议的两个字很好地界定了这本书的真实本质。

开篇的话

　　爱神（Eros）是世界之主：他推动着、引导着、控制着和取悦着每个人……生命的种子有无数，爱的女神维纳斯有无数，爱情有无数，联姻有无数……所有的联姻要么导致爱的联姻，要么取决于爱的联姻，要么基于爱的联姻……对世界没有爱的人，他没有理由去恐惧、希望、赞扬、骄傲、尝试、谴责、控告、辩解、谦恭、竞争、生气，或受影响等等……不要以为对这些问题的思考与公众事务无关，这种思考恰恰远比公众事务来得重要和奇妙。

——布鲁诺（Giordano Bruno），

"关于联姻的一般性讨论"

　　不要被表面所迷惑；内在一切皆为律定。对于那些错误地和负面地生活在情爱秘密中的人们，他们仅仅为自己而失去这个秘密，但仍然将它像一封封美好的书信不知不觉地传递。

——里尔克（Rainer Maria Rilke），《论爱情》

爱的行为起始于某种原始的粗犷，终结于世界之外的某种穿透性震颤的祝福。

——德·夏莎尔（Malcolm de Chazal），《塑性感觉》

无论我们对于生活中美的缺失是祸是福有多么不确定，一旦我们从一个远的视角来看待这个问题，立刻就会认识到美的缺失是一种彻底的剥夺。

——斯卡利（Elaine Scarry），《论美与公正》

我们总是谈论着爱，我们时常体验它，但我们很难理解它。爱并非源自自我，它早于自我并使自我成为自身的被给予者。

——马里恩（Jean-Luc Marion），《情爱现象》

导语：建筑与人的欲望

　　人的欲望界定着我们的环境，尽管有时某些界定方式在我们今天看来显得有违公理。昔日那些印象深刻的建筑是为了满足精神的需求而建造，但从现代晚期的视角来看，它们又显得如此滑稽。这些完全不实用的庞然建筑物，包括诸如雄伟的纪念死亡的纪念碑和赞颂古怪神灵的庙宇。建筑也曾经是财富与权力的支配物、颓废消费主义的象征、精英集团控制大众的手段。当建筑把意识形态与权势机构当作偶像来错误地表达时，它们往往导致压抑环境的产生。

　　现代认为诸如此类的建筑实践是错误和危险的。作为另一种注重实效的选择，现代主张建筑应该满足民主社会中个体的欲望：栖身与受保护的欲望，家庭与工作场所的欲望，在其中，人以尽可能的快乐方式生活。在上帝死亡之后，人们常说一切都失去了必然。近期，人们的欲望更流行于在"可持续发展"的旗帜下与环境责任感及普世人性的状况交结起来。有意义的建筑被理解为是高效实现人的物质需求的同时又关注资源与人类共同可持续发展。

本书想要确立的论点是，无论建筑的物质与技术手段多么精美合理，从历史的教训来看，它们始终不能满意地回应界定人性的复杂欲望。作为人类，我们被给予的最大的礼物是爱，我们不约而同地被它呼唤着去做出回应。尽管我们心中对此充满疑虑，建筑曾经并且必须持续地建构在爱之上。我将尽我所能地显示这个建筑的基础是如何地拥有其合理性，但是如果我们只是依循常规学科或抽象逻辑系统，建成的环境将不会遵从这个基础。当我们认识到传统宗教、道德教条和意识形态的危险，我们就会看清真正的建筑所关注的远远超然于流行的形式、经济实用的住房和可持续性的发展；它回应的是栖居之所的原始欲望——充满爱意地带来秩序感与我们的梦想产生共鸣；给予场景有助于我们反思自身道德境况。

本书的总体目标是诠释爱与建筑的关系，以图找到诗意与道德的交会点，即在建筑师设计美丽世界的愿望与建筑为社会提供更美好场所的使命之间的交会点。因此我将在传统的时常对立的美学理解之外去寻求建筑意义的源头，传统的美学如同18世纪关于美与道德的科学那样是常规原则的罗列，我将试图厘清建筑对美与公理的追求。被简约成条例的道德与美学毫无用处：道德的行为总是呈现个性化且因时因地而异。它总是显得奇异而独特，它是一种转化的经历，很大程度上类似于艺术中的美。

　　最近的"后批判性"理论，尤其在北美，表达了对形式主义与计算机生成的"僵硬"建筑的深刻不满，这类建筑不能够回应21世纪初人们对文化的期望。在过去的两个多世纪，建筑师、评论家与理论家都忙于提出功能主义与形式主义的观点，把艺术与社会兴趣对立起来，把道德与诗意表达对立起来。建筑的写作，从流行的专业杂志到复杂的理论书籍，都在深化着这种对立，导致建筑体现美与推动社会进步的能力正在消失。与这些流行的对立关系保持距离，我写本书的目的试图揭示在建筑的原始传统中道德与诗意价值的深层联系。

　　现代西方文明把追求个体的幸福与自由看成自然而然的事。这种价值观来自于追求快乐但避免痛苦的看似自然的权利，这种根本的民主观源自18世纪末的政治革命。就一种享乐文化而言，建筑的初衷变成了确保每个个体的最大快乐与最少痛苦。我们所看到的技术至上的建筑，即使它们声称具有生态的责任感或高呼艺术的灵感，它们追求的仍然是功能主义的乌托邦，在其过程中，所有的欲望都通过物质手段来实现，它排除杂音并总是以更大的经济与舒适度为目标：最大的效率、经济、商业与娱乐价值。消费与占有成为欲望杂交的目标而横行于世。这些呈现在当代生活中的价值观往往使我们忘记了这样的事实，即我们"存在"于我们的有限生命的躯体中，我们的肌肤也是这个世界的肌肤，它是一个共享的元素，一方面赋予我们理性的光芒和不朽的思想，同时又将我们拽入世间的幽暗。我们忘记了爱与死、乐与痛不可避免地通过我们的意识连接着。

我们有时甚至走得更远，试图否认爱的存在，如同技术至上主义意欲否定死亡的存在一样。深陷在物质主义文化的情感碎片中，愤世嫉俗者与智力工作者发现自己很难承认和理解爱是一种被给予的礼物，因为他们觉得爱外在于经济交易的原则。与奥特加（José Ortega）和马里恩的观点一致，我认定，爱不仅存在着而且对我们的人性至关重要；虽然它有其矛盾性，但它实实在在地就在这里，而且确实可以被谈论。

当建筑在爱之上，建筑就开始与居者对话，使其成为真正的参与者而不是现代主义艺术的遥远旁观者或时尚形象建筑的消费者。如果这种对话还不够清晰的话，部分的原因来自于建筑的意义往往经由一种伪装的简单论调被"解释"，这种论调把人对快乐的追求混淆为享乐主义。爱，通过表现为欲望的多重具象，如同生命本身那样是一个开放的进程，即使在盲目物质主义的时代仍然展现为意义的地平线。据柏拉图所言，爱欲的原则不仅活跃于人的灵魂中，而且贯穿着整个宇宙。[1]然而，爱与跨文化对美的探索将永远不能被简单描述为仅仅是对快乐的追求。对这个问题的肤浅认识表现在最近的一些建筑写作中，它们强调对数字系统的兴趣以求产生新奇的建筑形式；它也表现在批判性建筑实践中强调建筑的社会历史、政治的正确方向以及以设计者为中心的评论；它甚至表现在出于生态理念的建筑作品中。对爱与建筑意义之间深层关系的片面理解和完全忽视所可能产生的可怕结果，导致空洞的形式主义与单调的功能主义的现代流行病不断地持续下去，把建筑限制为飘逝的时尚或可消费的商品，并把建筑界定的文化引向当今危险的病态。这本书力图表明如何在具有诱惑力的作品中通过对道德与政治立场的阐释来恰当地展开欲望，而这正是建筑的根本责任。

来自于多种传统的雄辩的神话、诗歌、故事与哲学论述都把人的空间的本质描述为欲望空间。无论是处在哪种文化、时代、财富和社会地位，人总是遭遇缺失，这个缺失也是人被给予的礼物。与这个星球的其他动物不同，人类的本质拥有语言，它同时又把我们与世界分离。在生命的旅程中，我们时常寻找着什么，即那种缺失的但又可以成全我们的东西，这可能是他人的显现、知识的获取，抑或对艺术和建筑的经历。这种缺失总是呈现着。它不会因为实际需求的满足或物质财富的拥有而消失。虽然它有着自相矛盾的特质，却是我们的精神境况最明显的表现。基督徒将这种缺失与对上帝的向往等同起来，这种荣耀的满足感只能留待死后评判。另一方面，佛教大师们把这种缺失的虚幻本质看作是灾难的源头，反复教导我们那些非分之想的危险，开导我们通过出世忘掉尘世的沉浮与烦恼。也许对此精神开启的一个简单答案是禁欲主义，但悉达多王子（即佛祖释迦牟尼）不久就发现这不是解决的办法。他的自我启明使他认识到我们必须接受欲望和受难作为人的生存境况的根本条件，与其对话并将其作为知识产生的途径，我们必须永远记住欲望的迷惑附着力。

欲望与我们面对自然时的内在缺失有关。与其他动物不同，人类适应自然的能力很有限，却发展了诗意但令人着迷的技术。动物拥有惊人的交流与构筑能力，比之人的自然能力要完善得多。比如，白蚁可以在一个仅两英寸大小的钢板范围内交流，但仍然可以建构一个完美对称的巢。而且，它们所构筑的结构总是一样的。[2] 人类面对着类似的在彼此分割的栖息地上构筑的问题，我们要么在钢板的不同面上建构着完全不同的结构，如果某种知识不完善，还会导致结构的失败与消失；要么发展一种在钢板上穿孔的技术，以图交流和建构一个政治共同体，这个共同体取决于语言的翻译，而且每次都体现为一个"不同"的城市。这种建造活动被希腊人称为"诗意的建构"（poiēsis），意指某种适合人类的技术制作：这种诗意的制作总是意味着超6 越那些以维持生命为目的的手段。

即使对大多数高级猿类而言，欲望是外部驱动的，可以被理解为一个封闭的结构，一种复杂的机制：饥饿是生理性的，而性行为是季节性的。相反，就人而言，欲望的体验是开放的。根据马里恩的研究，情欲"现象"贯穿人的所有事务。在面对逻辑时它具有某种理性，囊括诸如慈善与性欲等五花八门的体验。[3] 猿类对死去同伴的行为表现得冷淡，而在原始的类人猿社会，对尸体的掩埋似乎与性欲相关联，又似乎与知晓死亡是生命的界限相暗合。不同文化中表达改善与改变外部现实的许多必需的艺术品与神话故事都传达着某种冲破现世的感觉：羞耻或负罪感。亚当与夏娃因为对爱的觉醒而最终被惩罚至死，普罗米修斯因为盗劫神的火种而受罚，而该隐被发配到地球上流落并建造城市。在神话文化中，献祭的仪式往往伴随着技术性的作品与行为，以期找回与人之外的世界和谐一致的感觉。

爱欲与友爱的历史起源

在远古与古典的希腊时期发生的复杂的转型形态，为我们理解回荡于西方文化至今的爱与欲望的空间创造了条件。这是我的研究的一个关键参考点。仪式转化为艺术，戏剧与古典悲剧成为建筑表象的典范，它们起源于奉献给戴奥尼索斯（Dionysos）的仪式。[4] 在关于建筑"物体"的古老传说中，原始的木制崇拜物（xoana）是一种时常在祭坛上燃放的牺牲品，它效仿宙斯自己制作的以假乱真的"木头新娘"，他之所以这样做是听了西塞隆（Cithaeron）的建议，以图获取赫拉（Hera）的青睐，而帕萨尼亚斯（Pausanias）和其他一些人把这些木制偶像与古希腊节庆中的木制雕像（daidala）联系起来。这一组物体在荷马与赫西俄德的早期希腊文学作品中被提到，有些文学作品最终把这些物体都归属于西方传统中流传着的第一位建筑师戴达罗斯（Daedalus）的制作。那些节庆的木制雕像系由良好调配的部件构成，能为社群引发遐想并带来生存的安全感。[5] 在希腊罗马文化的后期，同样的奇观构造（thaumata）保持着人工产品的卓越品质，我们今天更倾向于把这些高质量的产品称作"建筑"，诸如剧场、庙宇、城市公共广场的空间与政治机构等。这些建筑为人们提供了文化参与的模式，并最终被维特鲁威（Vitruvius）上升为"秩序"这一理论概念。建筑的和谐作为建筑最重要的品质，与"美"（venustas）等同起来。这是一个诱人的品质，它通过距离把观者紧密联系起来。维特鲁威告诉我们，建筑的产品也是智巧（拉丁文"sollertia"）的产品，它的主要技术手段是迎合恰当视觉的"形体调整"。

爱神（Eros）是伴随阿芙罗狄忒（Aphrodite，即罗马人所说的维纳斯）的神灵，友爱（philia）系指人与人之间平等的相互负责的友爱关系，两者都诞生于古典希腊时期文化转型的高峰。早期的行吟诗人创作了爱神，她是我们创造与理解诗意形象的不可见的根本力量。本书的第一部分通过爱欲、诱惑，以及西方建筑的传统诗意形象来考察建筑形式的本质。余后的章节讨论爱欲与创造、爱欲与西方的空间理解、原初空间（chōra）（译者按：本译本翻译为"原初空间"，又可被形象性地理解为"空间的空间"）与边界，以及爱与建筑认知及表象的主要模式之间的诸多关系。

友爱，也许起源于哲学家与政治家创造的几何，它是一种情感的连接，使生活在新的民主政体与机构制度中的平等市民参与进来，这种连接既是神圣的也是世俗的。在这个寻找爱的诸形式之间共同基础的简短前奏之后，以下的篇幅将讨论友爱与建筑构思之间的联系，追寻它的历史痕迹，在语言的边界探索建筑的位置。其中一章着重考察奠定现代理论起始的语言学类比，随后是关于维尔兄弟在18世纪末至19世纪初的理论的比较研究，他们俩就建筑作为政治行为所具有的交流能力提出了相互补充的观点。本书以道德与诗意之间的碰撞结尾，对这些观点的拾取在爱的感召下可以作为当代建筑实践的参考，它们包容了爱欲与友爱的思想，尤其强调建筑设计是一种由探索人性精神进化所驱使的承诺。

8

第一部

爱欲、诱惑，与建筑的诗意形象：形式

将手段当作目的而且献身于那个目的，这很无聊。对财富的追求，无论是自我个体的财富，还是集体的财富，显然只是一个手段。工作仅仅是一种手段。

恰恰相反，对爱欲的回应，或者说更人性的（至少是生理的）诗意与狂喜欲望的回应（但是，能否简单明了地抓住爱欲与诗意、爱欲与狂喜之间的区别？）是一种目的。

——巴塔耶（Georges Bataille），《厄洛斯的眼泪》　　9

1　爱欲与创造

开篇

爱是艺术的主创与主持……只有当一个人被求知的愉悦和发现的欲望所推动时，他才能够发现和学习任何艺术……所有艺术的艺术家只追求和关注爱。

——斐奇诺（Marsilio Ficino），

《论柏拉图〈会饮篇〉中的爱欲》

诗意并非诞生于规则，除非在一些可忽略的情况下；诗意是从诗意中衍生出来的规则。这就是为什么有多少种类的诗人，就有多少种类的真正规则。

——布鲁诺，《英雄般的疯狂》

因此，对于知道如何建立联系的人，他必须明白所有的事物，或者至少明白他将要联系起来的特定事物的特质、性情、习惯、用途和目的。

——布鲁诺，"关于整合的一般性论述"

但是，对于灵魂没有接触到缪斯女神的疯狂的人，当他走近诗的大门时，他也许认为可以借助技艺（technē）的帮助而步入圣殿。我却要说，他将不会被接纳，因为理智人的诗完全会被狂人的充满启迪的诗所遮盖。

——柏拉图，《斐德罗篇》245a

起初，爱神是美丽的，但不一定有翅膀。在古希腊神话与宇宙观中，在两种不同形式的爱神之间存在着一个重要的区别。我们所熟悉的爱神是阿莫尔（Amor）或丘比特，他是主管情欲、诱惑与降生的阿芙罗狄忒的调皮侍者；但在赫西俄德的《神谱》中，存在着另一位特点迥异的原初爱神。虽然阿芙罗狄忒的爱神对我们在第二章中把建筑理解为欲望的空间至关重要，这位原初爱神则对于爱与创造的关系提供了重要的线索。[1]

本章将概述西方哲学与艺术中原初爱神的故事，追踪爱与创造的关系的痕迹：爱既作为对他人的爱怜，又作为对美的矢志不渝的追求。建筑师的作用历经历史的变化，今天因为极其多样的要求和复杂技术而变得复杂起来。建筑师与占据公众领域的建筑作品之间的关系不像画家与雕塑家和他们的作品之间的关系，建筑的关系几乎总是变化着并取决于其所处的多重境况。在承认这个复杂性的同时，我想在更深层的人的层面上揭示这些联系，这个层面涉及建筑师的思想与行为，并界定着他或她对现实的把握。这些问题在根本上界定着建筑的理论实践或实践哲学，也影响着该学科的传播与教学。回顾并吸取古典与现代相关资源的经验，可以帮助我们重新思考当下的"创造者"，提高实践能力，避免步入形式或功能主义争论的死胡同。

原初的爱神

"首先诞生了（混沌之神）卡俄斯（Khaos），"赫西俄德写道，"然后是盖娅（Gaia），即具有深远胸怀的地球，以及使内心变得柔软的爱神，他们都是最美丽的不朽神灵。"[2]卡俄斯是一个中性的名字，表意某种湿润的"原初的空间和结构"，柏拉图后来把它与"原初空间"概念联系起来；卡俄斯自己不能生孩子，却使其他神灵得以诞生。盖娅是女性且并不怀子，但她有两个后代分别是她的未来男性伙伴乌拉诺斯（Ouranos）和蓬托斯（Pontos），前者表意"镶饰着星星的天空"，后者意指"大海"。两者都是"被产生"出来，但不经由性交配。这也不同于后来阿芙罗狄忒的英雄行为，她的行为不属于女性的情爱温柔，但她显然有其清楚的出身。正是在这种情况下，原初爱神诞生了。在没有男性的情况下，原初爱神"调教"了早期的创造者并使他们发现隐藏在自身中的能力。

在有人类之前的某个时候，盖娅从其自身抽出了夜空之后，她与乌拉诺斯永久地交配了。乌拉诺斯掩盖着盖娅，不停地闯入她的身体。在标志着人类时间概念——昼夜循环开始之前，

在奥林匹亚之光诞生之前，天与地不由自主地结合在一起，这
12 并非出自以前的性的相互吸引，因为这两个神灵从来就没有分
开过。矛盾的是，根据赫西俄德，这个持续的交配阻碍了神的
多元化以及后来人的遗传发展。

隐藏在盖娅怀中的克洛诺斯（Kronos）（即时间）抓住乌
拉诺斯的生殖器并用镰刀将其阉割。乌拉诺斯的血流淌至土地，
而他的生殖器则掉进大海。这个暴力的举动将天地分开，男女
分开，标志着人类时空的开始。在白天，天与地的分离昭然若
揭：一个在神的智慧照耀下的世界；然而，在夜晚，当地平线
消失且天地又重新聚拢时，早期的原初状态似乎又回归了，提
醒着人们那个孕育着创造力的潜在整体。当爱神的原初阶段结
束之后，他转型成我们更熟悉的丘比特形象，后者在两个性别
之间游离。丘比特陪伴着阿芙罗狄忒——这个女神诞生于混合
着乌拉诺斯精液的大海的泡沫中——并操控着诱惑的诡计。

就赫西俄德看来，作为原始起源的原初爱神是一个混沌的
另类，他具有唤起众神创造美好宇宙的美的力量。其后，新柏
拉图主义将原初爱神与至高无上的数字"一"等同起来。与其
他数字不同，"一"本质上超越了统一。个体存在的分散与不同
可以被相互协调统一，这是人性寻求完美多样性的表征，因而
理性、神秘的实践、法术魔力，以及艺术都可以在其中起到作
用。无论在何种情况下，原初爱神都与丘比特极不相同，后者
是阿芙罗狄忒与维纳斯的侍者，主管两人或三人之间基于欲望
的关系。起初，爱神表达着人存在的超丰富性：是富裕而非缺

失。它是完美的统一体，也是一种自生自发的运动。在俄耳甫斯文学的只字片语中爱神被描述成兼男女性别的双性存在，一个拥有两双眼睛和两股之上有着两个生殖器的怪物。俄耳甫斯的爱神是艺术的力量，一种"分离"的力量，而不是仔细斟酌与理性的建构，这个观念在许多世纪之后的文艺复兴时期被斐奇诺、布鲁诺与帕拉塞尔苏斯（Paracelsus）所应和，被 19 世纪早期的浪漫主义作家与哲学家以及 20 世纪的超现实主义艺术家所应和，更被最近的（包括所有关于主体性的后现代理解）现象学的创造理论所应和。最终，它代表着作为灵感的美的力量及其复制自己的能力，正是在这个特别的意义上，它仍然对当代建筑师有着重要的启迪作用。

13

古典哲学中作为创造力的爱欲

不足为怪的是，在赫西俄德著作之后仅仅几个世纪，当欲望的表现在哲学中被探讨时，爱神的两个神秘体现形式的特征变得相互模糊起来。归根结底，它们都是关于人的故事，因而我们很难把爱神的特征相分离。如同以下所要揭示的，这个创造性的迷惑影响着我们对西方传统中建筑的理解。柏拉图之所以谈论爱欲主要是因为爱欲通过性的欲望而影响着人性。然而在《斐德罗篇》中，柏拉图把情欲的癫狂描述成一种神圣的疯狂形式：超自然力量的占有、逐级发展的神秘洗礼，以及美的最终启明。他认为，这也是驾驭着诗人的癫狂，它使诗人比理

智的人能更好地雕琢自己的作品。一个人如果经由爱的方式而
正确地受到洗礼，他将拥有这种美的转化经历，这如同一个人
被一件明亮的艺术品所吸引，作品的光亮犹如来自爱人的眼神。
对柏拉图而言，此种经历堪比宗教的启明。

　　起源的问题很关键。苏格拉底认为，爱开始的时候是一种
外在的力量。"如同长着翅膀"，爱不知从何而来，控制着人的
精神，驾驭着人的身体；它甚至影响着恋人的生命器官。初始
是不可控制的时刻：它带来良知与罪恶，它既苦又甜，它来去
无踪，它是神的礼物。根据苏格拉底，陷入爱即意味着疯狂以
及世界如其所是地真实展开。古希腊人把爱与疯狂之神戴奥尼
索斯、盛宴与出格联系起来。疯狂的神圣本质是希腊悲剧和西
方艺术品的起源。就苏格拉底看来，洗礼的狂热是需要抓住的
最重要的关头。根据卡森（Anne Carson）的研究，苏格拉底主
张把爱的此在内化，使它贯穿于人的生命及其之外。[3]不同于早
期诗人被爱神的力量所累，苏格拉底维护着狂热，因为理智的
代价就是将神拒之门外。爱神的介入指导并丰富着我们的生活：
先知、医疗师与诗人都通过"变得疯狂"来实施他们的艺术。[4]
情欲的狂热是此类智力的手段：它给艺匠（demiourgos）的灵魂
安上了翅膀。建筑师／创造者（他们是永远的材料的艺匠，从来
不是无中生有的造物主）也许可以使其作品对社会拥有相类似
的作用来产生共鸣。

　　苏格拉底甚至走得更远。他相信爱的爆发与转化力量能够使
人领会真正的智慧。结果，亚历山大的克莱门特（Clement）（约

公元前200年）把苏格拉底列入古典与古代希腊的巫师组群中。[5]
古希腊的"巫师"（iatromantes）这个词由"医疗师"（iatros）和 [14]
"先知"（mantis）两部分组成，后者在语源学上与狂热和疯狂相
关联。戴奥尼索斯神继承了远古欧洲与近东地区的母系文明中的
女神力量，而巫师群落据说属于希柏里尔的阿波罗，即太阳神。
毕达哥拉斯与苏格拉底都属于这个组群，其他的包括医疗师、先
知、精炼师、神谕诠释者、空中旅行者，以及法术师。[6]久远的
建筑师戴达罗斯显然是一位巫师，他借助阿波罗的光芒工作着，
创造出奇想的作品，包括一个为戴奥尼索斯仪式所设计的舞台。
毫不奇怪，苏格拉底把戴达罗斯称赞为自己的先辈之一。作为巫
师的建筑师驾驭着诗意形象的威力，以图在我们这个世界"之
内"通过与其他世界的交流与他人交往。通过光、材料和文字，
他或她帮助我们面对那令人苦难的黑暗。如同世界许多文化中的
巫师群体，建筑师使我们飞翔且最终获得身心的治愈。

　　狄奥提玛（Diotima），一位关于爱的问题的专家，给我们
讲述了另一个关于爱的激动人心的故事。她解释道，在柏拉图
的《会饮篇》中，爱神既不是一个凡人，也不是一位神仙，而
实际上是"两者之间的中间者"。[7]她把爱神重新塑造为一个
"伟大的精灵"，认为其作用是为了在神与人之间沟通。狄奥提
玛的故事还包括爱神的身世传说，这有助于我们理解爱神在艺
术创造中的地位。（《会饮篇》203b）在阿芙罗狄忒的诞生日，举
行了众神的盛宴。其中一位客人是效用之神波罗斯（Poros），他
是智力之神墨提斯（Metis）的儿子。在酒醒之后，波罗斯受到

佩妮亚（Penia）的引诱，她是到宴会来乞讨的穷女人，然后他们怀上了爱神，即美丽的阿芙罗狄忒的未来侍者。爱神继承了其父母的特点：来自于墨提斯与波罗斯的技艺精湛的智力，和佩妮亚的贫穷和期望。他总是需求着什么：永无定所且总在迁徙，总是寻求如何构思优美的东西。他既粗野又邋遢，既大胆又充满活力，"一个自始至终的哲学家，一位受人敬畏的法术师、巫师与辩论家。"（203d-e）他避免着穷与富、过度的缺失与拥有的诅咒，将爱的价值赋予为一种原初的被给予性，因为"那时常流入的也时常地流出"。（203e）虽然他是半神的身份，很显然，爱神代表着人性的高级形式，代表着建筑师／哲学家的典范。一个完全的神不可能热爱智慧，因为他／她已是明智的。热爱智慧的人既不明智也不愚笨，而是介于其间。"爱也是哲学15 家"，因为智慧是美的，而爱是关于美的。（204b-c）

几个世纪之后，维特鲁威清晰地把建筑理论与哲学联系起来。虽然建筑有其自身的技术规则，但它体现了哲学沉思的价值并与其他学科分享着理论。维特鲁威把建筑师的主要特质概括为"技艺精湛的智力"（sollertia，其拉丁语是 mētis）。这个概括在他的《建筑十书》中出现过许多次，回应着墨提斯是戴达罗斯之母的古希腊传说。"技艺精湛的智力"比建筑师的其他才能和技术知识要重要得多。维特鲁威还说，建筑师必须需求美，那体现于维纳斯与阿芙罗狄忒的情爱之美。作为哲学家、法术师、巫师与辩才的爱神因而代表着建筑师的形象，他在文字中寻求智慧，在行为中创造奇观。正如狄奥提玛后来在《会饮篇》

中所澄清，那些通过身体怀孕的人们将生子，而"那些通过头脑孕育的人们"将得到智慧与美德。这些创造者是诗人与艺术家，他们配得上发明家的称号。（209）

　　当早期的诗人悲叹于爱神／丘比特所引发的失落感时，苏格拉底则沉思着人性如何从坠入爱河的迷茫与启示的经历中得益和成长。苏格拉底的爱神以某种隐蔽的方式呼唤着其最初的俄耳甫斯的化身。爱神无法被尘世事物所满足，这意味着某种超越：这个缺失是实现自我理解与更高级道德目标的手段。恋人向往着情色拥抱之外的某种东西；当他们时常寻求着与"另一半"的交媾时，他们并不想永远被整合。根据赫斐斯托司（Hephaistos），即使我们获得了起初的圆满生存的神秘状态，我们仍然可能会转回到奥林帕斯山去寻找别的东西。（192d-e）从非完整性到超级完整性的转化是传统中俄耳甫斯爱神的史诗，它被文艺复兴的新柏拉图主义重新发现，并通过现代的浪漫主义重获生机。

文艺复兴的内化

　　"爱就是要付诸行动！"

　　年老的隐士高喊道。

　　隔着水池，一个回音

　　试着，试着应和着。

　　　　　　——毕晓普（Elizabeth Bishop），"铁路"

与苏格拉底的乐观主义相反，在基督教的中世纪，与坠入爱河相关联的狂热被认为是一种灵魂的病态。[8] 德·戈登（Bernard de Gordon）医生（约 1258—1318 年），一位在蒙彼利埃的医学教授，把"相思病"描述为"英雄"，一种"由于对女人的爱而引发的悲情痛苦。这种精神折磨起因于某个形体或面孔的非常强烈的形象所导致的判断感官的失灵"。[9] 症状包括失眠、没胃口、周身无力。这种状况也许无关紧要，但也可能变得很严重，导致精神疾病甚至死亡。对该病的治疗可以从轻微的劝说开始；但如果没有明显的效果，应该采用更激进的疗法，诸如旅行、与女人的色情欢娱，甚至鞭挞。

在这种情形中，唯一值得注意的是那些与上帝的荣耀相关的视像与梦像。事实上，伟大的哥特教堂以及中世纪作品中的诗意形象总是被认为源自神的意志而非人的意识。梦到形象的修道院院长只是起着传递的作用，而石匠大师们则用他们的双手使梦像成真。真正的建筑师是上帝，而其手段正是"神爱"（agapē）。[10]

纵然中世纪基督教带来的变化对欧洲的意识产生了深远的影响，但丁的《神曲》（约 1313 年）却为文艺复兴重振爱欲的创造力。但丁对神的理解来自其在比阿特丽斯（Beatrice）情欲引导下的自身想象。虽然对但丁来说想象源自基督教上帝的光芒，但他与柏拉图的"爱欲"有着共同的认知：改变世界的象征。在文艺复兴时期，爱成为一种魔力，而建筑师成为能创造精彩诱惑的法术师。

斐奇诺开创了文艺复兴时期爱欲与巫术的对等关系。他指出恋人与法术师使用相同的技术来操纵形象，[11] 这些技术恰巧与建筑师的技术相类似。建筑师变成巫师，他能生产诱人且道德的产品，以使他人安居在与上天相协调的身心健康的状态中。

如同斐奇诺的许多著作，他的《生命之书》起始于对普罗提诺（Plotinus）的古典文本《九章集》的评注。斐奇诺起先把自己的书命名为《论生命与上天的协调》，于 1489 年完成。斐奇诺称人就像巫师，追求身心的健康并拥有超越自然的力量。自然贯穿着占星术的始终，由隐藏的密码与符号连接组成。书中至少有五章是关于护符、形象和对形式的内容。在人的内在 17 性情或存在状态的基础上，恰当的色彩、气味、形式、形象，甚至音乐都有助于提高个体的身体与精神状态。这种交互作用对生活的各方面都有影响，从服饰到个人居住的形式与质量，包括放置在墙上的绘画。然而，问题不在于经由孤立的美学兴趣获取的某种抽象的愉悦。美的建筑对个人与集体的健康与公正有极大的促进作用。

而且，创造永远不是简单的形式操纵。斐奇诺在书中一个关键段落中阐释道：

如果形象具有某种力量，很可能它们不是经由形态而突然获得，而是通过被加工的材料而自然地拥有力量。如果力量在一个形态正被雕塑时获得，它不是来自于雕成的形态，而是来自于凿子雕琢形态时逐渐升高的热度。……当雕琢与升温处于和谐运动时，就像天赐的和谐被注入材料中那样，产生力量并像风生火那样不断加强它，使以前隐藏的东西显现出来，如同火将以前用洋葱汁书写的不可见的文字显现出来一样；……也许，凿子雕琢与逐渐升温产生了蕴涵于材料中的力量。……如果有人想要金属与石头，最好是击打它们并使其升温，而不是给它们定型。我因而认为除此之外都只是空洞的形象，我们应当承认，它近似于偶像崇拜。[12]

在其后的另一段落中，斐奇诺谈得更深：“想象的意向力量不来自于形象或药物，而产生于应用与使用它们的行为中。”[13] 建筑师／巫师／医生必须充满爱意地把世界的原始物质（prima materia）加以转换，通过恢复力量揭示隐含的秩序。此愿望需求一种和谐与有韵律的行为，它体现在建筑、雕塑、十四行诗或草药中。形象的力量许多来自于主体自身的信念。斐奇诺提醒我们，希波克拉底（Hippocrates）和伽林（Galen）早已知道病人的爱与信念能使医生的工作变得有效得多。正是“爱的力量在转换着。……爱自身，以及对上天礼物的信念，时常是上天礼物的成因，爱与信念之所以能够获取上天的礼物，也许部分是因为上天的仁慈偏爱我们心中的这一部分”。[14] 建筑师／巫师／医生都被赋予爱的上天礼物与识别美的敏锐能力，这种能力其实是一种疯狂。为了产生奇观，他必须热爱其工作并周全地关心其工作所关联的人们。

16 世纪的医生与炼金师帕拉塞尔苏斯对爱神的创造功能的理解做出了更字面上的理解。在他看来，整个世界是一个统一

的现实，即原始的物质性，而创造是一种由想象引发的分离行 18
为。[15] 首先，"生命液"经由男人的想象转化为精液，它能促成
发现"燃烧着的"美，如同太阳热能够引燃木头。当"吸附体
（子宫／物料）开始吸引精液"，生育就开始了。[16] 这个理解可被
应用于不同的层面：宏观宇宙、微观世界以及人的经历。因此，
在医学，同情是治愈的关键。帕拉塞尔苏斯发明了"顺势疗法"
的概念，即以病治病或以毒攻毒。给病人开少量的毒药，因相
思而引起的失调通过更多的爱来治愈。这种治疗要求医生同情
病人，传达无条件的爱，非常近似于基督教的"神爱"：上帝对
其子民的无条件爱，无关个人的内在价值。[17]

　　布鲁诺关于巫术的论文提供了早期现代巫师的最清晰的论
述。[18] 他描述巫师如何能够直接影响客体、个人与社会，如同
恋人运用其才能来控制另一方。通过了解"链接"（chains）的
本质，巫师能够利用它们把诸物体"联束"起来实现自己的目
的，这有赖于个别元气（pneuma）（灵魂、呼吸与思想）和一
般元气。[19] 布鲁诺提到马基雅维里（Machiavelli）的令人惊讶的
"现代观"，[20] 认为恰当的"链接"能够构成"共相治理"的梦
想，但又担心此梦想会变得非道德和不可实现。

　　根据布鲁诺的观点，有少数非常特殊的职业需要严谨的想
象：诗歌、艺术与建筑。既然想象是进入所有巫术过程的门户，
这些职业便与巫术相关。大多数人都易受非控制的异想天开的想
法影响，但从事这些职业的成员必须学会完全控制自己的想象，
以避免被他们自己所创造的作品诱惑。这是一种道德的责任。如

果一个巫术的过程要取得成功，演出者和他的参与主体必须对该过程的效力抱有信念。[21] 信念是巫术的前提条件，巫师确实必须相信他自己的作品。而且，布鲁诺观察到，虽然巫师／建筑师无权用自己的权力谋私利，自爱却能够推动道德性联束的产生。

连接布鲁诺的链接联束体的最关键部分是最广义的柏拉图的美。美是一种神秘的交流，它与"预定的肢体比例"无关，这可以从文艺复兴的建筑与绘画论著中读到。[22] 作为上帝的特质，美是一个恒定的整体。正因为此，美是一个不恰当地被应用到神界的概念。相反，美应和着人的多样性与差异性；它包容着变化并回应着呈现给人类的多样的爱。建筑师／巫师能够产生富有意义与诱惑性的"美的"产品。为了达到这个目的，巫师必须保持节制，同时执着地期望着他的巫术主体："他越是圣洁，其联束他人的能力越强大。"[23] 建筑师必须执迷于自己作品中的美，怜悯其作品，致力于社会领域的目的。如此，创造奇迹的行为才可以被完成。

现代以来的转化

哲学被书写在这本巨著中，我指的是宇宙，它一直站在那里试图打开我们的视野，但它却不被理解，除非我们先学会如何理解语言及其被书写的文字。它是通过数学的语言来书写的，它的文字是三角、圆及其他几何形，没有这些几何形，人不可能理解关于宇宙的任何字词；没有它们，人只能在黑暗的迷宫中徘徊。

——伽利略，《分析师》

　　文艺复兴时期的创造者通过信念与爱来完成创造行为，运用形体化的（embodied，译者按："embodiment"是本书的一个重要概念，它超越了建筑中形式与理念的二元论，近似中文的"体现"概念）意识把人的行为与神的意志并列起来。现代的创造者日益依赖理性的自我。伽利略与笛卡尔之后的现代科学主张二元论。它试图与神的理性相类似，把人的理性看成绝对的数学化，对人的意识的其他方面（诸如想象与感官）漠不关心，把它们当作会导向错误判断的潜在干扰。经验的证据最终被数据的实验所取代。正如哥白尼与伽利略在著作中所言，真正的假设论证的科学对形体化的经验毫不关心，而更看重理性，认为人的感官是有限的，犹太教与基督教传统中万能的上帝可能以某种人类无法察觉的方式创造了世界。[24] 由此，地球是运动的"事实"取代了地球是固定的经验。如哥白尼所述，上帝"为我们"创造了世界：不是依赖我们的感官，而是根据"真实的理性"，后者是人性的独特特质。[25] 造物主因而必然以最大的清晰性、简单性和数学统一性来建构宇宙，而这些特性在以前的地球中心论中并不明显。

　　17 世纪，许多学科都相信上帝的创造基于几何图案，这是对柏拉图《蒂迈欧篇》中故事的极端化。巫术开始转化成现代科技。对于新假设为了获取真相，不得不经由实验来说明。一旦世界的"文本"被认作是数学的，知识就等同于数学或几何中的技能。根据马勒伯朗士（Nicolas Malebranche）的笛卡尔主义版本，只有无所不知的上帝知晓一切事物如何运转。比如，当我们动一下自己的手指头，我们能够控制自己头脑中的意向，并能观察到它作用

20

于手指，但我们真的不知道这是如何（在数学的清晰性中）发生的。因此，我们不是运动的"作者"或真实起因。在马勒伯朗士看来，上帝才是"真正的起因"。结果，真正的造物主变成了这样一个人，他或她能够运用数学或几何的肯定性进行创作。

文艺复兴的建筑师与巫师对由数字与几何形来体现完美形式有极大兴趣，他们一直承认变化、衰弱的人类世界与不变的抽象领域之间的差距。物质世界、建筑与透视画中的数字或线条永远不能与思维中的数字或线条相等同。[26] 早期的现代理论试图弥合这个差距，如同我们在伽利略的关于运动与惯性的想象性实验以及瓜里尼（Guarino Guarini）与卡拉慕尔（Juan Caramuel de Lobkowitz）的建筑论著中所看到的。实用的知识需要真理的身份。他们相信建筑（或音乐）可以先在头脑中形成几何理念，然后在现实中被物质地表现出来，在某些个例中几乎全然与材料的特性和实施的手段无关。[27]

虽然 17 世纪寻求实用的理论，但它仍然是一个令人着迷的世界。巴洛克建筑师被上帝创造的世界的感官丰富性所驱动，他们的信念仍然坚定。上帝的存在被强烈地感受到，尤其是经由光的形而上学。光，作为巴洛克艺术的实质，是错觉透视天花壁画（quadrattura）的明亮能量，是瓜里尼的穹顶的半明半暗的材质，它在都灵市的"基督寿衣"（教堂）之上透射着浓厚的影晕。带着被赋予的同时性与无处不在（或无限速度），巴洛克的光近在咫尺却又让人觉得无限遥远。光把多元整合成整体，但仍然保持为数学的典范，即清晰与奇观的结合。而且，艺术家与建筑师对产品的历史渊源和象征意义极为看重。虽然巴洛克的理论较之于文艺复兴更有意识地看重发明的重要性，其新作品仍然庆祝着上帝到来的一刻。正因为此，物质的现实从来 21 也没有被几何的方法论所统治。相反，巴洛克的艺术与建筑表现出观念与感官的独特整合。正如瓜里尼在其论著《民用建筑》的开篇所写："建筑有赖于几何，又是一种诱惑的艺术，它从来不运用理性来干扰感官。"[28] 在这个时期，最重要的神学探讨发生在科学与哲学，而在诗歌、绘画与雕塑中，仍是神秘主义与情欲主题相结合。[29] 虽然柏拉图式的哲学家将我们的凡人感官降格为错误与罪恶的起因，马勒伯朗士承认世俗的事物仍然"内在于上帝"。"在上帝身上我们只看到理智范围的纯净意念，即物质世界的原型"；因此，"当思考知性范围（几何化的建筑空间）时，看到的是神的实质。"[30] 不足为怪，就艺术家而言，爱欲（被欲望所驱动的人的爱）变成神爱（上帝对生灵的无条件的爱）。创造者是几何家、精力充沛的恋人、神秘主义者。

我们通常认为启蒙运动时期的理性与分类分析法逐渐地使世界去神秘化。[31] 当占星术、天使与魔鬼在 17 世纪被简化为想象的虚构时，[32] 当牛顿演示出万有引力统治下的几乎完美的理性宇宙时，天才的创作火花遂被当作理性的最高形式。因此，狄德罗（Denis Diderot）把人的天赋置于理性等级的顶端。虽然受过良好教育的人也许可以明白创造的规律及其应用，他实际上却不能生产任何东西，因为生产是天才的真正才能。[33] 具有创造天才的人远比"明察秋毫"或"受启蒙"的人要优越和稀有。

　　"神灵"（其拉丁语"genius"）属于鬼怪的范畴。有趣的是，这个含义仍然呈现于著名的《百科全书》，即狄德罗最庞大的作品。它告诉我们神灵是由天空的实质构成的精神存在，他们的目的是为了辅助众神，并在神与人之间提供媒介服务。[34] 这个定义似乎符合狄德罗把爱欲理解为《会饮篇》中的魔鬼或精神，但《百科全书》还提供了在哲学与文学中更为广泛的解释。书中该论文的作者勒·布隆德（M. Le Blond）将天才定义为"精神的延续、想象的力量和灵魂的行为"。灵魂经由感知与记忆被外在的客体所影响。天才的人则把想象推进一步，把记忆与"成百上千的理念"联系起来，运用更强烈的感觉（情感）来创造事物。虽然此过程也许类似于现代的智力联想的"机制"，勒·布隆德把通过"审美"法则产生的作品与真正天才的作品区别开来："审美往往与天才有别。天才是某种天然的纯洁礼物。"天才在一瞬间创造作品，而审美在时间与学习中得到发展。不同于天才，审美依赖于对许多规则的了解，它在常规的基础上产生美。若要根据审美的原则来显现美，客体必要显得优雅、精致、轻松自如；但在天才创作的美的作品中，存在着某种忽略与不规则。勒·布隆德随即将天才与"庄严"联系起来。他坚持说天才打破了规则，"以图上升到庄严、哀婉、伟大的层面。"另一方面，审美则被"可以概括的自然特征的永恒之美的爱"和"可以使作品符合建成模式的激情"所主导。[35] 虽然这些关于柏拉图理论的微弱回音承认天才的不可描述，但是启蒙运动时期的理性论述已不再可能将形体化的情爱经历完全作为艺术意义的基础。这个局限从此导致了主流理论中关于美学与建筑装饰的严重矛盾。

在启蒙运动时期的理性天才诞生之前的数年，维柯（Giam-battista Vico）对笛卡尔词源学提出了有洞见力的评论。18 世纪早期，维柯了解笛卡尔哲学的寓意，但他同时试图恢复历史中有关真理神秘论述的形体化知识。从现代哲学中，他把握到新科学与实验性演示的紧密关系。最终，人类只能理解他所制作出来的东西。实验限定了经验并将数学理性灌输其中，人类由此获得某些肯定性。然而，这些仅是假设的碎片，与其范围无关。既然自然不是我们创造的，在对人的世界之外的理解中，科学的肯定性最终无法被获得。不同于大多数早期现代思想家，维柯断定人的思维与神不能相等同。人类作为有限的生命，被赋予某种形体化的意识，这种意识不能够使我们完全理解思想及其产品之间的关系。然而，人的行为不仅仅是直觉和非反思的行为；它建基于实践的哲学和沉思的实践。对维柯而言，诗歌是一种形而上学，它透过想象（集意识、身体与记忆于一体）而非依靠科学公式来拾取真理。人类创作诗歌、建筑与公共建筑，但其方法非常不同于上帝（或现代科学）："上帝以其最纯 23 净的智力来知晓事物，由此创造它们；人类在其巨大的无知中借助形体想象来做同样的事，必然会导致滥用而引发混乱。"[36]

尽管维柯关于有意义制作有清晰的洞见（它在很久以后发展成现象学与诠释学），古代皇权制度之后占统领地位的制造者却是工程师，他们是 19 世纪的新贵族。作为技术专业者，工程师可以通过实施实用性理论来计划、控制与改变世界。他们是现代大都市与郊区的建设者。新生产模式充斥着对无上的快乐的追求，爱欲被扭曲成享乐主义，一种理性的、非历史的道德。诗意与嬉戏式制作通过浪漫主义、超现实主义及其他艺术场所而被延续，但它总是作为一种抵抗统治力量的策略，将建筑师吸收进自己的领域中。

19 世纪，尼采已经开始正面对抗这种困境。在其未完成的著作《希腊悲剧时代的哲学》中，他宣扬戏剧的价值，质疑康德，提出远比浪漫哲学家诸如席勒所能想到的更极端的观点："在这个世界上只有戏剧，即艺术家与孩子都喜爱的戏剧，展现出那即将到来的和已经消失的，建构着的与破坏着的（或按照后来海德格尔的理论，把真理揭示为一种打开状态（alētheia），把世界（秩序）与地球（人类）揭示为艺术的构成部分），而没有任何道德的附加物。"[37] 此类戏剧是感官的且永远不受制于理性。追求美学的人必须只跟从其创造的"内在规律"，站在"高远的思考层面上，同时又积极地作用于作品中"。而且，"必然与随意的戏剧性，对立的张力与和谐，必须在艺术品的创作中相互作用。"[38] 在他的晚期作品中，尤其是发表在《权力意志》的部分段落中，我们发现艺术被理解为一种过度与陶醉，等同于权力意志自身，它是唯一的能解体错误意识形态与科学价值的行为。换言之，作为戏剧的艺术是人类发现真理的唯一道路，这与现代科学理论的"符合即真理"的前提相反，后者继承了笛卡尔与神学的思想，并最终被应用于技术建成环境中生产大多数产品。尼采的戏剧观是极端的，因为他全然地通过一种宇宙的（而非人的）淡泊来理解它。这显然超越了"好与坏"的常规伦理；然而，正如我下面将显示的，它并没有超越对共享美好事物的兴趣。[39] 对尼采来说，艺术家是超人的缩影；他是激情的恋人，且总具有超值的价值。　24

艺术家，如果他们够优秀，都是很强壮（包括身体）的，精力过剩，是威武的生灵，十分感性；没有情欲冲动下的某种过热状态，拉斐尔式的艺术家是不可想象的。制作音乐是生子的另一种方式；贞洁仅仅是艺术家的运作机制。在所有的事件中，即使就艺术家而言，当生育能力停止了，艺术创作也就消失了。艺术家的观察不应该停留在仅此而已，而应更圆满、更精简、更强烈。最终，他们的生命必将包含着某种朝气和活力，某种习惯性的陶醉。[40]

当一个人沉浸在激情的爱之中，他将更完美。尼采对这种恍惚状态中人的个性，感觉乐此不疲，这种状态是对生活的最好肯定。事实上，艺术的终极作用是"激发创造艺术的状态——陶醉……艺术本质上是对生存的肯定、祝福、神化"。[41] 他对爱的理解因而与我们从早期古希腊诗人那里所发现的缺失或"融化"的经历相反，而更接近苏格拉底对俄耳甫斯爱神的回忆。

晚期现代的俄耳甫斯的爱欲

所有的创造在其根源都假设某种由发现的预感所带来的欲

望。这种创造行为的预感伴随着对已经拥有但还未智力化的未知事物的直观把握，这种未知事物只有通过持续的警觉技术的运用才能成形。

——斯特拉文斯基（Igor Stravinky），

《音乐诗学六讲》

超现实主义并非否认灵感这一异常的状态：它将灵感肯定为一种普通的财富。诗歌不要求特殊的才能，而是某种精神的冒险，一种释放和解脱。

——帕斯（Octavio Paz），"旋转中的符号"

行文到此，我们又如何评价当代建筑的创作呢？灵感仅仅是一种时代的错误吗？即使在高度欣赏设计的文化环境中，社会仍然对灵感表示怀疑。近期的学术圈对此问题同样表现出怀疑。即使当建筑师们意识到建筑不只是有关技术、社会或政治兴趣时，他们仍然倾向于把灵感看作是潜在的挑战民主价值与技术进程的危险力量。然而，我们又几乎不可能把某些文化杰作的状态简单地归因于资产阶级的偏见。如我们所感受到的，艺术作品截然有别于一般的经由努力工作以及理论与意识形态的实际应用所创造的产品。与唯物主义和解构主义的逻辑相反，斯坦纳（George Steiner）和斯卡利（Elaine Scarry）主张这类区别真实存在着，并指出我们人类曾经将美体验为意义的原始能力，它使艺术的杰作揭示出人的生存目的为人在文化中与文化之间的存在。[42]

柏拉图明白诗人的声音不是他自己的声音，这就是为什么他既尊重又蔑视诗人。荷马时代的狂想曲诗人揭示了文字写作与哲学语言所不能达到的真理。通过重述与再现古老的神话，狂想曲诗人对故事加以改编，使它适合新的场景。狂想曲诗人的声音从来不是他自己的；它是世界的声音，众神的声音。公元前5世纪希腊人所创造的美学伴随着"爱欲"与"友爱"名字的出现，伴随着口语客体化为音节的写作，以及文学、艺术和戏剧性作品中对作者形象的确立。不足为奇的是，我们传统中最早的文学类型是情诗。打通读者与写作作品之间距离的，正是那些至今仍活跃在我们关注中的奇妙爱情作品的主题。

当人类作品脱离自然开始自由创作之后，艺术创造者时常感觉到有"某个人"在介入自己的作品并引导自己"做"些未曾想过的事情。此类经历包括不经意的发现与巧合，并持续地受到关注直至18世纪末。直到浪漫主义之后，这个现象才成为艺术中的一个理论问题。建筑，以其新的理性范例，往往忽略了这个"问题"。正如帕斯所指出，有人把这种力量称为恶魔、沉思、精灵或天才；其他人则命其名曰作品、机会、无意识，甚至理性。有些人认为灵感来自无中生有，有些人则坚持认为艺术家是极为自负的。然而，所有的艺术家都承认例外：灵感总是在其看来最不可能的时候发生。[43]

灵感往往在创作时精确地闯入（也时常扰乱着）处于进程中的作品，颠覆理性规划的预期。它真的属于艺术家吗？艺术作品把个人的声音与世界的声音编织起来。尼采的论证也是一种自我牺牲，因为"每种成熟的艺术都以一组常规作为其基础，只要该常规是语言。常规是伟大艺术的条件，而非障碍"。[44] 所以，它包含着自我想象的消解、牺牲，以使作品说话。柏拉图清楚地把诗人理解为有翅膀的存在，他轻盈而神圣，被激情牵引超越自我，完成作品。这种灵感的起源是某种超验的秩序，26 无论它是古典时期的众神还是中世纪的基督教上帝。

现代哲学的出现，尤其在笛卡尔之后，极端改变了我们关于外在现实的理念。思维与物体的二元结构使我们把外在现实看作意识的产品。最终，在法国大革命之后，大自然不再被视为生动活跃的整体。然而，灵感仍持续地存在着，即使它挑战着我们的知识信仰。

19 世纪激烈地与此"问题"斗争着，要么全然否定灵感的存在，要么把令人启发的浪漫艺术诠释为取代宗教功能的尝试。有时，人们甚至认为矛盾不可能被克服。拒弃灵感等同于否定艺术追求的合法性，而肯定灵感又可能与浪漫主义艺术家如何看待自己和世界相矛盾。众所周知，实证主义对癫狂与灵感满腹怀疑，艺术家往往通过艰苦且高效的工作来竭力避免臆想的影响。然而，艺术作品永远不能够完好地迎合资本主义道德的期待。通常，我们艺术传统的最杰出作品都是简洁与智巧而非辛苦劳作的代表。而且，无论再多的理性准备或信息的积累也不能够超越灵感的力量，正如里尔克所言，"缺失"感是伟大诗歌的源泉。

在 20 世纪早期，超现实主义通过回应存在主义与现象学的观点来阐释灵感创造的"问题"。它是一种极端的尝试，试图将现实简单化为主客体的对立终结。它质疑把主体看作思维的实质和把客体当作可定量且不变的实质。在创造过程的一端不存在反思的自我，在另一端也不存在精致的一成不变的作品。相反，存在着一种诗意的力量，开始时由诗人引导着（也许以随意的方式或者由他／她一生的投入来引导），但必然地被参与者所重新创造。恋爱之中的诗人是唯一能够揭示真理的人。布雷顿（André Breton）只有通过对娜嘉（Nadja）的爱才能够感知真正的巴黎，它不是不可见的，而是全然可见的，是一种不能简化为梦或乏味现实的状态。

超现实主义将灵感放在世界观的中心，以一种"知识的形式"取代理性与宗教。根据布雷顿，灵感是人的一种被给予性，是人存在的一部分。正如维柯在 18 世纪早期所暗示，人首先是且全然是诗人（即制作者，依从古希腊的"诗意制作"（poiēsis）27的概念），他必须诗意地栖居。虽然有众所周知的超现实主义对弗洛伊德及其理论的兴趣，布雷顿认为灵感不能够经由心理分析来解释。超现实主义者经常戏弄经典的解释，着迷于巧合与机遇，这表现出他们对灵感的晦暗来源的接受。超现实主义者通过故意挑拨欲望的力量来有意识地接触灵感，这成为真实艺术与生活的境况。

当代理论实践中的灵感

贯穿整个现代时期，建筑在理性的框架中寻求创造的起源，诸如把设计计划理解为可定量记录的空间明细单、图表、功能分流图等。当代的建筑设计总体上运作于这样一个假设，即为了承担社会的责任，规划的过程必须彻底理性化，如果可能，必须意见一致和民主。确实，依循20世纪建筑的辉煌阶段，灵感被批判理论的怀疑主义进一步贬低，我们创造美和道德产品的能力受到怀疑。而且，一个建筑项目必须在其开工之前就已经完全地被设计好了。为了迎合这些任务且又能够有所创新，一些当代建筑师不得不在设计的"计算"程序中分解"理论"与"实践"，以避免主观"判断"，并通过程序化的数学操作创新。伴随着高速的计算机发展与创造性软件所带来的可能性，新的计算魔力产生出没有爱的新意，导致短期的诱惑，往往对形体化的文化经历、性格和适宜度漠不关心。

在《斐德罗篇》中，苏格拉底警告我们要警惕爱的源头理性化所导致的假象。吕西亚斯（Lysias）写了一篇给斐德罗留下深刻印象的关于爱的文章，在与吕西亚斯的争辩中，苏格拉底把爱的腐败与理性的威力联系起来。我们在对话中读到吕西亚斯如何炫耀其自我控制、驾驭时间并从关系的"目的性"来论述爱。他并非真正受到爱神的影响，这种控制使他统治着与所爱之人的关系，并根据理性的兴趣来操纵其"友谊"。从某种角度来看，这也许是件好事。然而，对苏格拉底而言，吕西亚斯的故事作为爱的真实叙述并不令人信服。爱与创作源自于深刻感受美的经历，它有时不稳定，但从来不与逻辑原则为伴。

尼采将苏格拉底的观点重新投射到现代，把艺术家等同于精力充沛的恋人。存在主义哲学认为人没有静态的本质。相反，我们每个人都是一个计划和故事，如同一束光在寻找焦点，总是延伸向其他的事物。其他性是我们本质的一部分，我们是矛盾的虚空。超出我们的虚空，召唤着我们是其所示的某物或某人，正是灵感。艺术家的灵感，是想象自身的向前的冲力，它超越自身以与自身相对照，它解构自我中心的"我"以使自己处于一个更完整的整体。这当然是欲望的力量，是召唤我们超越自我走向未知的存在的声音。如同原初爱神的故事，被爱的人与爱的人／创造者相结合，这不是在爱情过程的结尾而是开始。因为未知所以熟知。因此，通过形体化记忆的知识，我们有可能知晓灵感来自何方。

　　这种知识是形体的知识，而非概念或抽象的理念。灵感不能够被把握为方法或理论。我们不能被动地等待它；原初爱神并不发出清晰连贯的信息，且总是游荡在创作过程中。灵感的作品时常由其他的美的作品所引发。美激发复制的行为；它自我复制。[45] 这不仅是理论，更是在历史中通过我们自己的经历可以具体化的事实。灵感在制作的过程中显现，只是它对创造采取一种嬉戏的态度并回应着不可预期的发现，这与意志经由逻辑假设来控制结果的典型过程大相径庭，后者在当今的建筑生产中十分普遍。

2 爱欲与界限

开篇

他看似等同于众神，那人
在你对面
坐着并倾听着
你的甜美述说
他可爱地笑着——哦，它

将我胸中的心放在翅膀上
当我看着你，一会儿，没有话音
留在我心里

不：语言破碎，薄薄的

火正在我肌肤下突奔

眼中无影，鼓声

充满双耳

冷汗占据着我，颤抖

抓紧我的所有，比草更绿

我存在并死去——或几乎

我看似自己。

——萨福（Sappho），"残篇 31"

这是普遍的规律：一个生灵只有当其被地平线所束缚时才可能健康、强壮和硕果有成。

——尼采，《不合时宜的沉思》

柏拉图声称爱是苦涩的。这并非错误，因为每个爱的人，都会死去。俄耳甫斯称其"又苦又甜"。诚然，因为爱是自觉的死亡。

——斐奇诺，《柏拉图的〈会饮篇〉评论》　31

爱欲、空间化，与交接

　　根据赫西俄德的《神谱》，乌拉诺斯的被阉割及其与盖娅的分离导致原始希腊众神之间最初的血腥冲突。与此同时，从乌拉诺斯的缺失中诞生了人类的爱。接下来阿芙罗狄忒的出生给我们带来个体的人，他们生活在时空中，有性的差别并彼此相互吸引。[1]阿芙罗狄忒由其助手相陪伴，即再生的爱神与希墨罗斯（Himeros，愿望之神）。爱神／丘比特不再是一种单独存在中催生二体分离的力量，而是推动双性的存在去产生第三者。因此，显然只有神可以无欲望地去接触，或者相反，被无尽的欲望所填充。对人而言，与欲望的道德接触总是包含着限制。缺失与满足在人类生存中永远不是恒定和绝对的。这个认识使我们将现实感把握成快乐与痛苦的交织，并受到爱与死亡的限制。

加拿大著名诗人卡森，一位致力于希腊文学与哲学中爱神研究的作者，认为爱神的第二次再生大致是早期吟唱与戏剧诗人出现时期，与古希腊文明主要文化转型相吻合，包括哲学与艺术的创立。[2] 对吟唱诗人而言，"苦甜的爱神"代表着爱与恨的矛盾汇聚，可以被理解为行为、感觉及价值化的冲突性混合。在古希腊，爱神意味着想要或缺失。恋人想要他所没有的。从理论上讲，他不可能拥有他所想要的：一旦他已拥有便不再想要。[3] 这个两难之境显现于西方文化的自我意识中，远的可追溯到萨福与柏拉图，近的可及心理分析和存在主义。正是因为"没有人试图去期望还没有失去的"，古希腊人发明了爱神来描述这个西方传统中的根本人性。作为缺失的"爱欲"的概念由三个结构组成部分构成：恋人、被爱的人，以及两者之间的时空。[4]

关于萨福的"残篇31"（如开篇所引），卡森评论道，空间既联系又分离着，"它标志着二不等于一，它使爱神所要求呈现的缺失弥漫开来。"[5] 诗中三位主角（包括叙述者）之间可能的关系线路上的诸点"若合若离"。欲望的空间必须有意义。被不同类型的艺术从日常生活的彷徨中带到前台，欲望的空间将使读者与观者体验富有意义的生存场所。在诸如朗高斯（Longus）32的《达佛涅斯和克洛伊》（*Daphnis and Chloe*）的爱情故事中，空间是由分离的恋人间无数的磨难与竞争所产生。在古希腊的陶罐绘画中，一个偏好的主题就是被延迟或阻挡的而非圆满的爱情。[6]

卡森观察到欲望的实现是在行动中被界定的。[7]爱神与人类纠缠死亡时间。爱神实际上与坦那托斯（Thanatos）是双胞胎。文艺复兴时期的作者后来认为"死亡的起因是爱"。这一观点出自赫尔墨斯·特利斯墨吉斯忒斯（Hermes Trismegistus）的新柏拉图主义的著作，卡森写道，欲望就其目标而言是美丽的，就其努力而言是失败的，就其时间而言是无尽的。爱欲要求界限，包括不可避免的死亡时间和空间肌肤的界限。任何消解那些界限的企图都将加重爱的不可能性。[8]

许多学者已经指出字母语言的写作在古希腊文化发展中的重要性。[9]虽然希腊字母起源于中东地区的写作形式，它却首先通过引进元辅音的组合来"固定口语"，通过相对主观制定的图形符号来表达声音。古希腊人发展了经由主观制定的口语符号来阅读诗意形象的一套能力。不像其他的写作系统建基于物质世界的形象记录，古希腊的字母写作稳固了人类文化的"人工性"根基。早期文明的沉默的图案形象已经清楚表明人类对人之外世界的依赖。[10]口语文化的语言是个体之间以及与自然之间的持续共享体。这个与神秘世界的共享体很难被概括，它并不显现为中性的"它"，而是呈现为对话中的"你"，但很显然，口语文化中的个体较之文字文化中的个体，对与环境的关系以及对身体和自我有着不同的理解。口语一旦通过语音写作记录下来，诗意思维的单位就变成字词而非语句。古希腊的语音写作起初被图案化为一条持续的线，从左到右和从右到左地徘徊。后来，字词被视觉空间分离，而写作发展成我们熟知的从左到右的格式。这其中很重要的一点是，辅音是"抽象的边沿"，若没有"元音的宽度"，辅音就发不出声来。[11] 不足为奇，如卡森所指出，有些最早使用的字母写作被希腊吟唱诗人用于爱情文学。这种新的书写出来的文学，如同绘画、雕塑和建筑等新"图形艺术"那样使爱欲空间的连接成为首要问题：它不是客观的几何形式，而是既分离又连接的形体化空间，它揭示着与宇宙场所的暗合。

在希腊哲学与古典文学之前，物体之间的空间被忽略了。在公元前 6 世纪晚期，恩培多克勒（Empedocles）在其著作中仍然相信呼吸与爱神一样无处不在，导致了所有自然现象中四种元素的多样组合。通过呼吸，宇宙中的万物都可以相互接触。翅膀与呼吸在一个不可逃避的联系中推动着爱神和词汇的发展。[12] 在建筑中，人们也许主张建筑是自然的结构；金字塔是神山，而迈锡尼的圆形建筑是神穴。建筑语言的"人工性"证明和占据着另一种空间，柏拉图称之为"原初空间"（chōra），将其与"场所"（topos）相区别。以平面和立面形式表现的建筑写作在早期文化中干脆就没有出现。在古希腊建筑中，空间使边沿可见；在语言中，元音使辅音可听。爱欲空间也变成作品与新的观者 / 参与者之间以及建筑师与其诗意创造之间的形体间隔。

毕达哥拉斯据说热衷于临摹字母，"通过转角与弧直线的几何韵律来形构每一个笔画。"[13]古埃及人总是运用毛笔，与之相对，古希腊人用芦苇笔写字；公元前5世纪后，纸莎草纸成为写作的媒介。笔与切割的工具确实相类似，其关键作用是能够追踪新字母的优美线条，这些字母都是基于几何图形由锋利的边沿构成。而且，在基于几何原理的碑文雕刻中的字母建构与制作建筑"图示"之间存有明显的联系：两者都铭刻于石头上并唤起数学理念的完美。在欧里庇得斯（Euripides）的论著《忒修斯》（Theseus）中，一个文盲通过描述船帆上的字母的几何形拼写出"英雄"这个词。卡里阿斯（Callias）的一部喜剧用演唱团员装扮成字母来为观众拼写音节，而索福克勒斯（Sophocles）据说曾经创作一部讽刺舞台剧，其中一个演员按照字母的形式"跳舞"。在古希腊戏剧中，跳舞的演唱团往往在乐池的沙地上留下痕迹：让人想起迷宫的平面图。舞台与迷宫都是建筑的原型作品，它们都由戴达罗斯在克里特岛逗留时所建造。

　　在了解了边沿与限制的重要性之后，西方建筑对连接的专注也就不足为奇了。那个奇妙的机器（daidalon），那个给戴达罗斯带来名声的古代建筑制作，是一个由调配良好的部件组成的能产生奇观的组合。这种机器有不同的用途，在外观上也很不一样：它们包括如此生动的木头与镀铜的雕塑，以至于不得不将它们拴起来，类似情况也发生在建筑、船舶、防卫武器、编织和著名的欺骗性装置，诸如特洛伊木马和帕斯菲牛。[14]然而，它们都是由精心组装的部件所构成，哲学家最终用这个概念来形容人体与宇宙。这个特征后来被熟知为"和谐"。

事实上，古希腊语与拉丁语中的"和谐"是维特鲁威至文艺复兴时期建筑著作中的关键术语。作为美的根本特质，正是对部件的整理组合吸引使用者／观者，创造出富有意义的参与空间。值得注意的是，"和谐"这个概念起初与数学无关，它体现了爱的终极目标的特质（完美的协调）。

"和谐"最初意指"连接"、"节点"、"协议"，只是到了后来，它才意味着声音的协调和"部件、元素或关联事物更一般性的联合或调整，以形成稳定有序的整体"。[15] 医生盖伦（Galen）（130—200 年）著有关于中世纪以前解剖结构的最完整著作《论身体部件的用途》，在书中，"和谐"意指两块骨头并列的结合，即完美调节的接点。

希腊古典文化的最突出的方面之一是对解剖的兴趣；对内脏的切割与检验是出于神性的目的。[16] 事实上，正是此同样的文化最终把"有机的"肌体感树立为西方传统解剖著作与艺术作品的首要特征。虽然其他文化也有类似现象，但它们永远也没有像在韦萨留斯（Vesalius）的《人的肌体结构》（1543）或米开朗基罗和罗丹的雕塑中所显现的那样突显强健的肌体。[17] 当然，肌肉并非能被真正注意到，除非我们有意使其显露出来。中国和印度医药对肌体的不同表现表明，我们西方的身体观是一种构造。从希腊文化继承下来的强健肌体以及我们将建筑作为身体的理解（最早由公元前 30—前 20 年的维特鲁威所记载），反映了这种解剖的兴趣。这是一个广泛的主题，远超出我在此 35 的讨论范围，但已足以表明盖伦的著作是基于切割中的观察，表现出对肌肉及其功用的成熟理解。如同几乎两个世纪之前的维特鲁威对建筑部件的考察，盖伦发现不仅是血液与内脏，还包括神的设计，部件的组合完美表达了其与目的相匹配："一切都是如此恰当地设置着，不可能更好了。"他解剖了不同种类的动物，他相信"有一个单独的思维在操纵着它们，使身体尽一切方式适合动物的特点"。[18] 韦萨留斯随后在其《人的肌体结构》中回应这种思想，该书将解剖的身体视为令人敬仰的上帝的"微观宇宙"。正如栗山茂久（Shigehisa Kuriyama）概述的那样，西方的解剖兴趣是建立在身体的形式表达着创造目的这一基础之上。[19]

盖伦将肌肉组织理解为人的意愿的"器官"，它与肌肉本身和肌腱不同。通过将运动内化为人的意志的结果，他强调了自我与世界的区别，后者早已发展于希腊哲学的古典时代。然而，在古典时代，不存在完全有机的肌体。就像"肌肉"这个词只是在希波克拉底的论著中才依稀可见，在荷马与柏拉图中却无影无踪，同样在古典雕塑与绘画中，没有"肌肉"一词，只有联系身体部件的"连接"一词。[20] 古希腊的"连接"一词是"arthroi"；它们表达的不是现代意义上的节点，而是表述着身体形式的分离。古希腊的"非连接"即意味着削弱力量，人们相信连接良好的腿脚和肌腱显示了力量与强壮。[21] "连接"在语言中也很重要：这些词语通过添加语法家所称的定冠词来分隔口语流。将人的口语与犬吠（根据斯特拉波（Strabo）的观点，"犬吠"是"野蛮"一词的起源）区别开的正是"通过舌头的连接"。[22] 最后，当"连接"的复数形式被单独使用时，该词并非意指接点，而是指称男女性生殖器，即爱神的原始连接。[23]

爱欲空间与西方文化的起源

将西方文化的空间从根本上直接概括为爱欲空间值得进一步梳理。爱欲空间不是先天预置的概念，也不是客观化的几何或拓扑现实。它既是西方传统起源时的建筑形体空间，也是暗喻的语言空间，两个术语之间看似相互无关，但又互为关联。这种有着重要意义的语意空白是艺术的基本主题（包括情诗），而有界空间是建筑的基本主题。它是为着政治与宗教行为以及戏剧表演的空间，节庆时戏剧在此产生宣泄作用。这是有限的空间：在建筑中，界限的创造很关键，但不能将其简单理解为实物墙体。在古希腊城市的城墙外是一片被称为"边界区域"（chōra）的地带，[24] 一条被认为是受到特定神灵保护的宽阔的界定地区。"边界区域"一词与"中心演唱团或舞台"（choros）一词系近音词，后者将圆形剧场的观众与戏剧表演的舞台布景中的演员连接起来。在《伊利亚特》中，"chōrē"一词（"chōra"的爱奥尼形式）意味着交界的空间，例如，亚该亚人被推向战斗的狭长海滩，或意指马与马车之间的空间。[25] 一旦戴奥尼索斯的仪式被转换成戏剧，交界的空间即成为建筑的空间；它把观众与戏剧行为连接起来，但又将他们分离。显然，这种充满爱欲的空间绝非我们的几何或美学世界的各向同性的空间。

由于建筑内在的非论述性本质，有必要深入文学与哲学中厘清我们对西方传统的爱欲空间的理解。除了吟唱诗人诸如萨福和哲学家如柏拉图的写作之外，还存有四部古希腊小说，其他的一些散碎作品以及大量的可以被看作早期浪漫史的拉丁语文本（从公元前 1 世纪到公元 4 世纪）。不足为奇的是，故事情节总是将恋人分离到最后时刻。这种写作类型与史诗类型始创了西方故事叙述的伟大形式。阿芙罗狄忒扮演着关键且自相矛盾的角色：她既煽动又阻碍着爱的实现。小说家试图同时传达快乐与痛苦。[26] 这个目的在朗高斯的《达佛涅斯和克洛伊》中尤其显著（公元 2 世纪），它是此文学类型最著名的作品，以及后来的更注重建筑描述的著作，诸如《波利菲洛的爱的梦旅》（1499）。

《达佛涅斯和克洛伊》尤其值得一提。歌德把它称赞为重要的文学成就，并说"你应该每年读它一次，反复向它学习，接受其美的影响"。[27]《达佛涅斯和克洛伊》将爱的自然力量与学习方式联系起来，这两者都是先天自然的，需要通过技能来获得。对于这两位"幼稚而无经验"的主角来说，爱不仅仅是让他们走近的力量，它也是获取知识的引导和教育他人的策略。[28] 当自然成为爱欲空间，自然就被转化成了文化。读者／观者能够分享作为见证者的经历，了解人类现实的本质。在连接读者／观者与恋爱中的农夫与农妇间三角关系的顶端，诞生出建筑空间。 37

小说开始于一首传统的绘画诗（即关于绘画或其他艺术作品的修辞性描述），它是故事的主要推力。[29] 这个范例很重要，它显示了美能再生自己，美的经历推动着创造，而某种媒介中的诗意形象可以转换成其他类型。爱欲空间在绘画、文学与建筑中是普遍的，由此将语言在语言的边缘上与其他形式的制作联系起来。事实上，艺术品中的故事展开对建筑话语有极大影响。虽然在文艺复兴的《波利菲洛的爱的梦旅》、德·巴斯蒂（Jean-Francois de Bastide）的《小房子》（1758）、勒·加缪（Nicolas Le Camus de Mézières）的《建筑的天才》（1780）、勒杜（Claude-Nicolas Ledoux）的《论建筑》（1804），甚至我自己在 20 世纪写的《波利菲洛，或重访幽暗的森林》这些文本之间存有很多重要差异，但是，也存在一条共同的主线贯穿西方建筑的首要传统。《达佛涅斯和克洛伊》的主人公某天正在莱斯博斯岛打猎，发现了"最美丽的景致"，这是一片仙女居住的充满诱惑的自然丛林，被描述爱情故事的精彩的绘画装饰。画家的技艺和爱欲故事激发了他的奇想，他渴望以写作的方式获得同样的美。艺术提供了灵感，一种模仿的渴望，一种单纯的欲望。

　　这个故事让人回想起普林尼（Pliny）关于绘画的爱欲起源的叙述，恋人追着情人的影子，并在他出发后追寻着思念的欲望。在《达佛涅斯和克洛伊》中，这对田园情侣体验了性的朦胧与羞涩，绘画创造出对应的世俗空间，它将观者与作品既联系又分离开来。暗喻、计谋与托词使爱欲空间栩栩如生。小说为这紧张的经历着墨较多，呈现出一个安乐的、封闭的且令人向往的田园空间，使读者希望投身其中但又不会行为过激。就像半人半兽的森林神玩耍的空间，这是一种介于文化与自然的场所。文化最终以乐园的形式得到沉思，乐园是一个耀眼的几何花园，与戴奥尼索斯的庙宇一同位于中心。此场所清晰的几何秩序和布置让人想起理论理想和古典剧场。戴奥尼索斯既是奥林匹亚人又是田野之神。他出现在集体工作（诸如酿酒）和集体娱乐（仪式的庆典与悲剧）的社会场合中。[30] 当然，这也是建筑的场所和戏剧的爱情秘史的后台，在那里，社会使爱的追逐合法化。最终，爱神回归到青草地，面对仙女的洞穴，婴儿克洛伊出生的地方，这对恋人后来在私密的卧室中尽享鱼水之欢。[31]

38

《波利菲洛的爱的梦旅》中的爱欲建筑空间

波利菲洛（Poliphilo）"在梦中对爱的寻求"，即《波利菲洛的爱的梦旅》（又译《寻爱绮梦》），由马努提乌斯（Aldus Manutius）1499 年出版于威尼斯，它也许是沿着《达佛涅斯和克洛伊》的传统对建筑中爱欲空间所给出的最清晰的阐述。该书也是迄今所出版的最美图书之一。虽然此书在哲学、艺术，甚至炼金术领域的重大影响持续到了 18 世纪，它对建筑的影响却很难被确定。比如，在法国，它几乎立即被翻译并于 1546 年由马丁（Jean Martin）出版，他同时也是阿尔伯蒂（Alberti）与维特鲁威的译者。该译本分别于 1551、1554 和 1561 年再版。以不同题目出现的法文译本分别出版于 1600、1657 和 1772 年。自由译本则出现于 1803、1811 和 1883 年，有些在 20 世纪被重印。书中插图包括纪念碑、门廊、雕塑细节、象形文字、喷泉、节庆与游行、建筑与花园平面、几何形树丛以及仪式物品。它们影响欧洲短期与长期建筑设计至少 300 年间，为其提供了参考。

但是在现代欧洲，建筑师对该文本的情爱主调心存疑虑。该书总体上不被一般的建筑史接纳，被认为不能与阿尔伯蒂或帕拉蒂奥（Palladio）的著作相提并论。[32] 在最近一本关于此话题的博士学位论文中，温顿（Tracey Winton）认为《波利菲洛的爱的梦旅》的中心目标是为了表明斐奇诺的新柏拉图主义如何可以被具体实施，其主调带有法术魔力的意味：故事依循灵魂的哲学性上升，因而并非很关心建筑的外在性问题。[33] 无论该书的本来目标是什么，它的文本通过故事独特地呈现出古代建筑的诗意经历。读者通过感知细部与精确描述书中木刻插图的几何构图，参与到人的欲望空间中，[34] 事实上，通过呈现建筑空间现实的情爱性和有限性，该书揭示了技术重心之外的潜在出路，而对技术的强调已经在文艺复兴其他的建筑论著中被清晰地表现出来。

梦想着自己身处一个令人胆战心惊的幽暗森林，波利菲洛在"爱的奋争"中遭遇到许多事情。在寻找其情人波利娅（Polia）的途中，他描述了古老的奇迹"理应在记忆的剧场中占有一席之地"，还有建筑纪念碑、古典建筑的遗迹等等。他描绘了一个头顶方尖碑的巨大金字塔，包括柱式的精确尺寸和性格，柱头、柱础、多种样式的柱上楣、柱楣雕饰、屋檐及相应的线脚与装饰。他还描述了位于装饰台基上的强劲的双翼马，参观了一个威严的大象雕像下的地窖，那里是国王与王后的墓地。走在一个空荡的半埋的巨人雕像内部，他记录了与器官相配的医学信息，并意识到相思病是无法被医治的。他的注意力被一座带有和谐尺度与装饰的凯旋门廊所吸引。门廊中的图案是有关命运的凶吉。人的命运完全被掌握在命运女神普里米盖尼亚（Primigenia）的手中，她是与自然等同的母亲女神，即自然维纳斯或母性维纳斯。人类的产品必须满足于好的命运，与维纳斯对话，按照卢克莱修（Lucretius）的话讲，她"独自给予生命并管理着事物的自然本质"。[35]

　　在一个关口虚惊一场并穿过一个令人胆战心惊的迷宫之后，波利菲洛惊喜地遇见了代表着五种感官的五位仙女，这使他重新恢复了平静，他接着喝下了从石雕仙女的胸部喷出的温水而得以止渴，并解读出神秘的象形文字。然后，他被仙女带去一个豪华的沐浴地。她们帮他解衣并哄他开心，这使他意识到他的心上人总是在别处。最终他们一行到达体现自由意志的王后宫殿，并被邀请赴宴。他流露出对嘉宾所佩戴的各种名贵石头和材料的羡慕，并观看了一种玩起来像跳舞的象棋游戏及其他和谐的舞蹈。在庆典之后，他被带去参观三个花园：第一个花园由玻璃建成，第二个由丝织成，第三个是迷宫，象征着人的生活本身。在花园的中心是基督教三位一体，它来自神圣的古埃及雕塑的象形文字。波利菲洛随后来到一个十字路口，面对三扇带有铭文的门，他必须选择其一。在穿过中间那扇门后，他遇见了波利娅。她举着明亮的火炬，两人相伴一起前行。此时他们并没有意识到彼此身体接触的含义。他们手牵手欣赏古罗马主神朱庇特的四个胜利即四个游行队伍，它们的马车和饰品庆祝着古典诗人的故事，解释着不同类型爱的作用。接着他们目睹了维图诺（Vertuno）和波莫纳（Pomona）的胜利以及普里阿普斯（Priapus）的牺牲。后来，他俩步入一座很美的壮观庙宇，在那里曾经发生过奇妙的仪式和古老宗教的祭祀典礼。正是在这里，在这座贡献给维纳斯／阿芙罗狄忒的完美圆形庙宇
40 中，他们意识到彼此的爱。在穹顶下，一盏永明灯和一口井标示出地球轴心，在此，一位维纳斯女牧师正主持着一个关于生命的神秘起源的仪式，而波利菲洛将波利娅的灿烂火炬熄灭在水中。

波利菲洛和波利娅离开了神庙，来到海边，在一个废墟的场地等待丘比特，她说服他去探寻那些令人敬仰的古代纪念碑。在有十八篇之多的关于悲伤情爱的铭文中，他发现了一幅壁画，该画描绘了为因为乱伦与禁欲而冒犯爱欲的人们所准备的地狱。触目惊心，他不由得想到死亡，当他回到波利娅身边时丘比特正好到达，丘比特的小船由美丽的天使驾驶。两人上船后，丘比特用其双翅为帆。海中众神和天使都向他致敬，小船到达西西里亚岛：这是一个完美的圆形岛屿，岛上的树冠甚至都被修剪成几何形。岛上的森林、花园、喷泉、河流，以及为欢迎双眼蒙蔽的丘比特而组成的胜利马车与天使的游行队伍。在岛的中心，即旅行的终点，还有装饰有珍贵柱式的维纳斯喷泉及马尔斯（Mars）出现后所给予的爱的拥抱。这出爱的场景之后，紧接着参观了一座包括阿多尼斯（Adonis）墓穴的幽僻围合地，在此，天使讲述着英雄死亡的故事以及每年他的情人——流泪

的维纳斯——对他的怀念。这两个场景在故事中相关联，并似乎占据着同一个空间：爱是苦甜的交集，甚至对女神维纳斯也不例外。

最后，天使请波利娅讲述自己的爱情故事。她介绍了自己家庭的历史，解释说她最初是想疏远波利菲洛，以及两人之间爱的圆满结局。在波利娅的叙述之后，波利菲洛做了总结，描述了他们在永乐居内的拥抱……直到听到夜莺的歌声，他如梦方醒，不由感到悲伤和孤独。

整个故事是对未竟之爱的感性与执迷的追求。贯穿着整本书，波利菲洛向我们展现出其痛苦但又愉快的渴望，而波利娅直到故事的结尾才出现。这场为爱的斗争也是对智慧的寻求，但真正有意义的是寻求本身。如同萨福所称，爱神不仅是"虚构的编织者"，[36] 也是如苏格拉底所言的诡辩家，一位智慧的教授。而且，令人惊讶的是，苏格拉底将两者合二为一。在柏拉图的对话中，苏格拉底两次谈到自己对智慧的追求，并声称他的知识正是关于"爱欲的事物"的知识。[37] 不用界定他意指什么，我们就能够很好地理解他关于自己谦虚智慧的著名陈述：41 "我不认为我知道我所不知的。"[38] 人的真理，即有用的真理，只有通过承认人自身的界限才能被恰当地把握。

建筑空间贯穿出现在《波利菲洛的爱的梦旅》中的场地、材料、比例、程序和明细的描述中：显然，这是一本对有志建筑师的非常好的教材。然而，建筑激发了缺失的内容；建筑是想象的发动机。这个理解让人想起亚里士多德关于想象的功能的讲话。"想象"是驱使生灵实现自己愿望和运用比喻使晦暗变得明晰的动力。故事总是必须区分出什么是显现的,什么是可知的以及其反面。在《波利菲洛的爱的梦旅》的故事中,导向是建筑的一个关键作用。理想不存在于这个世界"之中";完美的花园/城市/建筑总是表现为一种其他性,它们是世俗的,但又通过我们此时此地对美好生活的建构来为想象提供乌托邦的向量。

《波利菲洛的爱的梦旅》显示出建筑的意义既不是智力的也不关乎形式的美学,而是起源于我们自身的有意义的体现及其爱欲冲动。我们内在的"缺失",即抑制我们渴望的需求,是人的生存境况,人性只能在诗意制作的文化领域及其隐喻的想象中将其统合。确实,波利菲洛在整个故事中都显得口渴。当他遇见古典建筑和纪念物时,他首先感受到它们强烈的光芒、材料的色彩与肌理,以及各部分之间的完美融洽;其次,他才度量它们的比例关系。光与音乐优先于几何。在他的感性描述中,这个对抽象数学原理的次要发现总是与对爱的回忆相结合;建筑的效用通过激发厚重生动的爱欲实现所产生的记忆与期待来超越纯粹的视觉或理论的限制。建筑的和谐总是可触觉的和"材料的"(mater-ial,意指万物的母亲)。数字的形式准确性是建立在材料的感性特质上,而这个整体性的体验通过时常伴随波利菲洛遭遇的优美乐声得到进一步的升华。

"波利–菲洛"(Poli-philo)这个名字实际上意指"波利娅的恋人"。她持续地被唤起。她的脸颊在他心中唤醒了对整体的欲

望，升华了对自我的理解，即美与公正极其一致，柏拉图在其
《会饮篇》中将这种状态理解为道德行为的基础。虽然这个旅程
关乎人的灵魂，但柏拉图的宇宙观及文艺复兴的作者的描述从
来不是二元论的。波利娅是不在场的女人，她的名字代指"城
市"（polis）以及可能的多重知识（意指《圣经》中所言的形 42
体化知识）。建筑意义，如同爱欲知识，是人身体的首要体验，
它发生在现实中，发生在思考产生之前，在那里，现实首先是
"被给予的"。它永远也不能被简约为纯粹的客观性或主观性。
因此，波利娅／建筑在书中"沐浴"的插曲中被表现为失去的第
六感官。爱与建筑是感性的，但又超越感官，带有炼金术的离
合所强调的整体性，它建构着故事并推动灵魂走向光明。书中
人类文化的时空受制于人的死亡，但又被无限欲望的利箭所刺
穿，这意味着读者／建筑师／朝圣者，像波利菲洛一样，也许拥
抱着目的性的张力并沿着这条道路前行。

　　按照柏拉图的说法，爱神"在有意义的人生瞬间"能够彰
显美。[39]这与能够欣赏人的手工艺产品一样是一种宣示力量，
它使通过艺术品或建筑经历来获得潜在整体性成为可能。波利
菲洛在众多十字路口遭遇到这种可能性。两位陪伴他的仙女，
代表着"理性"和"意愿"，不能够说服他选择走右边还是左边
的门。波利菲洛没有选择"沉思的生活"，一种与古典形而上学
和神学相关联的沉思生活，在其中，建筑是一种人文艺术和科
学；他也没有选择"动态的生活"，一种中世纪的行为与生产
生活，在其中，建筑是一种机械的艺术。在拒绝了禁欲、劳作、

回报、无尽的幻灭这一循环圈之后，波利菲洛选择了神秘的中间门："欲望的生活"，在其中，实现欲望并非终极目标，但也未必远而不及。通过回忆与想象，唤醒了道德的责任感，尊敬所爱的人。当他穿过了门道，波利娅举着火炬迎上来。他们手牵着手在一起，却还未能认出对方；在经历了漫长的等待之后，他们才知道爱的神秘。我们知道，这种境况正是优秀的哲学家／恋人／建筑师所必须追求的。

　　在这对恋人彼此认识并在圆形的维纳斯神庙"结婚"之后，他们享受着爱所带来的欢乐融合与硕果，却发现圆满的结局是种妄想。为了实现愿望，这对恋人必须渡过死亡之海。在离开圆形庙宇之后，波利菲洛必须独自参观位于废弃庙宇下的陵园，在那里他发现了令人伤心的葬礼建筑，建筑上的铭文记载着恋人被死亡所分离的悲剧。悲痛欲绝中，波利菲洛回到海岸边去找波利娅，正赶上丘比特的小船。这绝非巧合，丘比特是导航员并集建造者（Tecton）、神秘的木匠、造船者和领航员于一身，成为荷马时代的建筑先驱。丘比特的双翅成为船帆，让人想起戴达罗斯和伊卡路斯（Icarus）的古老神话，建筑师与其儿子发明了翅膀或船帆，逃离了克里特岛。

　　在海的另一边，在爱的岛屿上，波利娅和波利菲洛最后得以团聚，但这只是以被丘比特蒙上双眼隐喻地表现出来。在一个被描述为古典剧场的受人尊敬的中心场所，即世界的舞台，这对恋人目睹了由众神上演的最后一场爱的仪式。但在波利娅故事的结尾，波利菲洛最终从梦中醒来，发现自己孤身一人在一座预示着圆满和完整的建筑中。这座建筑，脆弱却展现了宇宙中的目的性的存在。

作为爱欲空间的"原初空间"

我希望展现的是，时空不一定能够被归因于独立于物质现实之真实客体之外的另类存在。物质的客体不是在"空间中"，但这些客体"以空间的形式延伸着"。因此，空洞的空间这一概念失去了其意义。

——爱因斯坦，《相对论：狭义与广义理论》

我已经提出在爱欲空间与柏拉图的《蒂迈欧篇》中的空间概念之间的根本类似性。为了给本章做出结论，我将进一步揭示这个关系及其对西方建筑史的影响。

我们通常认为《蒂迈欧篇》标志着西方科学传统的起源，它甚至预示着作为18世纪之后经典物理学与技术世界之基础的空间几何概念。该书是对宇宙及其起源的首次系统的阐述，有别于我在第一章中所概述的赫西俄德的宇宙起源的神话。柏拉图将其眼光转向天体并思考其有序的运动规律，想象着一个几何的宇宙，持续激发着西方世界一直到牛顿时代的人类对宇宙秩序的思考。柏拉图的创世者（Demiurge）将世界建基于一个完美的几何原型；于是，诗人、手工匠和建筑师在其产品中体现出相似的数学比例。通过和谐地度量时空，以及将机构建构 44

于宇宙的秩序中，人类能够取悦命运之神并过上道德的生活。

柏拉图关于现实的阐释虽然被频频误读，但它不仅仅是不变的本质（天体运动的理想领域）与发生发展（人类世界的具象领域）之间的简单二元性。他最早的观察认为这两个领域都是自治的：在我们的人类世界中不存在纯粹的理想，它总是在变化。正如亚里士多德在几年之后所写，物质世界不完全与数学相匹配，但他与柏拉图都相信这两者以某种方式联系着。亚里士多德把形式诠释为眼睛可以看到的事物，这有助于把《蒂迈欧篇》中的超验思考引入自然科学中。通过斯多葛主义，这个观点将成为主流建筑理论的来源，正如我们在维特鲁威理论中所看到的。亚里士多德对我们所体验的世界的系统性感到惊讶，并发现生灵的完美性。他经常将"理念"和"形式"两个概念互换使用。[40]在其著作《论动物的部分》中，亚里士多德承认解剖人体时的厌恶感，但坚持认为血液、肌肉和骨头并非解剖的目的。解剖学家并非着重于身体的直接可见的部分，而是寻找自然的目的性设计（即理论）。[41]维特鲁威论著中的第一书将医生的理论与建筑师的理论相提并论，并宣称这正是建筑的可见形体所示意的。[42]

与此同时，形式不同于物质，它们之间的模糊关系已经被许多哲学史学家所研究。张力在建筑理论中也很重要，直到实用主义的思想统治了现代。理念与形式的关系，被柏拉图急躁地混为一谈，导致巨大的认识混乱，尤其在伽利略科学提出天体领域与物质领域是同一的之后。然而，从《蒂迈欧篇》第

48—49 节起，柏拉图修改了其当初的"二元论"。在观察了理想的椅子与面前具体的椅子之间由文字表达的关系之后，柏拉图认定现实不可能被简单地阐述为二元的：在"理想的"与文字通常的含义之间既有联系也有距离。这个晦暗的关系应和着人类所经历的时空。柏拉图的第三个词，chōra，有别于"本质"的理想领域和"发生发展"的自然领域。他引入这个概念以区别于"纯粹"的几何空间和场所，即不同身体的自然场所。"原初空间"这个词在他之前已出现过。在荷马的论著中，它出现 45 在几种主要与场所相关的形式中：在其阳性形式中，它与战斗有关；在其阴性形式中，它与舞蹈相属。然而，柏拉图为它赋予了原创的感觉。

我在此强调："原初空间"恰当地意指人的空间。它是内在地被界定且模糊的人与人的交流空间。如柏拉图所承认的，"原初空间"这个概念把握起来非常困难；它就像梦的实质，我们只能通过看似理性的分析间接地理解它。但是如果没有它，我们甚至不能够解释现实。在吟唱诗人的爱欲空间与柏拉图的《蒂迈欧篇》的爱欲空间之间有着很深的相似性：如同爱、"原初空间"使所有的关系和知识成为可能。"用一般的话语来描述，它就像一个盆状物，而且如其所是，是所有发生与变化的助产士。"[43] 然而，柏拉图的概念还有更深的含义。他将此盆状物比作中性塑性实质的质料，并将其想象为所有创造之根本基础，而火、土、水与气只是它的特质。他接着将"原初空间"与工匠的原初材料（即创世者的原始材料）相联系。这个原始材料没有自己的明确特征，却是事物的最根本现实。柏拉图将其与精液相提并论。除了遗传上的失调外，此原始材料是双性的，是所有"可见与可感觉的事物"的聚集盆，而它自身却是"不可见和无形的，接受一切事物，对此概念'理解起来尤其困惑，非常难以把握'"。(《蒂迈欧篇》50—51；单引号系笔者的强调)

　　由此柏拉图得出结论，现实必然有三部分组成：第一，"不变的形式，它是非创造和不可毁灭的，……对视觉或其他感觉不可见，是思维的对象"（这是本质）；第二，"拥有与形式相同的名字并与形式相似，但可以被感知，实际存在着，时刻都在变化，……在感觉的帮助下经由意见理解"（这是发生发展）；第三，"原初空间"，"它是永恒且不毁灭的，为一切事物的发生提供了场所，它不通过感官而是经由一种虚假的理性来理解，因而它很难令人信服。我们实际上像在梦中看着它，并说一切存在的事物必然处于某地并占据着某个空间，而那在天地之中无位置的什么也不是。"柏拉图接着将此盆状物认定为混沌的空间，"一种摇动的装置"，它从自身中将四种元素分离出来以构成我们所知道的世界。（52—53）在语源学上与印欧语系的"chasho"相近，"混沌"（chaos）被理解为一个原初的裂缝或深渊，或者是原初的实质。柏拉图于是将"原初空间"描述为人46 的创造与参与空间，是自然场所与宇宙空间之间的导向连字符。它是交界处的清晰现实，是本质与发生发展的交叉体。它使通过诗意制作的产品创造成为可能，由此也使自身显露出来。"原

初空间"也是人的手工艺的基础性实质。它将被包含的空间和
材料的围合体划分开来。这个划分起始于 19 世纪,并误导艺术
之间的区分。最重要的是,原初空间指向存在于本质与发生发
展二元论之外的并且使语言与文化的创造成为可能的不可见领
域。问题是,正如柏拉图所强调的那样,它的呈现只能间接地
通过虚假的(原词的直译是"杂交的")理性分析来把握。

在柏拉图之前,没人意识到这个游离于二分法之间的第三
领域。事实上,它的缺席概括了神话世界的特征。在这个主要
依靠口述的完全统一的世界,空间与运动是通过女神赫斯提亚
(Hestia)与神赫尔墨斯(Hermes)的对应特性形成的。在奥林
匹亚山上宙斯雕像基座上的六对主要神灵中,只有赫尔墨斯与
赫斯提亚这一对在遗传或血缘上没有联系。[44] 这是一个自相矛
盾的配对,它代表着欲望的空间但又不受其影响。他们在一起
交织着空间与运动、中心与路径、不变与有变的现实。赫斯提
亚代表着女性、家庭、地球、幽暗、中心和稳定(即室内空间
的特质);赫尔墨斯代表着男性、流动、交界、开敞、与外部世
界的联系、光和天空(即行为的外部空间的特质)。这个前哲学
的时空不能被理解为抽象的概念。它是活生生的"你"而非科
学或哲学的"它"在这个世界的具体经历。我们很难想象一个
个人化的、充满意愿的、不可预测的外部现实,它需要通过人
类持续祭祀神,以确保世界运转。即使如此,这正是神话与仪
式的世界。

著名的古希腊文化历史学家斯内尔(Bruno Snell)描述了

"思维的发现"并将其与爱神 / 丘比特的出现联系起来，爱神能够阻止思维的实现并回归自我。[45] 如果没有注意到思维和欲望所揭示的世界之间的距离，我们不可能理解产生哲学、科学和建筑理论相关联的自我意识。不同于神话世界中的定义，欲望源自对死亡的理解，被看作发生于自我的东西，使不朽的思想成为可能。爱是死亡的缘由，两者共同揭示了人的生命的界限和目的。正是这种距离，亚里士多德在他的《诗学》中将其称为戏剧空间。取代了更古老的神话诗意的故事（诸如荷马与赫西俄德的作品），古希腊悲剧试图理解神的意志及其对人性的意义。通过敞开演员与观众之间类似于爱神的空间，它取代了戴奥尼索斯仪式的无差别空间。在古希腊剧场中观众与合唱团及演员上演的戏剧之间的距离，能够使观众深刻地理解剧情并产生心仪神往的宣泄，进一步理解悲剧命运的目的，[46] 由此恢复精神"完整"，发现自己在纷繁尘世中的意义。

　　亚里士多德提供了古希腊仪式的线索，它成为西方艺术与建筑的历史先例。他论述到悲剧与喜剧都起源于酒神赞歌（dithyramb），它是一种献给戴奥尼索斯的春季仪式。[47] "dithyrambos"意指跳跃的、发人深省的舞蹈，其原初的形式是祈祷以图召回生命，以诸如歌声和舞蹈的神圣行为召唤灵魂。[48] 埃斯库罗斯（Aeschylus）、索福克勒斯和欧里庇得斯的伟大悲剧都在祭奠戴奥尼索斯的四月初春节上演。作为希腊艺术品的仪式起源，古希腊戏剧给建筑带来许多启发。戏剧可能不是在台上而是在乐池或演唱团表演，尤其在早期，当神圣的仪式行为发展为戏剧时。对于熟悉现代戏剧的人来说，古希腊演唱团的作用看起来很神秘。事件的关注点是被称作"choros"或"orchēsis"的圆形舞台。公元 2 世纪的古罗马文本显示，这些事件包括诗歌、音乐和舞蹈（即三者结合的"圆圈舞"），据说具有情感宣泄的作用。事实上，"宣泄"和"模仿"这两个概念在艺术中出现很早。"宣泄"意指纯净化或悲剧中所表达的个人命运的幽暗与神的命运的光亮之间的交合。[49]"模仿"并非意味着临摹，而是通过动作、音乐的和谐和说话的韵律来表达感觉与体验：它是对本质与发生发展之间身体协调作用的认知。

这种戏剧性事件被剧场固定下来，剧场是古典时期与宇宙 48 相应和的建筑类型。首先，我们得回忆一下戴达罗斯神话中某些相关的方面。[50] 戴达罗斯的主要作品之一是设计了一个舞台（chōra），位于克诺索斯。[51] 这个设计是在他更著名的建造迷宫的项目之后，迷宫也是舞蹈与戏剧的场地。迷宫的形式是路径（赫尔墨斯）与空间（赫斯提亚）的清晰结合，成为西方传统中城市的重要象征；同样的结合也被蕴含在舞台这一项目中。迷宫是人生的浓缩象征（一个入口，一个出口），也是秩序呈现的象征，虽然它表面上显得无序。根据维吉尔的《埃涅阿斯纪》，迷宫起源于特洛伊的某种舞蹈游戏，它在特洛伊城的两个场景中上演：庆祝该城的创立，表达对已逝人的尊敬。[52] 迷宫因而是一种固态的舞蹈，它暗指古希腊剧场中的圆形乐池。

在圆形剧场与前台之间的空间，那个由演唱团占据的圆形舞台，是观众注意力的焦点。在这个最完美的形式之上，舞者在沙地上留下迷宫般的痕迹。在古希腊传统中，存在着迷宫与圆形相匹配的清晰例证。具有重要意义的是，位于埃皮达鲁斯的、为医药之神阿斯克勒庇俄斯（Asclepius）而建的圆形建筑或圆形庙宇的地基，实际上是一个迷宫。在古典时代，埃皮达鲁斯以医疗之地而著名。埃皮达鲁斯神域中的著名剧场在恢复病人的身心稳定方面起着最重要的作用，病人还可以在神圣的禁室中接受梦境治疗。在少有的圆形庙宇中，上天的（与合唱团的）圆形形式在形体上与尘世的迷宫形式相匹配，在尘世住着与阿斯克勒庇俄斯相关的三条神蛇。在此，建筑的功能与医疗相似：试图使秩序显现，或若当秩序缺失时，应使其恢复。迷宫作为建筑秩序的基础这一主题，很少能像在埃皮达鲁斯那样被直截了当地实现，但它在中世纪和文艺复兴以及巴洛克的建筑论著中仍然是一个普遍的理念。

仪式使原始人类实现祭神并栖居于这个世界，而古希腊戏剧在艺术的领域扮演着相似的功能。圆形剧场的出现表现了随着爱神／丘比特的到来与哲学的诞生所逐渐打开的间距。剧场成为通过看和听理解世界的场所。这种远距离沉思使人或事情变得明朗，与观众直接参与原始仪式具有相同的宣泄作用。这种关系同样是可以被具体化的。在古希腊剧场中，不存在将思维等同于脱离肉体的注视这种笛卡尔式分离。我想强调，这个（古希腊剧场中的）距离与哲学家引入的理论距离很相近，后者使经由理性话语参与宇宙成为可能，从而揭示出如萨福诗歌中所呈现的三角空间的理性原理。只是到了 17 世纪，这种距离才变成不可逾越的间隔或者各向同性的几何空间，世界变成了通过仪器甚至色情关注来被感知的科学"图案"。

在强调健康的场地对观者的重要性时，维特鲁威写道，"当戏剧上演时，观众与其妻儿，坐在场中全神贯注，他们的身体，因享受而全然不动，毛孔在微风轻拂中打开。"[53] 古希腊人注意到自己的这种弱点，但他们将外部的力量与情感拟人化为魔鬼与神灵。正如帕德尔（Ruth Padel）所认为的，希腊人将其内在视为意识的复杂所在，它由与物质宇宙同样的结构构成，它的成分类似于地球，它的特质反映着幽暗且全然不可知的神灵。[54] 这个类比是医学、解剖占卜和诸如维特鲁威建筑理论的根源。但是，来自外部的影响总是被认为更具侵略性。在剧场中，观众试图与世界和平共处，发现心智（或思维）与疯狂之间的切合点，以图"将可怕的理解为平易的"。[55]

维特鲁威继续写道，演员的声音是"一种流动的气息"，它"以无数圆圈状波动着，就好像石头被扔进水中会产生无数不断扩大的圆形波浪"。声波的扩散要求建筑师通过"数学与音乐的经典理论"来使剧场中逐渐上升的座位排区完美。在剧场设计中，建筑师必须运用有关和谐的知识。维特鲁威介绍了音乐的模式与音程，接着是四度音阶。他还建议在座位下设置铜质的反声器（我们至今还没有发现它的例证），以提高建筑的和谐共鸣。剧场平面的设计需与上天的几何本质相协调，从一个基本圆开始并内接四个等边三角形，"就像占星师在星象的和谐音乐中计算黄道十二宫的星象图案那样。"[56] 虽然维特鲁威是在讲述

古罗马（而非古希腊）剧场，但他将其解释为悲剧的宇宙场所

50 这一点是很清楚的。正是在这里，建筑展开了空间与时间的秩
序。这种诗意的形象不能被简化成美学欣赏。通过建筑的界定，
悲剧成为柏拉图"中间地带"的显现，人类存在的概念，正如
弗格林（Eric Voegelin）所注释，不是某种被给予的静态事实，
而是"处在无知与有知、时间与永恒、瑕疵与完美、希望与实
现，以及最终生与死之间的不稳定时刻"。[57]

因此，人介入戏剧是重要的，因为戏剧可以参与某种运动，
寻找被发现或迷失的方向。这种方向的感觉使人的意义和自我
认识成为可能。戏剧被认为是具有时间性与空间性的，并具有
宇宙目的性的运动。它的效用来自于某个诗人的故事，而非传
统神话的多样声音。宣泄在日常生活中认识到本质的显现，但
它不依赖于通常的语言（散文）。古希腊戏剧是我们认作的隐喻
性的诗意语言。它维持着类似于爱欲空间的张力间隔，观众可
接触到距离与其他的统一性一致。在《诗学》中，亚里士多德
将"模仿"（mimēsis）视为艺术的基本特征；押韵、韵律、协
调运动与和谐都仅仅是观众在悲剧情节中识别为统一基础的若
干特质。一个"看似合理的不可能性"总是显得新颖且具吸引
力，但又惊异地为人所熟知。

由此，我们也许开始理解西方传统中建筑空间意义的本质。
盆状的"原初空间"，与剧场中的"舞台"系同音词，通过对模
仿本质及其发生发展而成形。它包括众多不同的特性：它是材
料的建筑，是空间、场地和光亮，是艺术所揭示的真理，又是

文字与感受之间的间隔。它是沉思与参与的空间：认知的空间。我认为，西方建筑中呈现的"源头"正是寓于把建筑理解为舞蹈的空间，从而产生区别人类与其他动物的诗意能动性，以及"舞蹈设计"的叙述语言。

文艺复兴的内化

两千多年以来，剧场是世界的隐喻和西方建筑的模范。以不同的形式，经由城市场所或临时结构的组织，剧场将欲望的空间呈现为共同的领域，它为生存的取向提供了场地。在文艺复兴时期，剧场设计热衷于人工透视法：表演台被一个台框小心地限定，既神秘又符合比例与照明所规范的数学深度。绘画 51 与剧场中的透视深度与具体化的体验不同；它是一个本体论的展开，是由超验数学所规范的窗户式空间。虽然从 13 世纪晚期就有反亚里士多德宇宙观的神学论调，对文艺复兴文化而言，无限性是上帝的特征，远非我们的体验世界所能企及。[58] 关注舞台设计和人工透视法的建筑师，将其才能付诸戏剧空间与城市庆典舞台的设计，还包括诸如帕拉蒂奥设计的位于维琴察的奥林匹克剧场这类重新设计的舞台形象。

此外，剧场成为新近恢复的人体解剖实践的场地。供解剖的圆形剧场在欧洲主要城市推广开来。经常在公开处决之后，高度的仪式化功能在这些公共建筑中有序展开，并对大众开放。解剖在剧场中进行，而剧场唤起存在于外部世界与被解剖尸体中的宇宙秩序。事实上，如索德（Jonathan Sawday）所指出，将尸体放置在透视空间的"三维模型"中对于新的解剖理解至关重要。[59]然而，16世纪的医学并没有放弃盖伦的关于机械生理学的体液理论。问题的关键是"传统的"爱欲知识与现代科学很不相同。即使是不动的身体，它仍然是重要的思考与好奇对象，这与亚里士多德的传统期待相吻合：意图发现腐烂器官的恶心物质之外的理论。在韦萨留斯著名的《人体结构》（1543）的卷首插图中，解剖师（即韦萨留斯自己）邀请观众观察打开的女性子宫，即发源地或原初空间，它位于整个画面的中心，半圆形剧场的中轴线上，晃动的尸体骨骼在死亡笼罩之下。

文艺复兴的建筑师、赞助人和作者诸如特里西诺（Giangiorgio Trissino）、巴巴罗（Daniele Barbaro）及其密友帕拉蒂奥，以及塞利奥（Sebastiano Serlio）（在此仅举名若干）都相信剧场拥有特殊的宣教力量。这可以从特里西诺对（帕拉蒂奥设计的）奥林匹克剧场的赞助，巴巴罗在其维特鲁威译本中对剧场的讨论，以及塞萨瑞阿诺（Cesare Cesariano）1521年版的维特鲁威译本中一幅优美的木刻画窥见一斑。在画中，剧场被特意表现为宇宙性的建筑：一座中心化的独立的纪念碑，乐池的圆形地面是一个迷宫图案。在塞萨瑞阿诺这幅木刻画中的部分观众观看戏剧表演，而另有部分观众则站在建筑结构的限定之内，眺望着远方，转化为演员，以使建筑师能够沉思建筑的意义。[60]人文主义传统抓住亚里士多德《诗学》中的艺术作品的定义，这个定义仍然反映着诸艺术之间被理解为"诗意制作"的前哲学的共同基础（它使未曾出场的得以出场）。[61] 尤其以戏剧为参考，亚里士多德将艺术作品定义为"理论实践的模仿"，以情节或故事的形式体现"道德行为"。[62] 即使对维特鲁威传统的技术兴趣推动了某些误解，文艺复兴建筑仍然保持着其根本的道德目的，它被理解为"得体"（decorum）。但在剧场中，建筑的表现内容最清晰：它是人的行为空间，在那里，良好的道德品质就是人的本性的和谐实现，也是台上的演出所表现出来的美的一部分。[63]

虽然文艺复兴建筑对几何形与比例有着公认的极大兴趣，它从来不把空间理解为各向趋同的几何实体。情节总是起着建筑构思主心骨的作用。因此，绘画、戏剧、建筑的令人激动的感知深度从来没有受制于某个视点，如果没有故事——阿尔伯蒂在其《论绘画》一书中所讨论的诗意述说——这种感知深度也就不完全。这些述说也为城市庆典的生动图片提供主题与寓言。人工透视法所引入的令人神往的深度仍然被视为爱欲空间，即原始的原初空间的再生，一种远距离参与的空间。这个柏拉图的关于现实构成的第三个术语被文艺复兴的艺术家和建筑师表现为神秘的几何深度，即人世间的上帝光芒。

"原初空间"可以被艺术和建筑所揭示，直到文艺复兴末，它依然保持着与亚里士多德的"自然场所"概念的区别。"场所"，意指人间尘世，是大多数人事发生的场地，同时又指向一个生动且超越人类世界的强力存在。在亚里士多德的物理学中，运动不是一种"状态"；发生是生命的财富，暗指运动与变化。事实上，当客体移动时，它的实质也变化着；在休息与运动之间，存在着本体论的区别。在这个关于现实的普遍理解中，"原初空间"仍然能够起着分离与连接的作用，它是作为一种参与模式的沉思空间。理想的境界属于其他地方，但又在此时此地的一个垂直结构中存在。所有的文艺复兴建筑师都认为，通过工具所能描绘的形体的点或线并非我们头脑中理想的点或线。比如，对约翰·迪伊（John Dee）而言，欧几里得几何的运作发生在"超自然与自然事物之间"；它们是"非物质的事物，然而通过物质的事物，以某种方式被指意出来"。[64]

所有这一切随着现代的到来而发生了变化，原初空间开始被现代的几何空间所遮蔽。一个中心人物是伽利略，他的关于运动的思想实验导致惯性定律的发现，并最终被牛顿加以发展。[65]惯性意味着运动与静止都可视为不能影响存在的"状态"。即使带有传统的脉络与神学的动机，伽利略想象着与亚里士多德大不相同的物理学。在伽利略的世界中，上天与人的世界之间的本体论区别被抹去。世界变成了一个均质的几何虚空，天体与地球通过使用数学定律而被具体化和可描述化。通过将理想的几何空间从上天带到地球，伽利略暗中对爱的空间（作为人类真理的场地）的合理性发出质疑，并给人们展现出不可弥合的二元分离。当数学变成权威之时，语言学与艺术作品最终受制于主观性的模糊领域。17世纪后期，莱布尼茨将诗歌与诗学视为屈从于科学的一种知识形式，通过鲍姆加顿（Baumgarten）的发展，成为我们熟知的美学。[66]在哲学术语中，伽利略的新

"现实"概念使生存的本质最终简约为纯粹的实体，即客体的表象世界。由此，他的自然哲学为实用技术的文化创造了条件，此类文化在启蒙时代之后的西方世界中蔓延开来。

在原初空间的早期现代转换中的另一个主角是布鲁诺。如大家所熟知，他被控邪教异端，于 1600 年受火刑死于罗马。如同伽利略，布鲁诺统一了天体与地球物理学，提出反亚里士多德的严密观点，但在他们两人之间也存在重要区别，尤其体现在布鲁诺的《因缘、原理与整体》（1584）一书中所表述的空间概念。

不像传统宇宙学强调本体论的差异，布鲁诺的观点将本质与发生融为一体。在他看来，在人的经验领域之外什么也没有，但人的经验比我们所能感觉的要大得多。布鲁诺相信，没有形式就没有物质，而且形式（理念）不存在于远离物质的独立领域。不存在纯粹无形体的本质世界。神的世界不全然有别于人的世界；相反，神性呈现于一切事物中，包括我们自己。它的呈现使人类成为强有力的法术师。布鲁诺的一些前辈虽持有同样的信仰，但他的宇宙学显得更切实可行。从我们今天人类无所不能的技术世界往回看，我们能够理解到与这种意识相关的潜在危险。对布鲁诺而言，这使得发展出一种道德的敏锐感觉，它被看作是对神的其他性的必然的爱。在其论文"关于联束的一般论述"（1588）中，布鲁诺讨论了人类文化所有领域中的诱惑与爱的力量，甚至包括精神与弥撒操纵的可能性。

布鲁诺的宇宙是彻底动态的。同哥白尼一样，他认为世界是运动的。不同于伽利略，布鲁诺的宇宙在逻辑上看是矛盾的、

不可理解的，并向数学理性关闭。在其《灰烬，星期三，晚餐》
（1583）一书中，他仔细描绘着一个没有数学和无法透视的世
界。他认为我们在一个黑暗无尽的宇宙中，如同日月食的半影，
处在光与影之间。对布鲁诺而言，地球是运动的，因为它充满
生机，而运动是肌体的财富。即使是看似不动的客体，也享有
精神的实质。他的许多概念类似于前苏格拉底哲学家诸如阿那
克萨哥拉（Anaxagoras）和巴门尼德（Parmenides）的思想。虽
然在物质中存有明显的区别，存在着一个作为基础的原始物质，
一个"质量"而非"物体"，它也是空间。生活经历的空间是对
立面的巧合；这是其原初的真理，常常隐藏在外表后面："宇宙
是一，无限和恒定的。我说绝对可能性是一，行动是一；形式
或灵魂，是一，物质或身体是一，事物是一，存在是一……它
不是物质，因为它不被形构，也不能被形构，它不被限制，也
不能被限制。它不是形式，因为它既不传递什么，也不显示什
么，如果说它就是一切，是极大值，是一，是统一的。它既不
可度量，也不是尺度。'它是非限制的限制'，非形式的形式，
非物质的物质"（单引号系笔者加的强调）。[67]

　　不用进一步考察布鲁诺晦涩的语言，我们就能感觉到他试
图消除如柏拉图所理解的三个术语构成的现实世界。布鲁诺还
质疑由新柏拉图主义哲学家诸如斐奇诺所建构的关于本质的层
次区分。令人好奇的是，布鲁诺似乎完全理解梦想、艺术和诗
歌的空间，即原初空间。通过否定显现与非显现、理想与现实
之间的本质区别，布鲁诺的概念空间极可能转换成晚期现代的

统一、无限及各向同性的连续体。他的反地心说的主张，经常被概述为迈向现代科学的一步，地心说认为地球在无限宇宙中占据着统领位置。但是，布鲁诺的黑暗阴影的空间并非数学的实体，它反对虚空。既然宇宙是彻底动态的，人性则是由爱所推动。

在其《英雄般奇想》（1585）一书的结尾，布鲁诺想象着上帝的王国和天堂，在那里，人的领域被转换成神的领域。这个想象源自于人爱的能力；对布鲁诺而言，爱内在于人性中。只有恋人才能经由想象达到无限，才能实现知识与爱的巧合。应和着柏拉图在《会饮篇》与《斐德罗篇》中的反思，恋人被转化成爱的对象。欲望在整体"一"中运作，但并不由整体"一"所推动。爱欲因此被理解为对整体的欲望，对解释着宇宙真正变化的另一种存在模式的欲望。

布鲁诺声称他的思想使我们从对虚幻的残酷神界的恐惧中解脱出来，神界从星际之外俯视着人间尘世。然而，不经由理性科学的光辉，而经由对立面的巧合所带来的启迪，即艺术与科学的真正源泉，人类也许能够与宇宙的无法推测的秘密相协调。这样的理解使巴洛克与现代艺术成为可能，连带着它们丰富的特质以及最终将现实视作"肌体"的现象学理解。[68]

现代以来的转化

空间的理论在知识中占据着与数学全然不同的位置；……

空间拥有我们头脑之外的现实，而我们并不能够完全控制其
规律。

———高斯语，引自莫里斯·克莱因
《数学：肯定性的消失》

巴洛克时代期望着理想可以显现于人的世界，由此带来了
对建筑、景观和城市的新态度。这个变化清楚地表现在维拉潘
多（Juan Bautista Villalpando）基于《圣经·旧约》"以西结书"
中伊齐基尔（Ezekiel）的先知对所罗门神庙的图形重构，及其
在埃斯科里亚尔宫设计中的体现，该宫殿是西班牙国王菲利普
二世的皇宫与修道院。[69] 维拉潘多引用耶稣的"体现"（或"道
成肉身"），即上帝转化成人，来主张现代基督教期望在人的世
界"建造"理想殿堂的愿望。"道成肉身"是基督教的一个信
仰，它在文艺复兴之前实际上很难被接受。基于柏拉图与亚里
士多德哲学中神的领域与人的领域之间本体论上的分离，这种
情况并不令人惊讶。

在犹太教与基督教传统中，正是亚当与夏娃打开了人的欲
望的空间。吃着智慧树上的果实，他们发现了性爱并遭遇死亡。
通过这个知识，他们还明白了善与恶。这与上面提到的苏格拉
底的概念极为类似，即将人的知识看作对"爱欲事物"的意识。
在被赶出天堂之后，人类必须劳作并找到正确的行为方式，耕
作以获得食物，建造建筑以抵御自然的威胁。耶稣的体现与殉
身将人从原罪中解脱出来。在神学中，弥赛亚的出现产生赎罪，

暗示着从爱欲／欲望中获得自由的可能。基督的殉身用上帝的爱，即上帝对全人类的无条件的爱，取代了一般的爱，他的爱甚至遍及他的迫害者与行刑者。

　　对于中世纪的人而言，拯救基本上已完成，人类的世界在上帝的时代显得并不重要。伴随着耶稣的第二次降临和神圣耶路撒冷的恢复，世界末日据信已迫在眉睫。中世纪很难把耶稣同时接受为神和人。一个 15 世纪晚期的教皇训令声称耶稣是真正的肉身。霍尔拜因（Holbein）著名的 16 世纪绘画首次想象出死亡的耶稣在其重生之前已在坟墓中消解。这些行为在（反改革运动之后的）巴洛克时期达到顶峰，把耶稣的"体现"看作毋庸置疑的教条。上帝实际上已经变成人。与之相对，人的思维受到神的启明。既然世界末日与赎罪如今被认为处在遥遥无期的未来，现代基督徒被号召起来为在地球上建造上帝之城做出贡献。爱与上帝之爱可以变得完全切合，而这构成了巴洛克艺术生成的主旋律。

　　巴洛克建筑师致力于改变世界，他们完成了自然与几何空间的精彩整合。人类世界第一次转换成自我指向的文化存在。然而，在人类世界中，他们在启明的几何点（剧场与教堂中的透视灭点）与其余的经验之间做出区分。正是在这些戏剧性的点上，神圣的或世俗的表象获取了其至上的意义。人们如今可以将上帝的空间思考为几何的存在。几何被视作人的产品，但又可与神的光芒投射相类比。这个将世界导向图画的转换也寻求着其"表达"，而非维持着爱欲空间。巴洛克的艺术与诗意作品，以及耶稣士的沉思实践，将极度兴奋的体验转换成融合神与人的爱的神秘整体。

然而，为了达到这个神的显现，人类不得不置其身体与双眼视觉于不顾，以图体验那个透视灭点。这个几何的"无限点"已经进入经验的世界；它可以通过思考一座花园或教堂而外在地被体验，或者在沉思的过程中被内在地经历。观者与灭点之间的空间是清晰而透明的，它通过光与几何被奇迹般地表达出来。但必须强调的是，巴洛克建筑扎根于"得体"的传统概念，这些超验的神的显现仍然界定着人的行为，尤其是政治与宗教仪式。

亚里士多德在其《物理学》中将空间与场所等同起来，将其理解为身体与其他事物的位置："包容身体的'不可见的'界限，通过它，与被包容的事物发生接触。"[70] 如同物质世界的许多其他事物，场所是质量的，而非数学的。拒弃"虚空"这一概念，亚里士多德原则上将空间与物质等同，犹如柏拉图在《蒂迈欧篇》中对"原初空间"概念的处理，但前者没有后者概念上的模糊性。这个诠释在西方哲学传统中一直盛行到17世纪。它随后融入笛卡尔的关于现实的二元论论述，然后与几何"实体"相等同，即"形体的实质"。笛卡尔坚持认为，既然自然"不喜欢真空"，空间与物质都同等地重要，且只能通过数学来理解。然而，在巴洛克的绘画中，正是充满抽象的光亮的几何间距成为表现的首要主体。拉图尔（Georges de La Tour）的绘画是其主要的例证。

笛卡尔自己似乎对绘画不感兴趣。在其《屈光学》（1637）

一书中，他赞扬铜版画，因为它们能准确地传递事物的客观形式。对他而言，颜色是次要的。只有线条画才能表现他的线性延伸概念作为存在事物之现实。笛卡尔热衷于根据概念模式而非真实感知来建构视觉理论。在松果腺的几何点上出现的非物质视觉被理解为数学思想的透明器官。笛卡尔必须为空间的单一化与客观化负责。对他而言，空间仅是自治的几何存在，独立于我们的视点。原初空间的具体化经验被客观的数学空间所取代，笛卡尔相信由此我们可以更接近对神和人的理解。如同身体，爱欲对笛卡尔而言仅仅是错误与混乱的根源。正如梅洛-庞蒂所言，当人工透视被神化为首要的知识论模式时，深度（即苦甜交织的爱欲空间）就失去了其作为第一维向的地位，而变成等同于长度与宽度的三个维向之一。[71]

　　西方文化放弃了联束起来的空间，即古典时代的苦甜交织的空间，转而寻求神秘的整体。巴洛克艺术以及 17 世纪哲学、科学和实用理论中的空间转换，完全地由神学关注所推动，而这个神学关注的根源仍然在于中世纪晚期和库萨（Nicholas of Cusa）及其他新柏拉图主义学者的文艺复兴著作中。他们相信人的思维共享着神的思维的光芒，能够跳过感知去完全理解宇宙。这正是使巴洛克的爱欲得以与上帝的神爱联合起来的道德姿态。在所有巴洛克文化产品中感性与抽象思维的强烈统一有赖于将光理解为超验的存在。在罗耀拉（Ignatius of Loyola）的《精神练习》一书中，只有当观者从想象这一行为本身脱离开来，他思维中的影像才能接受神的理解。在通过每一种感知抓

58

住形象之后，思维应该排除所有的感性经验甚至自我，由此吸收神的光亮和神的意志。[72] 类似的自相矛盾且去形体化的练习发生在错觉透视所针对的观众身上，它是建筑、雕塑与装饰的感觉的高度融合，这尤其概括了巴洛克耶稣会教堂的室内特征。

18 世纪，城市文化变得极其戏剧化。正如桑内特（Richard Sennett）所显示，甚至在欧洲大城市中公共交往的社会准则也强调日常生活的戏剧性。[73] 确实，建筑与剧场变得几乎等同起来。在彼邦纳（Bibiena）的《民用建筑》（1711）一书中，区别戏台与真正的体验空间的界限似乎消失了。[74] 他的"斜角透视法"，即简单地用两点斜透视的布局取代巴洛克剧场所偏爱的一点透视构图，象征着一个重要的变化。这个"发明"显示出剧场的民主化：从此不再有特权的视点，每个人在几何空间中都占有一席之地。透视感观成为每个人随时都可以介入的真理。

在教堂内，环绕着壁画的边框开始解体。透视灭点被抬高，不再与将观者作为焦点的几何构图相符合。有时，表达主题甚至与宗教无关，而是展现自然中所遭遇的奇观。传统的神奇，诸如圣乔治刺杀恶龙或者圣母的升华，必须经由戏剧性的雕塑场景来描绘，使它们显得如此生动，以至于以假乱真。正如哈里斯在其洛可可式教堂研究中的揭示，这一变化表示着真正现代美学距离的到来。[75] 真正爱欲空间的模棱两可变得很难甚至不可能被数学的精确和透明性的文化所接受，后两点成为知识与（牛顿之后）真正自然奇迹的前提条件。在洛可可艺术中，作品与观者之间的空间变成真正的"隔阂"（separation）。那曾经统合巴洛克的整合性艺术及其观众的几何空间现在却将它们分离。观者可以既参与又不参与其中。审美体验可以分为"美的"和"雄伟的"，在此之前它们不可能被想象成艺术意义中的两个分离特征。艺术的精彩在于与爱欲具体化的现实存在根本不同。洛可可艺术所持的主张将发展成为哲学美学的现代学科，而最终将被浪漫主义、超现实主义、现象学与诠释学所质疑。

洛可可建筑师将传统的文艺复兴的装饰与结构的分类结合起来，潜在地将自己的作品转换成一种主观的形式游戏，而非为仪式服务的具有恰当装饰的结构。18 世纪中叶之后，新古典主义作者提出反对洛可可，要求返回到古典秩序的极其简单性，这一做法却换汤不换药，仅仅是把公式颠倒一下。因此，洛吉耶修士（Abbé Laugier）的观点认为，结构（柱式）自身即是装饰。由柱子、横梁与山花构成的原始棚屋，被当成建筑的"本质"，而其余的部分（包括墙体与门洞）被视为恣情放纵或滥用的领域。[76] 既然此后建筑可能变成装饰，"得体"或"恰当"的概念就不再被认为是理所当然。在 18 世纪，这成为一个中心理论课题。

18 世纪，人类开始相信几何空间与线性的进步时间观。西方文化认为自身正处在建造乌托邦的未来天堂的边缘，如今则通过理性与技术去继续寻求超验的传统。有时，当在寻求今天的欢乐天堂的构想时，艺术家诸如弗拉戈纳尔（Fragonard）通过一种不可逾越的间隔来呈现壮观，这是新范式发源的美学距离，即艺术为艺术的目的。这种几何空间也是牛顿的虚空，一种无所不及的宇宙空间，它只有经由发生在其中的非人类定律的显现才能被感知。牛顿预置的绝对时空，神化了伽利略与笛卡尔的直觉，使它不受累于任何细微物质（笛卡尔）或任何"必然的"环形运动（伽利略）。启蒙的理性最终拒绝了对巫术、天使与魔鬼的所有传统信仰。相反，它提出，通过数学定律来表达的自然的清晰性与简单性才是真正的"奇迹"，即一个理性造物主的显现。这个发展代表着建筑作为古希腊的奇观这一传统的转折点。建筑总是通过诱惑与迷惑传递着奇观和生存的安全。应和着苏格拉底的概念，即人类知识是建立在爱欲迷惑效用之上，建筑在克服像爱本身那样的形体化意识的片刻中获得自己的潜在意义。依赖语言学的类比为唯一选择，许多18世纪的建筑师对抓住这个原初的现实已显得无能为力。

不足为奇的是，与建筑相关联的"爱欲"体验时常变成偷窥的方式。佩罗（Claude Perrault）曾经说过，建筑与艺术的真实的美必须对任何人都显得清楚可见，同时认为视觉的本质是透视的，建筑的意义不能够取决于直接的呈现。[77]建筑的意义应来自大脑的联想，起始于印象与记忆。这个信条被英国哲学家如休谟的感觉主义理论所强调。建筑理论从语言学类比中获取支持，用于理解作为文化建构的表达方式，而诸如"性格"等问题则显得异常重要。虽然失去了与人的行为的传统联系并潜在地变成"常规的"装饰，18世纪的戏剧建筑仍然寻求着形而上学或科学的根基。于是，它维系着对准确性、比例与几何的迷恋，因为它试图将表达建立在绝对的肯定性中。建筑作为社会约定的话题，在 18 世纪以来变得很显要，它将在以后的章节中论述。

在鲍姆加顿的著作中诞生的美学学科应和着新的文学类型，即"浪子"小说。[78] 它的情欲的冲动通常被作家诸如德·拉克洛（Choderlos de Laclos）、克雷毕雍（Crébillon）、德农（Vivant Denon）和狄德罗等理解为纯粹的身体现象，避免任何关于爱的价值化，无论这个冲动是自由地被引发或是被社会所推动。在理性的细致考察下，爱欲被解剖和分析。从 17 世纪开始，爱欲既苦又甜的特点所具有的细微感与复杂性成为戏剧表达的真实内涵（比如，吕利（Jean-Baptiste Lully）1682 年的歌剧《珀尔修斯》）。任何因为外部状况或社会限制所引发的爱欲延迟都必须经历一番讨价还价。此话题的多种演变都意在躲避未实现的爱所带来的无聊或悲伤。虽然这些故事展现出对爱欲张力的魂牵梦绕，它们都是由对理性化、实现与满足的追求所推动，这与早期爱情小说如《达佛涅斯和克洛伊》不同。这部文学作品探讨了哲学的论点并抨击社会的陈规习俗，但在其后的若干世纪中却被视为色情作品。

在建筑方面，勒·加缪的论著《建筑的天才》（1780）呈现出诱惑的戏剧化经历。书中，读者／观者被带领着依次穿过一座住宅的不同房间，而情感与爱欲程度也随之高涨。这种描述效仿了《小房子》，一部由德·巴斯蒂创作的浪子小说。[79] 巴斯蒂的短篇小说描述了建筑作为诱惑工具的力量。主人公特米库尔（Trémicour）是一位贵族，他的女客人梅里达（Mélite），还从来没有谈过恋爱并将其所有时间都用在了获得良好的修养与知识，他俩打赌看他是否能赢得她的好感。她被带着参观了他的房子，所有房间的装饰都很有性格和审美，以致她放松了警惕，最终他获取了她的芳心。根据佩尔蒂埃的说法，勒·加缪对建筑意义的理解来自于这个情节，但又与浪子文学保持距离。从其他名气稍逊的小说与戏剧中，勒·加缪意识到爱欲距离在艺术意义中所起的作用。[80] 在其建筑著作中，他似乎致力于恢复作为爱欲体验的建筑，这涉及恰当性的问题。与其细化柱式或比例的传统问题，勒·加缪决定仔细地描述房子的空间特点，将读者的经历延伸进无数的戏剧转换中。从来还没有一位建筑师像他那样坚定地通过（在其理论文本中）强调诸如光影、肌理、色彩、声响和气味来恢复失去的建筑意义。勒·加缪显然相信以前建基于建筑柱式的分类与加注之上的建筑性格的理论是不够的。在启蒙运动的文脉中描述空间质量实际上是一种抵抗的行为。虽然有着明显的戏剧化与窥视狂的兴趣（房子中甚至有暗道使主人观察房子内的所有活动），我们可以认为勒·加缪仍然与孔狄亚克（Condillac）的感官哲学保持着距离。[81] 体验通过感官而被获得，从一个外在事物到另一个外在事物，以图重新获取意义并产生真实的情感。然而，通过过程的情节化，并拒绝所有理论的实用性应用，勒·加缪重新找到作为建筑意义根基的综合感观，以及随之而来的诗意建筑的可能性。

法国大革命以后，艺术家与建筑师在关于其作品如何与科学技术的本质相联系这个问题上发生了分歧。功能主义者，尤其是杜兰德（Jean-Nicolas-Louis Durand）的作品，拒绝 18 世纪的性格理论，认为意义来自于简单地对实际问题给予有效的答案。在 19 世纪早期，巴黎美术学院试图通过恢复建筑的传统与这种工程学的途径保持距离，但它没有对"艺术为艺术的目的"这一根本前提提出质疑。19 世纪的观点很多样化，但时常产生两极分化。

西方建筑表象的空间成为世俗的透视深度，数学的存在，在上帝死亡之后，已不再是超验的。它的结构如今被视觉考虑所垄断。在这种文脉中，对原初空间的再阐释所做出的最有洞见的贡献，来自于建筑的边缘：比如，浪漫主义的诗歌、尼采的诗意哲学、拉斯金（John Ruskin）的蜿蜒宇宙，以及卡罗尔（Lewis Carroll）的文学作品。[82] 美学既被抬高到宗教的真理，又被贬低为变色龙。建筑倾向于占据技术的透明空间或不可接近的艺术空间。在大多数场合下，它被看作要么是实际的建筑，要么是全然无关紧要或甚至是道德犯罪的应用性装饰（正如卢斯（Adolf Loos）在几年之后所宣称的一样）。[83]

面对此危机，施玛索（August Schmarsow）着力于将建筑的身份澄清为一种美术。他总结道，建筑不像绘画与雕塑，是"空间的艺术"。施玛索的论文，发表于 19 世纪 90 年代早期，标志着第一次在建筑理论中宣示这个"显而易见的真理"。[84] 据施玛索所说，建筑的存在理由是对空间的艺术性操纵。[85] 虽然他还没有将空间定义为原初空间，对这个问题提出本身就是重要的成就。他的直觉导致其陈述的观点离胡塞尔的现象学已相 63

去不远。即使有着理想主义的色彩，他意识到空间不仅仅是几何学家描绘的各向同性的存在。

回顾过往，施玛索富有洞见的宣言之所以成为可能，归因于 19 世纪早期将建筑概念化为几何空间实用操作的发展。蒙日（Gaspard Monge）的"画法几何"已成为法国大革命之后建筑设计的（时常暗指的）基础。这导致多样的新概念与态度：对风格与形式构成的关注、轴线的运用、构图机制、被理解为偷窥式行程的建筑经历、作为设计方法论的理论，以及历史成为建筑类型的演变。建筑新近发现的"本质"最终被想象成轴测空间，后者至今仍然被概括为真正的现代空间。然而，受立体主义绘画与电影发现的启发，20 世纪早期的建筑师与艺术家意识到轴测图具有抵抗平庸或错觉透视的能力。最后，艺术家接受类似于施玛索的观点，主张空间不可能被简约成几何概念。[86]

当对神的光芒的信仰开始动摇时，当神爱与神的公正被法国大革命的"哲学家"质疑，以及拉普拉斯可以在没有上帝的帮助下描述宇宙的定律时，无限的人的空间即成为可能。人的意志——如同上帝那样强烈——成为权力的意志，被无限的却又无意义的可能性所侵扰。早期现代文化运用朝着未来进步的方向无限水平延伸，取代对苏格拉底的时隐时现的垂直意念（爱的灵魂的终极目标）。爱欲不能实现的目标最终被晚期现代文化通过无止境的消费而"消解"。技术逻辑的产品意欲使人快乐，总是希望达到极限；它们需要不停地重复，无法抑制人们的渴望，但又引起人们对占有与控制的向往，同时遮蔽了人性的道德本质。

相反，爱欲空间对实用理性是不透明的，使一种不需要"满足"的参与模式成为可能。而且，艺术家与恋人，参与者与居住者，都想被爱而不被消解，接受苦与乐、生与死的共存，以及文化记忆的完整。爱欲空间既是被居住的空间也是美学的空间，但这不同于由早期现代艺术作品和科学认识论所确立的要么／或者的境况。这个空间的根本本质是缺失，而非大量的占有。用更当代的术语来讲，这个空间不是仅仅为了改善目前的文化幻想，或将生活的经历转换成电子化的"虚拟"体验，及其无限的"发展"和进化潜力的感觉。这个空间并不沉迷于权力系统，或寻求完美高效、安逸和长期的控制。相反，它是对神秘深度、密度与不确定性的揭示，是对古老的陌生和新奇的熟悉的展现。

事实上，一旦几何空间变成社会与政治生活的场所，总是有一些建筑师、艺术家和作家试图界定真正的爱的空间，不愿意为了主流实践而放弃他们的追求。皮拉内西（Piranesi）和安格尔是这类艺术家中比较早开始探寻的成员。他们的追求在 20 世纪被艺术家们继承，比如塞尚，他着迷于抛弃占据现实主义与印象主义之客体的外在形式，以图找回新的深度，一个真正的爱的深度，它不能被传统的错觉手法所传达。在 19世纪与 20 世纪之间架起桥梁，浪漫主义与超现实主义在文学与塑性艺术中分享着这同一的兴趣。勒库（Lequeu）和杜尚（Duchamp）、格里斯（Gris）和德·基里科（De Chirico）、贾克梅蒂（Giacometti）、柯布西耶、黑达克（John Hejduk）、李布斯金（Daniel Libeskind）、特瑞尔（James Turrell）和格林纳威（Peter Greenaway）等都是这种探索的典型代表。借用梅洛-庞蒂的话说，这些作品打破了事物的表象：它们超越了外表和技术或美学的期待，以显示"事物如何成为其自身，世界如何成为世界"。[87]在这些作品中，界限被重新界定，深度再次变得神秘，光恢复了其诸如绝对光、次要光和反射光的特性，并再次被赋予阴影；欲望被强调，并在苦甜交织中被提升为一种生活方式。

爱欲与时间

在爱欲中，我们发现不仅空间是自相矛盾的，时间也如此。恋人最恨等待，但又喜爱等待。事实上，人类体验的爱欲本质显示出时间与空间之间不可或缺的联系，此联系呈现在柏拉图的"原初空间"概念中，最近更多地呈现在关于后牛顿时代"领域"概念的科学假设中。梅洛-庞蒂坚持认为我们与世界的原初交往是经由存在着的身体，充满运动形式中的时间。因此，人的身体的空间性总是包含着时间的维向。

爱欲的范式的时间因素在建筑中是复杂的。对建筑作品的体验总是时间性的，而且不仅仅限于一种感官。甚至简单的"思考"也有其时间维向。当建筑建构某个既定的仪式或有新的创意时，时间通过韵律而被体验。现代享乐主义总是期待当下的满足，爱欲却迟迟不出现以避免需要时间磨合的事物过早地显现。人一旦咬了苹果，其欲望就消失了；我们不能想它，但又确实想它。[88] 建筑师的挑战就是要与这个现实打交道，而不仅为消费的生活提出有用的空间。正如本书第二部分所论述，故事情节的运用有助于阐释设计的建筑如何可以充分地且批判地回答实用与文化连续性的问题，同时鼓励诗意形象中内在的延迟性。

时间是快乐与衰老的条件。[89] 在过去，欧洲城市中与所有节庆相关的临时建筑都极其重要。节庆时间显然不同于"常规"时间。它展开并重新定位人的时间，而不依靠枯燥的线性时间或简单的重复。这个传统从中世纪一直持续到旧制度末期，甚至晚期现代的节庆与世界博览会也遵从这一传统。临时性建筑在相当长的时期内吸引了伟大建筑师的注意力，并被赋予更多的与长期建筑同样的象征含义。虽然建筑作品是短期的，但它们通过重新建构诸如皇家的凯旋门、婚礼与葬礼等事件来重新"定位"文化的价值。布料和木制的凯旋拱券、生动的画景、戏剧性结构、焰火表演、模拟海战都是奇观，而且因其短暂性而更受青睐。

那么我们传统中那些长期建筑又是怎样的呢？建筑的固定本质时常被比作写作。古希腊术语"痕迹、铭刻"（graphē）后来意指写作、绘画及建筑图示。维特鲁威使用这个词的组合（比如"平面"、"立面"和"阴影表现画"）来描述建筑师在设计中使用的"理念"，它如今更多地被理解为垂直与水平投影。[90] 与写作类似，建筑是长期性的。说话是短暂的，但写作和阅读允许时间的停顿和运作。然而，柏拉图在《斐德罗篇》中警告说，"写作具有神奇的力量，掌握了文字艺术的人们相信他们能够把事物表述清楚且使意义保持不变。"（275c, 277d）[91] 根据柏拉图的观点，这是一个危险的幻象：真正的知识只能通过言语来体验；它不能永远地被拥有，必须在现实中不断被重新激活。

建筑师实际上可能如同拙劣的写作者那样，会受制于同样的幻象，尤其当他或她认为自己拥有清晰的"交流"与区别意义的权力，并将爱的"今天"与"过去"混为一谈。在建筑中，建筑所建构的仪式和事件是短暂的，就像语言那样，建筑的体验因为这些事件而展开。换而言之，建筑的意义，如同一首诗，经由参与者而被再次确立。现代的旅游者"参观"建筑肯定有别于通过仪式或在其中生活和工作的体验。建筑也许相对固定，但至少部分意义不是一成不变的。古希腊人参与纪念雅典娜的仪式所使用的帕特农神庙，肯定不是现代参观者在欣赏丰富花岗岩的精美细部时的那座建筑。

苏格拉底将写作的妄想与爱的幻象联系起来。他指出，真正的恋人应当知道从时间中获取想要的。他不喜欢吕西亚斯的讲话，因为诡辩家"开始于结尾"；（《斐德罗篇》264a）他控制着一切，任何事情也改变不了他的友谊。真正的恋人，虽饱受爱欲侵扰，却不期望所爱的人有任何改变和成长；他希望时间停止，由此，"该男孩给所爱的人带来最大的欢乐，却给自己带来最大的伤害。"（239c）写作让时间停止，当人们阅读时，他们仅仅获得智慧的表面，而非真实的智慧。智慧是活着的；它是"生存着的、可呼吸的文字"。如同绘画，实际上还有建筑，写下的文字界定着时空中的事物，但作家或建筑师所写下的逻各斯

（logos）只是类似于由不同部分相互连接而成的生活有机体。这个观点预示着维特鲁威的论点，在其关于建筑作品的陈述中，[92]他应和着苏格拉底关于语言的描述：它应当"被组织得像一个生灵一样，有自己的身体，头脚皆全，相互适配并与整体相连"。（264c）换而言之，就像文本中的语句不能互换一样，建筑的每个部分应当处在其恰当的位置上，并在合适的韵律中展开。

对建筑师来说，知道自己从时间中所想要的，等于承认建筑不仅仅是物质的痕迹或体积，它远超出外表光鲜的杂志所刊布的摄影主题。时间的体验很关键，意义是经由如仪式或现代功能那样的最一般的用途来界定的。这个把建筑看作道德人的行为表象的意识，一直到 17 世纪末，都蕴含在西方的实践中。

苏格拉底明白爱欲的自相矛盾，但自从他开始，这个现象就被渲染成爱欲与友爱，美学与伦理之间的困境。与吕西亚斯一样，苏格拉底知道欲望将把恋人拖入与时间的矛盾关系中。对所爱的人施展的某种伎俩会伤害到自己。然而，苏格拉底将令吕西亚斯所自豪的对激情的控制，看作是无动于衷的无爱的态度，反对爱的犯罪。[93]吕西亚斯关于爱欲的见解毫无情感可言：他无视爱欲空间从美学距离看待爱。相反，苏格拉底主张接受爱的不稳定，因为爱欲是逻各斯的场所，是对话者之间的文化空间。简而言之，作家就像恋人与建筑师，必须以诱惑为目的，即使这种努力意味着失去控制和挑战交流。在那一瞬间，我们也许能把捉到现实的一角。尽管存在着风险，接受爱并追求爱在根本上是道德的。

3 爱欲与诗意形象

开篇

它是"带羽翼的爱神"，

人间的恋人唱道；

但众神更愿叫他"羽翼"，

他使我们都长出翅膀。

——柏拉图，《斐德罗篇》252b

爱是"智慧与无知的中间地带"。而且，爱追求美好的事物。所有事物中最美好的是智慧。因此，它寻求智慧。寻求智慧的人并不完全拥有智慧。因为谁会去寻找已经拥有的东西呢？但这并非意味着他完全地不拥有它。

——斐奇诺，《论柏拉图〈会饮篇〉中的爱》

在《修辞学》中，亚里士多德将欲望与想象联系起来。欲望是朝向甜蜜欢乐的延伸。对未来是希望，对过去是记忆，欲望带着想象展开。[1] 想象启动了丰富逼真的现在，即爱欲的时刻；没有它，现在实际上可能被简约为不存在的点。亚里士多德与苏格拉底都明白，爱欲与知识是不可避免地联系着。虽然申明自己知之甚少，苏格拉底好几次承认自己确实知道爱欲事物。他沉浸于知晓过程的本身、问题的提出，以及潜在答案的仔细斟酌，并乐在其中。想要知道"他所不知的"意味着理解思维与欲望之间永远的间隔。思维伸出双手试图抓住从它自身分离出的一丁点儿暗示。真正的智慧之路总要经过知与未知之间爱的空间中的"跳跃"（leaping）。[2]

穿越爱欲空间的想象探索由此被理解为知识的条件。亚里士多德强调，人试图去知，这是自然而然的，并因为能知或不能知而感到快乐或痛苦。通过狄欧提玛的声音，柏拉图也把这种冲动解释为我们在不同形式的创造中寻求长生不老，即生育的、艺术的和智力的形式。正是在这个意义上，亚里士多德认识到隐喻对知识的中心作用。[3] 通过隐喻，我们可以经由与身边熟悉事物的类比来理解遥远的未知的事物。在艺术与科学中，这个跳跃或"转移"对知识是关键性的，且只能通过想象来取得；它并非逻辑的认同所可以达到。隐喻正是自然（和神话）语言的条件，当语言在科学与哲学中被常规化后，隐喻就变成了诗意的领域。

伽达默尔建议，诗意的形象在其原本的意思也就是"模仿"，一种"天体星座舞蹈"的表现。⁴哲学家与建筑师时常变得疯狂，因为这种状态使他们能够"通过对神的接近"来回忆事物。⁵建筑师试图通过其作品来分享疯狂是一种当他们看见地球上的美而试图回忆理想美的激情。灵魂因此长了翅膀，急于向上飞翔。这个向往时常被阻止并指责为疯狂，但它是"最高贵与最高级的，是最高级的对拥有或分享疯狂的人创造的结晶"。（柏拉图，《斐德罗篇》249d-e）根据苏格拉底，每个灵魂都感知到自己的真实存在，因为那是它转变成人形前的境况；然而，并非所有的灵魂都能轻易地经由尘世间的事物来记起另一个世界的事物。艺术与建筑的难题恰恰在于此。

在《斐多篇》中，柏拉图将美德概括为一种从愉悦和痛苦中分离的情感，远超出快乐之间的错觉交换。同样，狄欧提玛在《会饮篇》中所描述的灵魂的上升，是一种从尘世束缚的解脱，一种宣泄，但它并不否定爱欲。虽然哲学家可以理解错觉的循环，转而热衷于美自身，但这个伎俩对常人来说却很难，他并不能意识到理想形式的闪耀世界就是真正的如其所是的世界，它通过尘世的表象而闪耀。常人需要诗人的帮助来揭示的"不是一个球体的想象，而是融汇在形象中的球体想象"，诸如但丁的《天堂篇》。⁶

同样地，建筑（作为诗意的建造，使那还未曾出现的显现出来）通过游戏般的制作来揭示形体的美。它是诱惑的行为，70 运用"能工巧匠的智慧"（即古希腊语的 mētis，或拉丁语的 sollertia）来揭示秩序，一种奇妙而安全的感觉。由"表现优良"

的诗意作品所揭示的秩序永远不是"完全的"呈现，因为它会使我们迷茫；它实际上是灿烂宇宙的反射，碰巧成为我们人类的真理（即 alētheia，一种永远也不能被完全获取的打开状态，因而它是掩蔽的）。建筑的诗意形象能够作为我们生命有限性的秩序展开，在现实与可能之间的差异中产生出火花。在西方建筑中，在被维特鲁威称为建筑理念的诗意形象（即建筑师所设想的形象，来自于其思维的视觉，最开始被命名为平面、立面和阴影表现图）与建筑物之间，必须维持某种空间。真正的挑战在于使双方都呈现，同时又能阐释生活经历的时间性。爱欲的火花穿越空间，启动居住者思维中的快乐。根据亚里士多德，快乐是灵魂的运动。[7] 爱的现实与可能之间存在差异。

起源

> 爱不是安慰，是光。
>
> ——西蒙娜·韦伊（Simone Weil），《第六集》

当亚里士多德将大自然看作内在的力量时，柏拉图的造物主，即宇宙的创立者，就被取代了。尤其是身体被这种力量所制约，这使得亚里士多德相信，生灵的完美也许对我们的双眼和解剖者的理论化注视是清楚明确的。对亚里士多德而言，尤其在其生物学中，理念往往与形式可以互换，并且与物质不可分。斯多葛主义将此观念加以延伸，将亚里士多德对"形式"的再诠释解释为肉眼可以直接观看的东西。在建筑中，圆形变成能潜在地与圆形建筑互换，比如，古希腊人庆祝女神的圆形庙宇。[8]卢克莱修写道，"没有身体，任何事物都无法作用或被作用，也不可能有何物质可以产生空间，除非产生虚无。因此，除去虚无与身体，事物中不存在第三个本质。"[9]如韦塞利（Dalibor Vesely）指出，正是在这种极端甚至扭曲的亚里士多德的"身体性"概念的影响下，维特鲁威的理论得以诞生。[10]作为首要媒介的爱欲的体现，即原初空间，在西方传统起源中从建筑理论消失了。

事实上，斯多葛哲学极大地影响了维特鲁威将建筑理解为身体，类似于人的身体。它也使维特鲁威能够将建筑作品的潜在含义描述成由比例与和谐所主导的能指与所指的"语义"对。根据德鲁兹（Gilles Deleuze），斯多葛派通过建议事物（作为空间实体）与文字（作为抽象或理想实体）之间本质的连续性来颠倒柏拉图主义。[11]这个理想与现实的初始融合是原始的种子，它最终将建筑转换成构图的技术，并将其理论转换成制作艺术或应用科学。斯多葛主义将现实"抹平"，将柏拉图的垂直轴向转换成水平地理。但是，德鲁兹主张，这个水平表面仍然可以保持神秘，并暗示那最延伸与最扭曲的迷宫是条直线，隐喻现实与真实之间的距离。[12]这个地理似乎与梦想的空间相呼应，指向与柏拉图的原初空间的相似，后者将本质与发生发展既统一，又分离。斯多葛主义不接受过去、现在与未来的线性时间划分，它把现在看作拥有真实的存在，而过去与未来是在无限地分割现在。由此，欲望的时空变成水平的。就斯多葛主义看

来，诗意的形象仍维持在人类经验的内在领域中。这个观点被
16 世纪的布鲁诺及晚期现代的许多诗人、艺术家和建筑师认可。

从文艺复兴到 18 世纪，对维特鲁威的不同评论显示了问题
的复杂性。深深地扎根于文化，建筑不能被简约为语义中的二
元对立。理论永远不是自治的"技术"，实践要求建筑师参与文
化的口述。对维特鲁威而言，视觉的修正是一种技巧，是在真
实的建筑物中体现准确理念（诗意形象）的最重要的技术。因
为人的感知，尤其是视觉，取决于身体在世界中的位置，建筑
的根本比例与几何需要被"调整"。如此能使理想秩序出现在
真实的建筑中，既消除又庆祝着在人类体验的其他领域中显现
出来的"物质"与"形式"之间的间隔。直到文艺复兴末，建
筑师都在其作品中寻求着体现不言而喻的美。在寻求美，即作
为维纳斯特性的美时，建筑理念（恰当于建筑的形象）排除了
"透视"。它们永远不是显而易见的事物。建筑的诗意形象，由
建筑师"书写"在欲望的空间中，在建筑中呈现但又不出场，72
这样一直到早期现代的表象危机的发生。[13] 空间，确实是身体
的爱欲空间性，它既连接又分离着理想与真实。

17 世纪后期，当克劳德·佩罗的建筑理论（及其对维特
鲁威的评论）吸收进笛卡尔的认识论与心理学时，维特鲁威的
"科学"维向开始被重视。虽然视觉修正已出现在西方传统的所
有论著与评论中，佩罗却将其视为修正工匠失误的手段，掩蔽
了对比例原则的能动运用。理论的目的变成提供简单的理性手
段，易于应用，使实践从技巧的不定性中解脱出来。在佩罗之

后，视觉修正所蕴含的爱欲间隔被大体上斥为不存在。同理，佩罗将美看作不同人类社会品味决定的相对价值，而非来自于更高级秩序（自然、上帝、宇宙）的、显而易见的绝对条件。

斐奇诺与文艺复兴的诗意形象

> 形式不能够抛弃物质，因为它们彼此不能分离，而物质自身也离不开形式，但我要提议，光在其本质上能够重复自己，即刻向四周扩散……因此，光不是屈从于物质形体的形式，而是物质形体自身。
>
> ——格罗斯泰特（Grosseteste），《论光》

15世纪，斐奇诺恢复了新柏拉图主义的传统，它对斯多葛派的唯物主义持批评态度。这个传统在中世纪时期与基督教神秘主义和神学相交融，在格罗斯泰特与培根（Roger Bacon）的光学思考中达到顶峰。斐奇诺主张，没有影像就没有知识。他对柏拉图《会饮篇》的评论重申了我们现在很熟悉的一些话题，同时强调了它们对现代的重要意义。斐奇诺解释，我们的精神可以运用感官来把握外在物体的形象。由于灵魂是非肉体的，不像我们自己的身体或可灭的物体，这些形象不能够被直接感知。换而言之，我们的意识能思考物体的形象（把握胡塞尔所说的它们的本质），"如同镜面的反射"，因为它把握的不是"物体"而是"形象"。正是通过形象，我们能够评价物体。[14] 在其

1588 年一本关于法术的书中，布鲁诺也强调形象的重要性。法 73
术通过声音和形象的非直接接触展开。[15] 形象能够引发所有的
情感，尤其是同情与厌恶，即欲望的条件。通过视听，法术师，
通常也是建筑师，能够引入"链接"（chains）来引诱灵魂进入
想象。这个链接必须经过想象，因为"在智力中一切都已被感
官所感知，而一切来自感官的事物都必须经由想象变成智力"。[16]

柏拉图观察到，对爱的追求永不能被满足，性的结合不可
能是欲望的终极目标。因此，美不能被简约成材料。爱与美相
关联，因为美不仅仅是美学上的完美，而是整体的完美，包括
所有有价值的和有意义的方面。在《九章集》的第一章第六节
"论美"中，普罗提诺（Plotinus，204—270 年）就此话题展开。
他批评流行的斯多葛学派关于美的定义，即将美看作"彼此对
应且相互整合的部件的对称，……（相伴着）某种色彩的魅力"，
他思考着为什么"稳定对称的脸（意指相互协调性），显得有时
好看，有时又不好看"。[17] 他的结论是，对称之所以美的原因在
于更深远的原则："在高贵的行为、优秀的法律或精神追求形式
中能发现什么样的对称？在抽象思维的形式中能发现什么样的
对称？"他宣称，"这个世界上所有美好的事物都来自于'理想
与形式'的整合。"为了解释材料与"早于物质之前的存在"之
间的关系，普罗提诺用建筑作为例子："当建筑师发现伫立在面
前的房子应和着自己内在关于房子的理想时，是什么原则驱使
他感叹这房子真美？难道这个由不同石材构成的房子不正体现
了外在物质形体上的内在理念吗？这不正展现了多样性中的整体

性吗?"[18]斐奇诺重新发现了新柏拉图主义的这一精神并强调美与形象的紧密关联。中世纪的宇宙观认为天在上与地在下,相互垂直,斐奇诺的《柏拉图派的神学》及其关于爱的评述,对抓住爱欲空间中发挥作用的建筑诗意形象的意义至关重要。

从神学中心论的中世纪出发,文艺复兴必须面对人性所新近获取的自由。上帝不再为所有的灾难受责;其他力量也参与其中,包括中间层的或好或坏的精灵。教堂同时强调耶稣生命的有限性与人的灵魂的无限性。这两个思想都显得新奇,而斐奇诺对后者的推动负直接责任。虽然其论著深深扎根于基督教,但它有两个中心目的。第一,斐奇诺倡导普通人成为巫师的潜在可能,可以对充满着同情、隐秘的解码与符号的自然施加威力。与其被动地等待耶稣的第二次降临,不如通过生产艺术作品和建筑来抚慰命运女神并为众人换取美好的生活,以此转换人间尘世。第二,斐奇诺寻求一种方式,使灵魂(即具体化的意识)达到纯粹的思维、意志、知识与爱的领域。这两个目的被文艺复兴的画家与建筑师所认同,他们创造出诗意形象,为美好生活构想场所,与欲望打交道,同时又试图避免被自然中无处不在的欲望和魔鬼所缠绕。

斐奇诺从其基督教信仰的角度来阅读柏拉图的《会饮篇》,并从柏拉图派与新柏拉图派哲学的途径来发展自己的观点。他的《评论》将宇宙定义为等级制,它从上帝(整体性)释放出来,延伸到物质世界(多样性)。[19]等级制中的每一层都来自上一级,并期望上升到更高层次。这个回归到自己源头的愿望被称为"爱"，而产生愿望的源头的品质被称为"美"。人的灵魂，正好处在上帝（现在成为基督教上帝）与物质事物之间，卷入同样的过程。然而，无限的人的灵魂，与有限的人的身体，被分为两种不同的爱。级别较低的愿望被称为"世俗的爱"，上升到高级别的愿望被称为"上天的爱"：

> 维纳斯是双面的。其一肯定是我们置于"天使思维"中的智力，其二是归附于"世界灵魂"的生育力量……当我们的眼睛，我们的智力，即我们内在的第一位维纳斯第一次见到人体之美，会对这种美产生崇拜并将其尊为神圣之美的形象……但是生育的力量，即第二位维纳斯，则希望生育出如同神圣之美那样美的形式。因此，在这两方面都存在着爱：在彼是思考美的愿望，在此是使其繁衍的愿望。每一种爱都是美德，值得赞扬，因为它依循着神的形象。（53—54）

在下降与上升的阶段中，人类的爱是生灵所共享的自然宇宙过程之一部分。人类的爱因此是美好的事物，必须得到培养。建筑与艺术使爱得以培养；通过它们，美的灿烂光芒有助于将多样性整合为整体。

事实上，对斐奇诺而言，性欲存在于所有事物的根本。爱是世界的根本力量，是自然的能量："爱伴随着混沌，早先于世界，唤醒沉睡，照亮黑暗，使死而复生，使无形成有形，使缺陷变得完美。"（40）这是自然的爱，它驱使一些人学习文学、音乐、绘画；一些人追求美德或宗教生活；一些人赚钱；许多人寻求美味、佳人。这种激情既是无限的也是有限的。之所以无限是因为它永不消失，可以转换，但不会消逝；之所以有限是因为它往往不集中于某个对象，而是由于本性的变化或经历太多同一的事物，寻找新的快乐。它是无限的还在于，一个人一旦被爱，他（她）将永远地被爱。虽然被爱的人的特征不总是呈现于思维的眼睛，它们在心中永存不变。

对斐奇诺而言，爱是我们对美的愿望，美是一种优雅，它大多源于若干事物之间的和谐。它可以由三种方式来感知：灵魂通过智力被知晓，身体通过眼睛被观察，声音通过耳朵被感知。依循其他感官的某种愿望并不能被称为爱，而是欲望或疯狂，可能导致焦躁与混杂。这个表述不仅仅是基督教价值的表达或对身体的贬低；嗅觉、味觉与触觉的问题所在是这些感官感知着"简单的形式，而人体美需要不同组成部分的和谐"。（40—41）虽然斐奇诺肯定灵魂的无限性，他也相信人的意识是形体化的，而非仅仅是精神现象。他的观念既不同于原始古希腊将灵魂理解为有限身体的生存准则，也不同于17世纪之后广为流行的思维与身体分离的二元论。

斐奇诺还声称，恋人的激情不会因为观看或触摸任何人的身体而得到抑制。在某种程度上，欲望可能通过对欲望对象的占有来抑制。当然，饥渴可由饮食来满足。然而，爱不是由观看或拥抱身体来得到满足。因此，爱不寻求"任何身体的本质"，虽然它必然寻求美。"在爱发生的地方，它不可能是关于身体的事……对于那些被爱所唤起和渴望美的人来说，如果他们希望通过饮用此液体来抑制焦灼的渴望，他们必须在物质、数量、形状或色彩之外去寻求这种美的甜蜜液体。"（89）恋人并不期望某个人的身体，但他敬仰和期望着，被照耀在身体上的上帝荣耀所惊讶。"正因为此，恋人并不知道他们自己所期望或寻求的，因为他们不认识上帝本尊，上帝秘密在其创造的万物中注入非常甜蜜的属于他自己的芳香。正因为这种芳香，我们每天都很兴奋。这种味道我们可以闻到；毫无疑问，我们不知道此种香味……因此，时常发生恋人以某种方式'担忧和崇拜'自己所爱的人的形象这种情况。"（52；单引号为笔者的强调）这段话通过新柏拉图主义否定神学来表达基督教的教旨，它同时也传达了将美理解为艺术的原始意义，这个理解一直持续到 18 世纪美学中的美与雄伟之间分离。

　　斐奇诺强调，即使身体美在某种方式上是肉体的，"在身体的完全密度中"，它并非经由肉体来愉悦观者。

　　人的美之所以愉悦灵魂，不在于美寓于外在的物质，而是美的形象经由视觉被灵魂所理解或把握。形象对于视觉或灵魂来说都不可能是身体，因为这两种情况都非肉体的。也就是说，眼睛的小小瞳孔如何可能包含着整个宇宙，如果它以肉体的方式来接受宇宙？显然，这不可能。但是，精神经由精神的和非肉体的方式在一个小点上接受着整个身体。灵魂只喜欢它所吸收的美。虽然这个美也许是外在身体的形象，但它在灵魂中是非肉体的。（88）

起始于普罗提诺的观念，加上来自基督教关于光的形而上学思想的当代元素，斐奇诺批评那些认为美来自于各部件的某种组合的人：按他的话叫作对称、比例与色彩的协调。因为部件的组合只存在于复合的事物中，简单的事物不可能显得美。"然而，纯粹的色彩、光、声音、金子的灿烂、银子的闪耀、知识、灵魂，所有这些都是简单的，它们都很美。此外，整体构筑的比例来自于部件。于是，很滑稽的事情是，那些自身并非美的事物却产生着美……因此，我们应该将美理解为部件组合之外的某种东西。"（88）

最终，美只能被形象所传达，而形象有赖于光。"美必然是充满上帝光芒的生动和精神的荣耀，……这种荣耀通过理性、视觉和听觉推动并愉悦我们的灵魂；在快乐中让其飞扬，在飞扬中使其激发出燃烧着的爱。"（95）这是中世纪的神的光芒，也是文艺复兴时期人的光辉，它描绘着新绘画，即人工透视的诗意形象。斐奇诺说，眼睛只能看见阳光，因为物体的形77 状与色彩只有经由光的照亮才能被看见。"它们自身不可能随着物质到达眼睛……所以，一束阳光铭刻在被其照亮的色彩与形状中，将其自身呈现给眼睛。眼睛，在其自己的某种光束的帮助下，感知到被铭刻的阳光：它看见了被感知的光以及铭刻于光中的事物。"因此，世界不被感知为物质，而是光，它没有形体。"光自身不能够成为形体，因为它即时地从东到西洒满这个世界，毫无阻挡地穿透空气与水的整体，当与污物交混时能出污泥而不染……当其发生时，世界上所有的美——上帝的第三张

脸——通过非形体的阳光在人的眼睛里呈现非形体的自己。"（91）

　　在一段对画家与建筑师尤其重要的段落中，斐奇诺进而谈道，如果对这个荣耀没有恰当的准备，它也不可能照亮物质。准备需要三件事：

　　组织、比例与方面。"组织"意味着部分之间的距离，即非形体的线条之间的间隔；"比例"意指数量或者是数量的界限，没有厚度或深度；"方面"意指形状与色彩，它不是物质的，而是光影的愉悦和谐。虽然这三个特征存在于物质中，但它们不能是形体的一部分。美对于大部分形体是如此不相容，它永远也不会将自己赋予物质，除非物质在这三个非形体方面已有所准备。（93—94）

　　在斐奇诺的理论中，爱既是过程也是效果。爱是一位魔术师，因为魔术的魅力在于爱。"魔术作品是因为某种自然的吸引力而导致一件事被另一件事所吸引。从这个共同的关系产生出共同的爱；从爱产生出共同的吸引。因此，魔术作品是自然的作品，但艺术（与建筑）是自然的仆人。当在自然关系中缺少什么时，艺术通过水汽、数字、图案与质量来适时地补充。"（127）

　　斐奇诺说，建筑运用爱来诱惑与激发我们。虽然建筑拥有几何的形体，但它真正的美来自非形体的光。

　　在开始的时候，如其所是，建筑师在其灵魂中发展出关于

建筑的理性或理念。然后，他竭力按其所想来建造。无可否认，

这座建筑是一个形体，它非常近似于建筑师的非形体理念，并

78 得以建造。而且，它被认为相像于建筑师，不是因为其物质

性，而是因为某个非形体的设计。所以，就这样去做；尽力剔

除其物质性（你还可以在精神上简约它），但是请留下设计。

没留有任何形体或物质残存。相反，来自于艺术家的设计与艺

术家思维中的设计完全等同。你可以将此做法用于人的身体。

你会发现人身体的形式应和着灵魂的理性，简单且不带有任何

物质。（93）

文艺复兴理论中的诗意形象

虽然斐奇诺的政治设想有别于阿尔伯蒂、弗朗切斯科

（Francesco di Giorgio）、菲拉雷特（Filarete）和帕拉蒂奥的建筑

写作，斐奇诺关于美的斟酌厘清了建筑的"线性构图"的意义。

"线性构图"这个概念初现于阿尔伯蒂的《建筑十书》（1485）

的开篇段落，被广泛认为是其对建筑实践现代化的主要贡献，

"线性构图"意指来自于建筑师思维中的根本的几何"理念"，

它成形于绘图，指引着建筑的产生。对于阿尔伯蒂及其追随者

来说，建筑不是机械的而是自由的艺术，是灵魂智性的产物。

斐奇诺效仿普罗提诺将灵魂的"沉思"与灵魂的"智性"区别

开来。灵魂的沉思被迫从一个对象变为另一个对象，被"低级

生命"的多样性所分解，智性则可能以单一永恒的方式拥抱整

个智力世界。[20] 这个概括也许解释了早期的在绘图中包含"整个建筑"的愿望，以及在平行投影图中抬高视点来产生"军事视野"的流行做法。[21] 这些绘图旨在预示着什么，并非作为未来建筑的系统表现，而是作为代表着真正神的先知的（mantic，该词起源于 mania，意指"疯狂"）诗意形象：它是对未来的建筑承诺，是寻求美好生活的预言。

由于构造的不定性，建筑师的作品中总是存在着疯狂。由于设计与建筑物之间以及建筑师的意向与公众对物质场所的解读之间存在隔阂，我们不可能预计建筑制作的结果。然而，正如柏拉图所熟知，先知中的真理与诗歌中的优秀品质均来自疯狂：最伟大的美好事物都是通过疯狂展现在我们面前。虽然诗意的言语与神谕的启示永远是不完全清晰的，（《斐德罗篇》244a-b）文艺复兴仍然培育着建筑作品的特质。

在文艺复兴时期，形象或图案是由线来构成的；它们包括一些按比例的建筑绘图，设计师在手稿的边页所画的草图，如弗朗切斯科与菲拉雷特。在一段令人振奋的叙述中，弗朗切斯科通过诠释维特鲁威第一部著作中的著名段落（第二章第二段）来试图理解建筑图示的本质，将平面图描述成能够运用圆规与直尺在一个水平面上描绘形式与图案，将立面图描述成未来建筑的正面和样式，最重要的是，将阴影画描述成以圆规中心为起点使建筑的正侧面产生投影与轮廓。[22] 这最后一种图应和着日晷或阴影记录器的功能，一种奇妙的机器，它为时空中的人导向，为城市与建筑的开发奠基。阴影的投射和对未来建筑的想象是预示与抚慰的行为。因此，弗朗切斯科必然留意场地的星象安排。他相信，上天之光的平行线汇聚于地球的中心，因而地球表面的起伏变化极为重要。[23] 建筑能使一个地方变得更加富饶或贫瘠，更加幸运或不幸。他多次在设计城堡时，都要征求星象师的意见。

作为线性的呈现，建筑形象类似于几何图案，因而很容易与眼前的光及思维相协调。建筑形象在居者对城市与建筑的游历中被回忆起来，它们是愿望的目标，总是很难获得但又呈现于设计作品中。当被暴露于灵魂沉思的注视下时，这些爱欲空间成为透视，就像《波利菲洛的爱的梦旅》中的奇妙版画或乌切洛、卡尔帕乔与波提切利的充满诱惑的绘画。温顿的研究表明，《波利菲洛的爱的梦旅》实际上是最能反映建筑中斐奇诺的新柏拉图主义诗意形象概念的文艺复兴作品。[24] 控制着形象的比例关系表达着理想的目标，即将多样性整合为整体的可能性；它身处他地，却又显现于我们的世界，显现于由思维的眼睛、画框或舞台的拱券所揭示的启明中。

新柏拉图主义关于灵魂的沉思模式与智性模式之间的区别，奠定了文艺复兴时期透视与建筑理念毫无相关的论调以及建筑与绘画之间相关性的基础。[25] 后两者都建基于几何与光。线性透视揭示了某种清晰性，一种在关于"深度"的早期理解中所缺乏的先验光芒。阿尔伯蒂相信，绘画与数学是对建筑师来说最为关键的学科，这与维特鲁威主张的百科全书式建筑理论大相径庭。阿尔伯蒂寻求创造一种"迷人的"（"charm"这个词起源于拉丁语"carmen"，意指"咒语"）、有魅力的空间，一种能使我们的意识感知其潜在整体性的诱惑深度。

现代以来的转化

在早期著作之一《理念的阴影》（1582）中，布鲁诺将"理念的阴影"描绘为线性与几何的图案，并将它们与法术联系起来。通过观察阳光的阴影，他解释法术是如何施展的。理念的阴影是上天的原型形象，最接近神的思维。[26] 通过吸收库萨的"对立面的巧合"，质疑斐奇诺提出的存在垂直等级和基督教教条，布鲁诺提出一个奇妙的记忆系统，它对主体力量的依赖使其成为有效的转化工具。对布鲁诺而言，一切事物都存在于经验中，但是，法术师知晓尘世表象之外的原型现实。这正是理解建筑的力量。根据耶茨（Frances Yates），布鲁诺回想着《赫尔墨斯论集》（一本合早期基督教灵感论与新柏拉图主义伪经文本的集子，据说由赫尔墨斯·特利斯墨吉斯忒斯著，由斐奇诺于15世纪翻译成拉丁文）中的名句，书中皮曼德尔（Pimander）规劝法术师使其自己等同于上帝。为了理解上帝，法术师使自己"超乎正常的伟大"，超越时间，成为永恒，同时想象所有的事物：时间、场所、实质、质量与数量。对布鲁诺而言，对形象的运作受上帝之光的照耀，而人的想象在根本上是创生性的而非再生性的。既然形象在经验的世界中是内在的，它可以更容易地被认定为客体，这个观念最终导致现代的实用观。

　　与 18 世纪的标准美学的命题相对立，西方传统中的美的观念总是与爱欲体验相交融。在其原本意义上，美在恐惧与景仰中都能产生奇迹。这就是荷马与赫西俄德所描述的奇妙制作的目的，这种制作起源于戴达罗斯，在文艺复兴时期体现为战争与和平的机械构造与建筑。虽然我们很少将城堡的设计与美学情感相联系，但从弗朗切斯科到 17 世纪，人们时常强调防卫的诗意形象。城堡式的城市碉楼与壁垒经常引发恐惧感，但此感觉总是矛盾的：界限也是安全。正如马基雅维里教育他的王子，城堡通常没有实际目的上的用途，甚至可能有损他的国民的主权可信度。在 17 世纪，大量的关于城堡设计的作品来自建筑师、士兵和耶稣会教士，他们都一致极力地强调应将规则多边形描绘成诗意形象，它象征着安全、神的思维、天堂的形状。但这些几何的城市和城堡极少被建成，在巴洛克时代末，它们的有效性最终被早期的现代军事工程师沃邦（Maréchal Vauban）所摒弃。[27]

　　也许米开朗基罗是第一位以全部爱欲的力量演绎诗意形象的人。他将基督教理解为"自我的净空"，强调通过耶稣的具象降低上帝的陌生性，由此使其与古典传统重新联系起来。米开朗基罗对于形体化美的热爱与中世纪及东基督教对世俗化美的长期模棱两可的态度形成对比，最终在反宗教改革运动中受到批评。个人意识的"真正有限性"驱使他将爱作为苦难来拥抱，将爱转换成创造性疯狂，而非将其作为自我错觉的热情来加以回避。他相信这种激情是人的生存境况的本质，他将我们意识到的步入死亡的生命庆祝为宝贵的神的礼物，它是推动个体人的作品的火焰。线画，如同光，是在不同的抽象程度中从人体形象导引出的连续流，从绘画、雕塑到建筑的两性身体，它是艺术之母。对米开朗基罗而言，情色从来不是轻柔的；它总是炽热且强烈地苦甜交织，是时间"背景"中当下的"形象"，是我们发生发展着本质的存在。

米开朗基罗，如同布鲁诺，不相信作为几何的法定建构的透视表现与真理有任何关系。米开朗基罗批评丢勒关于人体比例的著作，丢勒将身体客体化（男性与女性、年轻与年老、不同的成长阶段），而对生长与运动中的身体现实漠然视之。在《星期三的灰烬晚餐》中，布鲁诺分析了光学现象，以图解释天体的盈亏，并注释说视觉的感知不能够被记录到几何中。"只有傻瓜才相信在有限形体的物质分割中我们能够走向无限。"[28]人眼"是"而非仅"是"一个点。

不同于文艺复兴时期的其他同事，米开朗基罗对建筑的线性构图没有兴趣。他的建筑设计大多采用速写草图与模型。在但提（Vincenzio Danti）的一本相关著作《论完美的绘图比例》（1568）中，建基于"米开朗基罗与上帝"的意念，比例被看作运动中的关系，是不可解释的人生的"呈现"。它们不仅仅是某个作品的形式或结构，还是在如其所期望的形构中揭示自然的目的：它不是某个意义，而是"感觉"。米开朗基罗的反向构图、"未完成的作品"（诸如著名的《奴隶》），以及蛇形构图预示着还未呈现的、将爱欲表现为人的时间性延迟。[29]在他的建筑中，总是存在着实际建造过程与通过原初物质性来建构建之间的张力，在后者中，美被看作健康生命的力量或能量。对米开朗基罗而言，诗意形象内在于作品；通过客观的数字或几何来试图表现诗意形象是徒劳的。

在米开朗基罗作品成就（与内在斗争）的基础上，巴洛克时期追寻性爱与宗教之间矛盾的分离。特伦托会议强调耶稣的形体体现与有限性，但又避免宗教主题事务中的"猥亵"表象。然而，宗教信仰的最令人信服的表达来自于圣约翰与圣特雷莎，他们开启了神学的理性教义与神秘主义的狂喜状态之间的长期辩论。[30] 这个神秘的过程类似于坠入爱中的激情。沉思的主体开始从其意识中排除所有的客体。当他清理自己的思维时，一种非个人的精神空间出现了，它不再是某个人的思维。对这个"无"的思考揭示了精神空间。它不再是"他的"思维，而是一种统一的空间：视觉变成令人同情的哭泣中的视像，沉思者被完全震撼。圣约翰与圣特雷莎都认定，目的是为了释放，为了使思维空无，什么也不保留。神秘主义使我们确信，一旦思维得到释放，上帝将出现，正如埃克哈特（Eckhart）的《上帝的寂静沙漠》与圣约翰的《灵魂的深夜》诗中所说。如同库利亚诺（Ioan Couliano）所显示，这个过程对于所有萨满教巫师而言是普遍性的，目的往往是一种升华，一种具有治愈作用的与其他世界的交往。[31] 人所感受到的不是思考的客体，而是一种完美的结合，只有性高潮可相比拟。这尤其生动地体现在伯尼尼的雕塑《圣特雷莎的极喜》中，它坐落在今天罗马的"胜利圣母教堂"，在此作品中，圣女飘浮在上帝之光中，嘴巴微开，即将被上帝之爱的最后金箭所击中，持箭的是一位微笑的天使，他正准备撩开她的长袍。这种极美的状态由神秘与恋人所分享。生命失去了重量，我们微笑着，我们的注视很放松。这正是让神学者与技术官僚所不安的状态。它被苏格拉底理解为真正的真理闪现，即使它也蕴含着危险。虽然这种状态可能威胁着历史的理性甚至非本体论的人的行为，它向我们所揭示的未知性对于任何真理的建构都是极为关键的：诗意形象的诱惑力是意义的基础。

耶稣士将天主教教义带到世界的所有角落，通过戏剧、感官经历与建筑来传播上帝的话语。这些好战的耶稣的士兵宣扬其新的理性教义，它们整合了基督教的启示与新科学的发现。从此，耶稣士在全球及各方面的智力成就使他成为天主教运动中强大的神学力量和政治力量。尤其重要的是他们的基础教义，即罗耀拉的《精神练习》，来自于启明派的神秘主义传统，启明派是西班牙的一个教派，宣扬沉思与弃绝感官经历，以图获得空无状态并将个体的意志与上帝的意志相协调。[32] 对罗耀拉而言，如同布鲁诺一样，形象是上帝之光的阴影；然而，《精神练习》中的沉思场景意味着人们将场景想象为实际的戏剧透视，以此帮助人们通过内在的对话来思考赎罪。

维拉潘多来自耶稣会传统，他是第一位将透视形象与建筑中诸如平面和立面的平行投影相等同起来的作者。[33] 将中世纪光学与巴洛克作为上帝智慧（神灵）的光结合起来，他相信上帝的光（太阳）产生了平行投射，如同透视几何中的阴影被投射到无穷。他的论点体现在其对伊齐基尔设计的所罗门神庙的评论与重建中，所罗门神庙是《旧约》记载的一个建筑，可以通过上帝之光直接与先知交流。维拉潘多的作品极其重要的一点是将建筑师思维中的形象与上帝的做法相关联，产生出准确的"想象投射"进而描绘可度量并最终被实施的未来建筑。值得强调的是，先知的想象在马德里的埃斯科里亚尔的修道院与宫殿建筑中实现。虽然维拉潘多的设想最终被转化成现代建筑表象的简约式与规约式实践，但是埃雷拉（Juan de Herrera）与菲利普二世国王设计的埃斯科里亚尔宫出自对法术实践与正方形图案象征的极大兴趣。[34]

于是在巴洛克时期艺术实践的两种主要方式出现了。一方面，理想的诗意形象可以从字面的理解来加以"实现"，冒着使爱欲距离消失的危险。另一方面，诗意形象可以通过与光的关联来维持其"其他性"，相信它既无限遥远又无处不在。它的神秘既是神的特性又是科学的谜语。巴洛克建筑师激烈地争论建筑中透视表象的适宜性。一部分极端派，诸如波佐那样的耶稣士主张错觉透视，它可以将"真实的"空间化解成宗教神化的图画空间，通过绘画、雕塑与建筑装饰的透视构图来揭示上帝之光的投射特质（它总是神秘地有别于教堂的"真实"光线）。另一部分极端派，尤其是瓜里尼拒绝教堂中的错觉透视壁画，因为它们一下子显示得太多，不像无限的上帝之光。巴洛克建筑师，如波洛米尼与瓜里尼，试图探索一种新发现的人类"生产性"想象的能力，这与过去字面上的"模仿"想象相对立，它将几何图案转化成建筑的"投射"并将其投入光中。不同于文艺复兴的物质痕迹，瓜里尼、诺伊曼（Neumann）与费歇尔提出的奇特形象充满了修辞学的神秘的光芒。结果出现了一种精彩的新建筑，在诗意形象的展开过程中完全融入了人的时间性。

开普勒 1604 年的《对威特罗的补充》是第一本关于光学的现代著作。他竭力解释来自于视域中一个点的所有光线是如何进入眼睛并聚焦于视网膜上的一个点。[35] 开普勒是第一位展示了颠倒的图像（他将其称作"画面"）如何被投影到视网膜，就如同相机暗盒的原理，独立于观者的意志。然而，这个几何现象不能够全面解释我们看到什么或我们究竟如何感知形象。开普勒避免"视网膜传递之后"的问题，他支持中世纪的光学观点，即受光和色彩质量影响的"视觉灵感"的存在。[36] 他写道，"视像生成于灵感并贯穿事物种类对灵感的影响。然而，这种影响并非是光学的，而是物质的、神秘的。"[37]

事实上，当开普勒讨论光时，他更像 13 世纪的格罗斯泰特，而不像牛顿之后的现代作家。对他而言，光是我们形体世界中最优秀的部分；是动物感官的源头，最为重要的是，它是物质世界与精神世界的连接。来自阳光的热量蕴含于所有的生命并潜在于所有的物质中：他相信总有一天我们可以看到跳动的心脏所产生的微弱光芒。色彩与光有着与此类似的本质，就像阳光落到物体上使之光彩夺目一样。开普勒认为，每种材料都是透明的，即使砖亦如此。不足为奇的是，巴洛克建筑师经常提到一种轻妙透明的建筑，无论是字面意思还是隐喻的意思。他们认为，我们之所以不能够看穿高密度的材料，是因为材料有角度的肌理从不同的方向反射和折射光线。

光的概念解释了为什么开普勒将形象看作沿着不可见的几何线运动的身心构造。开普勒在放弃亚里士多德关于光的争论时，也为后来的理论留有余地，这些理论在追求光的量化性能（诸如速度）的同时，也认同光的神秘特性。相反，笛卡尔没有进一步解释光的本质，而是将视觉类比为盲人的拐杖，暗指在物质思维与视觉之间存在着准触觉的关系。对开普勒而言，我们的所见不仅仅是光学现象，但对笛卡尔而言，直接的视像是认识论的必然条件。事实上，笛卡尔将透视中的图像看作是视觉感知的唯一真实途径，因为存在于松果腺的意识提供了"真实的"视像。在开普勒的光学中，形象被理解为形体化意识的内在光芒；它不等同于几何的视网膜形象。在另一方面，笛卡尔害怕模糊性，包括失真的透视形象这类现象，透视的扭曲挑战了几何形象的绝对生动性。他认为形象应该呈现于自我思维，而不受形体化经验延迟的影响，应该根绝任何错觉，除掉色彩与阴影。[38] 克劳德·佩罗将笛卡尔的认识论与光学吸收到建筑理论中，他是第一位将建筑意义简约为交流的人，他相信交流有助于文明社会的进步。在笛卡尔理性的保护伞下，他试图厘清建筑的社会功用，清除掉所有的神秘回响。美只有当其被看见时才成其为美。甚至它的更微妙部分（诸如比例）也需要基于常规用途与价值的规则被发现（通过与实施中的对称、壮观及优异性相关联，美的质量对大众而言可以是显而易见的）。人类的建筑不能与上帝的宇宙相类似，相反，它类似于语

言，表达着历史文化价值。对佩罗而言，理论必须变成准确产
生建筑师意向的高效手段。这正是他对古典柱式的规则加以修 86
改的主要原因。他的理论不承认视网膜形象与形体化经验之间
的区别。透视视像成为做出所有决定的"接受"模式。

　　如同吕西亚斯，佩罗因为忧虑颠覆的力量而怀疑诱惑。在
建筑中，他寻求全面的理性控制，以图延长路易十四的金色年
华并确保其成就能世代相传。然而，苏格拉底的"爱欲"从来
没有远离，它伪装成理性自身的天才，像个精灵。在洛吉耶修
士的《论建筑》（1753）的著名卷首插图中，精灵长着有火焰
的头并手指向一个原始棚屋。对洛吉耶而言，大自然的原初建
筑是任何优秀建筑都应该唤起的诗意形象。当然，太多的文明
也很乏味，所以18世纪在其艺术品中也追求游戏般的不稳定
性。一些启蒙运动的建筑师与理论家试图将建筑的社会责任与
传统的诗意召唤整合起来。折中主义的教师与作家雅克-弗朗索
瓦·布隆代尔主张"得体"的发展。[39] 虽然布隆代尔在其百科全
书式的脉络中时常将此关注简约为形式的类型学，并重复着建筑
经由人身体的比例来模仿自然的传统论调，但他的著作是关于如
何在学科自身的历史中寻求诗意形象的良好例证，而非仅仅通过
对自然的直接模仿来实现。因为建筑类似于语言以及诸如绘画与
音乐等其他艺术，它能够学会如何表达诗意的真谛。[40]

　　伯克（Edmund Burke）关于"美丽"与"雄伟"之间的著
名区分成为美学中的统领，但是一些艺术家与建筑师抵制这种
简单的两极化。伯克在其1756年的著作中就已经认为一种新的

美学距离使得观众不受爱欲的非理性起伏的干扰。18 世纪在这个新意识的初始时期，皮拉内西，这位洛多利（Carlo Lodoli）的著名徒弟，通过历史的借鉴寻求爱欲的含义。他与建筑诗意形象的交往策略在《监狱》的版画系列中突现出来。[41] 皮拉内西在基于彼邦纳家族的两点透视方法上，创作出的第一个版画系列表现了不同想象性空间。这些空间包括用石材、木头建造的复杂的戏剧构造以及令人生畏的折磨人的机器。虽然这些空间很令人害怕，它们仍然是理性的，发展自平面与立面的几何。

87　　　然而，在其同一主题的第二个版画系列中，皮拉内西通过介绍一种新的时间感使几何形式爆炸，对于这种新的时间感，俄国电影制作人艾森斯坦（Sergei Eisenstein）后来将其认同为经由蒙太奇手法创造的电影的时间性。这第二个版画系列中的空间呈现出一种不同的深度，有别于彼邦纳及其后的透视系统中客观化的"第三"维向。皮拉内西热衷于将画面调暗，时常用手指直接添墨。这些空间对想象来说具有高度的诱惑性，而对于物质性身体来说又显得不可穿透。不可能将这些画面空间直接翻版为可建造的空间，或者只从形象推理出统一的三维几何。简而言之，这些空间显得如此自相矛盾。[42] 皮拉内西的《监狱》系列通过对抗性的黑暗创生出存在本质的取向，这正是当西方文化走向绝对的理性之光时人类最终无法逃避的黑暗。皮拉内西总是坚持给自己戴上"建筑师"的称号，虽然他的主要创作在版画方面。通过采用一种延迟的策略，他的诗意空间暗示着对三维透视中被无阴影的光亮所客体化的枯燥建筑的批判。

在其与诗意碎片的交往中，皮拉内西与同时代的大多数人相叛离，后者追求一种理想与理性的历史模式。他的历史性版画时常通过碎片的并置来提出诗意的故事，而作为古老片断的想象性"复原者"的实践，他的尝试能够产生出令人遐想的原创艺术品。他在关于"古罗马的壮观"的写作中描述了自己的历史观，其后期的版画作品如《烟囱》系列中对装饰的处理也表现他的态度。[43] 碎片，即古希腊的分裂但又期望复合的象征符号，唤起一种失去的整体和忽隐忽现的欲望对象。

如同皮拉内西，富有洞见的 18 世纪哲学家维柯发现，科学的理性正在帮助世界清除他认为对文化的生存极为重要的诗意维向。与哲学仅针对有修养的人，主要抽象思考重大问题不同，诗歌与艺术能够通过感性体验直接通达大多数人。艺术家与诗人"发明"了他们的主体，因而可以从常规现实中脱离出来，追求一种更稳定与持续的秩序。[44] 他还认为，笛卡尔的唯我论思维推动了对共享经验世界的不信任，导致人们变成"精神与意志极度孤独"的野兽，很少可能达成一致，寻求他们各自的快乐与想象。这种"反思的粗野主义"将使我们对感官的智慧视而不见，而认为只有关注"生活的必需"才是正道。维柯因 88 此认为，这种"实用主义"将把人类导向毁灭，并最终将"城市变成森林，将森林变成人类的兽窝"。[45] 即使如此，维柯仍然相信神的天意会带来新的开始，回归原始简朴、诗意与真理。

对维柯而言，人类的公共建筑不是起源于理性的金色时代，而是基于自然发生于诗意的且没有智力假设的神秘时代。早期部落人的最早智慧是一种形而上学，但它不是"当下知识人的理性与抽象，而是这些早期人类内在的感觉与想象，他们不具备理性思考的力量，但有着发达且活跃的想象。这种形而上学是他们的诗意，是他们天生具有的感官能力"。[46] 所有的问题都与爱欲事物相关联，它们触及人的生存条件的根本问题。犹太教的上帝（维柯在此也包括了基督教，这也许出于避免麻烦）也许可以介入纯粹的理性含义（logos），因为上帝"在其最纯粹的智力中"知晓万物，并通过知晓来创造事物。对上帝而言，只有字词才与行为及对象相符合。正因为此，人类的技术操控与规划总是有限的且只提供部分的真理。维柯对交叉文化神话的全面了解印证了其常识性认识，即人的意识必须有赖于形体存在：笛卡尔哲学的二元论显然是错误的。我们，即维柯所谓的部落人既指早期人类又指我们现代人，能够运用自己的形体化想象来创造，虽然我们也带有"强烈的无知"。维柯将"诗意"的词源学意义追溯到"创造"，它包含制造诗意的物体与文字，因而具有三种功能："（1）发明适合于普遍理解的经典寓言；（2）针对计划的目的性，产生纷扰以超越常规；（3）教育粗鲁的人变得贤德，如同诗人的自我修养。"[47]

维柯仔细研究了笛卡尔哲学，但他感觉到在理性时代有些事情走错了方向。数学与物理学的理性是可知的，因为它是人的创造，但它显得要么太抽象，要么普遍性不够。他表示，清晰明了的了解就像伴着夜晚的灯光观察：可以看到前景中的物体，但背景却模糊不清。寻求可以指导人的行为的真理时，我们应该通过这个世界中形体的晦暗性去寻找更高等级的天光（即神的旨意）。[48]

维柯相信，笛卡尔的认识论不能够为人类提供具有推论性的行为框架，它仅仅提供了一种可能的机械式的描述用于描述自然世界，我们全然不知的自然世界。相反，他呼唤一种历史的理性，它可以解释在世界文化中通过神话、艺术与诗意沟通的真理。这是历史阐释学的第一次出现，是哲学与语言学的交织。他的论著《新科学》由此提出真正变化的历史：现在真正地有别于过去，这个命题不同于宇宙学年代的永恒回归。然而，循环往复也是可能的：历史依循着过去与未来之间的螺旋式途径，它为以后的时代提供了更高的（批判）视点。对维柯来说，诗意的建构是所有国家的（意指所有人类文化的）起源：诗意形象是真正"放之四海而皆准的"，它在每个文化中具有不同的体现，从而构成社会秩序与道德规范。

这个哲学的框架似乎也奠定了皮拉内西的高度想象性作品的基础。对皮拉内西而言，诗意是进入历史的钥匙，记忆与想象相对接。虽然他认为不应该隐藏建筑的结构，但是它的装饰（即碎片）应该有益于增添神秘感和提高敬畏感。换言之，装饰就像服装，有助于打开爱欲距离，通过担忧甚至奢侈来产生愉悦。这样的装饰需要建筑师的独创性，同时他需认识到自己的作品是传统的一部分并服务于政治秩序。

皮拉内西对阿尔卑斯山以北的建筑师有着极大的影响，但这些建筑师往往关注皮拉内西的形式理念，而对其有争议的写作置之不问。维柯的论著直到19世纪中叶才有人知晓。在后面的一个篇章中，我将讨论约翰-路易·维尔的理论，他的观点与维柯和皮拉内西相应和。大多数的18世纪法国与英国建筑师都承认建筑的历史根源和近期的关于"性格"的理论，但又继续依照充满奇迹和理性的自然理论工作，而自然由理性的犹太教和基督教的（及一神论的/共济会的）上帝所控制。18世纪的诗意形象受牛顿的象征数学（隐含于他的普遍重力论）及其《光学》中光的"音乐"理论的影响。[49] 然而，相同的科学思维方式不可避免地导向对诗意的怀疑以及日趋增长的对实用性的兴趣。

牛顿的《光学》对建筑的影响显现在维托内（Bernardo Vittone，工作在都灵市的瓜里尼的门徒）、巴黎的布里瑟（Charles-Etienne Briseux）与（英国的）莫里斯（Robert Morris）的建筑写作中。虽然光不再与神的思维相关联，彩虹的七种色彩与音乐中全音阶的七个声调之间的类比，延伸成为关于建筑中诗意形象的概念。这个类比时常被诠释为视觉领域中和谐的表现，导致对比例的新兴趣并产生矛盾的实用理论。[50] 最好的例证是勒·加缪的论著《建筑的天才》（1780），其中，作者拒绝实用与数量的考量，而是描述壮观的城市宅邸中质量空间是如何有助于诱惑性格的形成。勒·加缪极大地依靠光的调整来传递建筑的诱惑体验。虽然空间已经开始失去其文化的场所感，但仍然被用来表达循序渐进的体验，这并非一种线性的造访，而是深厚的时间诗意，最终完全投入到作品与亲密参与中。勒·加缪的论著描述了住宅的空间如何通过照明、色彩、质感甚至气味使参与者投入到戏剧性体验中。佩尔蒂埃的研究指出德·巴斯蒂的《小房子》与勒·加缪的空间次序之间的平行关系。[51] 在《建筑的天才》一书中，大量的对城市宅邸中房间的列举与描述终止于一所骑马学校，那里是赢得赌注的场所，也是最后的闺房。在德·巴斯蒂的小说中，恰好在最后的闺房，这位年轻的女士梅里达被特米库尔的"小屋"所诱惑，最终将她的道德屈服于感受到的震撼的美。在勒·加缪的闺房描述中，光线妖娆地笼罩着建筑，在凹凸部分之间产生出强烈的对比，从而减弱了自我意识并激起想象。叙述的情节就像一个漫长电影的脚本：线性时间扩散着，我们被牵引到作品中，并被光影、推迟的结尾以及打开着建筑欲望空间的延伸界限所诱惑。[52]

18 世纪，折中始终是可能的，但是 19 世纪将出现理性与情感理解之间的两极化争论。新的应用科学抛弃了苏格拉底关于形体化的爱欲是人类知识基础的主张。相反，实证科学寻求清晰与精确，视规划供奉为人类制造的唯一模式，忽略了人类知识的内在局限性，爱欲传统只被浪漫主义哲学家与作家采用作为一种抗争。

浪漫主义将自我重新视为生存的游戏中心，具有复杂性和有意识与无意识的多层面。它拒绝笛卡尔的理性自我中心的观念，不接受诸如休谟等英国经验主义哲学的非人格人类学。浪漫的自我对科学理性来说是非透明的；它既不由感观印象所建 91

构，也不会被暂时的变化所消解。根据谢林（Schelling）所言，自我作为贯穿我们生命的纯粹呈现是一个首要的现实，它使我们永恒思考。这个最亲密与可信的经验是我们唯一的途径去知晓任何事物都"存在"于真实的存在感；所有其他的东西仅仅是表面。另一方面，谢林相信我们的所有知识都来自于经由我们的形体化意识的直接体验。意识是综合的，而且首要是"被给予的"。当我们停止将自己看作科学实验的主体，而将自己与沉思的对象相认同，我们就已经不处在时间"之中"而在"纯粹的永恒"之中。通过消除身体与思维、外与内、生理与心理之间的区别，浪漫主义将爱欲体验上升为最高的知识形式，即亲密的整体感。诗意的语言与形象表明了形体化的意识是如何通过无底的深渊达到真理，这个深渊是积极的虚无。浪漫哲学并不是虚无主义，它认识到科学与神学意义上的人的真理不是绝对真理。人的生存境况是真理的源头，所以所有的真理有赖于人的类比，而所有的科学都是"人的科学"。结果，所有严肃的浪漫哲学家都将创造性想象看作真理性素材。

那瓦（Gérard de Nerval）将过分的爱及其时间上的延迟赞扬为艺术品的真正含义，即欲望的空间。那瓦的观点受到了19世纪作家与评论家诸如波德莱尔（Baudelaire）与洛特雷阿蒙（Lautréamont）的极大推崇。爱在尼采的诗意哲学中也很重要，他的哲学现在看来远超出其时代。他坚信艺术来自于爱的欲望，是表达着我们人类对故事需求的权力意志的至高形式。虽然对虚构与浪漫诗意形象的兴趣在19世纪的建筑理论中很明显（例如，在拉斯金的著作中），工业革命新技术的必然性驱使建筑实践采用实证理性的理论框架。19世纪初，杜兰德否认建筑与美术之间的任何联系。这足以驱使建筑去为实际问题提供答案。92 这种状况表现在将装饰作为附着在建筑主体结构的次要形象。随之而来的关于建筑形式的讨论往往被限于"风格"的套路中，这个新的术语在强调句法方面不同于"性格"，这揭示出建筑被进一步降格至修饰领域。关于风格的表达潜力的讨论集中于理性分析的交流而非诗意。甚至艺术也并不统一，时常需要利用科学理性与透明的交流来解释诸如绘画与文学中的现实主义，甚至印象主义的发展。

这种模棱两可的态度是"参与"的必然产物。正如我所论述的，18世纪的美学使艺术自治合法化（即艺术为艺术这一原则），而美学经验反对爱的参与。为了防止唯我论，新的艺术家总体上强调理性交流，例如，19世纪的绘画热衷于去复制视网膜形象。在其后两个世纪，艺术想象不得不与同样的困境斗争：当已接受了可见的固有，创造世界的使命正日益从神学中解放出来时，参与又如何能够再次活跃起来？与这个问题相关的无休止的尝试产生了艺术的新概念以及为其提供场所的公共建筑，诸如博物馆与艺术馆。

虽然对参与的关注并以此获取艺术的社会相关性的努力从来也不会消失，但直到20世纪它才更广泛地与诗意表达整合起来。画家意识到视网膜艺术的局限性。尤其在杜尚的革命性作品之后，极端的问题被提出来，以图切入艺术的真正本质、场地与位置。装置、行为表演、大地艺术以及不落入古老美术传统范畴的作品，这些都只是从此意识演绎出来的若干例子。先锋派艺术家们认识到，对这个问题的介入是建立其作品的文化相关性的关键。以建筑为例，建筑物具有实际或社会功能的事实，一直被简单地理解为是对参与问题的解答。从杜兰德宣布建筑的首要实用功能之后，参与问题事实上可以被轻易地消除。在这两个世纪的书籍与杂志中的大多数理论争论中，形式与功能的问题被分离开来（"艺术"对立于"工程"或"社会规划"），美学自治与社会关联之间对立的重要性通过这些对立的术语概念来被讨论与界定。在交叉处的盲点却往往被忽视了，而真正的"参与"问题也被忽略了。

现代的诗意形象

在我看来，当代思想的最大弱点是沉溺于对我们已经所知的而非尚未所知的过度崇拜。

——布雷顿,《疯狂的爱》

精神及自然领域的一切都是有意义的，相互对应、相互作用……一切都是象形的……诗人仅仅是译者，一位解码人。

——波德莱尔,《浪漫艺术》

也许，人的真正名字，即其存在的特征，就是欲望。如果不是欲望，对于海德格尔的时间性或马查多（Machado）的"其他性"而言，又是什么驱使人类持续地去寻找那非自我的存在？如果人的存在是非我的存在，但谁是这个存在本身，他永远不完整，难道他不是欲望的存在或存在的欲望吗？在恋爱中，在诗意的形象与神的显现中，渴望与满足交接起来：我们既是果实又是嘴巴，处在不可分割的整体中。

——帕斯，《弓与琴》

20 世纪的先锋派以更自我意识的方式来找回诗意形象，并将其意义延伸到 18 世纪美学之外。在建筑界，卢斯关于装饰的论著超越了贯穿 19 世纪的"本质结构"与"因时而异的装饰"之间的争论。卢斯认为仅仅为美学欣赏的装饰是无意义和不恰当的，但他也认识到建筑物不能简单地是为了表达生产系统。建筑的意义与文化相关性取决于参与。虽然传统的象征化已不再可能，建筑物仍然可以被理解为欲望的对象，它的外表与空间特征在时间中展开，以揭示某种不完全显现的事物的呈现。慢慢地，贯穿于 20 世纪的建筑实践日益关注表面与外壳，[53] 但是，我们经常看到的是，它变成了某种美学对某个功能答案的应用而已。

与此同时，现象学尖锐地批评笛卡尔的二元论，并回归到作为意义基础的人的形体化表达。虽然许多现象学的反思在此因太技术化而难以被概述，胡塞尔就地球的静态性做了漂亮简单的论述，质疑哥白尼理论。在我们的经验中，地球并不移动，宇宙是垂直结构的。这并非一种错觉，而是人的原初现实。它使我们思考并将从托勒密（Ptolemy）到爱因斯坦的各种宇宙观理论化。梅洛-庞蒂发展了胡塞尔的观点，恢复了形体化的意 94

识，通过移动性与作为意义源泉的爱欲来与世界交往。[54] 在其后期哲学中，他甚至提出"肉体"这一概念作为现实的"第一元素"，通过与柏拉图的"原初空间"相似的术语来描绘它。[55] 对梅洛-庞蒂而言，即使存在着所谓的科学常识及笛卡尔的各向同性空间，我们的身体也能够认知与理解形体化于场所和文化中的智慧，即其深远的、不可转译的表达特质。这种理解尤其可以通过艺术作品来实现，展开倾诉并回应我们梦想的场所，打开欲望空间使我们回家，保持一贯的不完整性，拥抱每个人的死亡。与当代文化所隐含的主张相反，如果我们不是有限的、富有情爱的、具有自我意识的身体，它已经通过导向与重力与世界交往，即使二元论的空间不可能与现实有任何相似。根据梅洛-庞蒂，我们不是"拥有"一个身体，而是我们"存在于"我们的身体。

超现实主义从浪漫主义与现象学中拾取线索，将其转化成一种明晰的诗意理论，寻求重新找到艺术实践中爱欲原初深度。在《疯狂的爱》中，布雷顿将艺术的美与爱欲愉悦联系起来："我毫不惭愧地承认我在壮观自然前所表现的极度不敏感，同样的状态发生在那些不能直接唤起我形体感官的艺术品，这种感官唤起就如同鹅毛般的轻风拂过我的太阳穴时产生的令人颤栗的感觉。我永远不能回避将此感觉与爱欲愉悦之间建立联系，结果发现它们之间只是程度的差别。"布雷顿运用"令人震荡的"这个词来描述"那应该引起我们关注的唯一的美"。[56] 这个欲望的经历包含着一种间隔，它是时间的、空间的、时空的，诸如海员第一次看到陆地的瞬间与他们最终踏上陆地的瞬间之间的那种时间感。

所有时间段的感觉都被机遇的醉人氛围所消解，精致的火苗独特地映照着或圆满着生命的意义。正是为了再生出这种超现实主义所期待的特定心态，在最后的分析中轻视猎物与阴影，以寻求那已经不再是阴影但还不是猎物的东西……独立于发生的和未发生的，这个等待本身就是绝妙的。[57]

对超现实主义者来说，欲望意指着人内心那些通常被理性、权力、个人限制及其他社会环境所压制的力量。他们的首要目 95 标是将欲望从本能提升到完全的意识，最终通过客观的手段来实现主观的愿望。在超现实主义中，不存在延迟与实施之间的区别；双方在流动的转变中相关联，但都总是呈现着。这种并置将诗意的对象与承诺即时满足的技术产品区别开来。根据布雷顿，欲望应该通过发展对感知的信心来培育，颠倒将身体的经验概括为妄想的科学理解。注视一旦被欲望分极化，比如贯穿城市的行走去寻找爱，感知将类比揭示给艺术家，他运用类比展现现实中的神秘与秩序。这些不是强加在感知客体上的概念，而是显现在事物的表面。由此，无意识超越了艺术家的自我，揭示出人的境况的最深层真理。如同我们的梦，作品变得"非原创"，却又真实地具有说服力和富有意义。

里尔克是20世纪最伟大的诗人之一，也是现代关于爱的权威。里尔克直率地谈到性并表达其神秘现实，避免生理学与享乐主义的简单化理解。虽然这很"困难"，就像人类所被给予的许多事物那样，性是我们"最好的拥有"且必须通过个人的经验来驾驭，永远不能依赖于常规。在其许多关于爱的信函中，他写道，"形体的愉悦是感官的经历，它与纯粹观看或咀嚼美味果实时的纯粹感觉没有什么不同；它是伟大的无终结的经历，一件礼物，它是对世界的领会，所有知识的完美与荣耀……不幸的是许多人误用或浪费这种经验，将其作为生命困倦时刻的刺激或分散注意力的手段，而不是利用其积聚精力朝向更高目标的努力。"因此，性永远不能被怠慢；它是我们达到更高理解的门户。里尔克要求我们

更尊重它的丰富性，无论它看起来是精神的或是形体的，它就是那个统一的整体；因为智力的创造也是生长于物质的，与其同性质，像物质愉悦那样轻柔、喜悦与持久的重复……在一个创造性的思想中，大量被忘却的爱的夜晚再现，使思想庄严与崇高。而那些在夜晚聚合缠绵的快乐的人们，是在做着严肃的事情，为未来诗人的诗歌攒集着甜蜜、深度与力量，这个96 诗人将站起来述说着难以言表的喜悦……不要被表面所迷惑；在深层中一切皆为律定。对于那些以错误和不当的方式介入这个秘密的人们，他们为了自身失去这个秘密，但仍然不知不觉地传递着它，就像一封密封的信函。[58]

在其《弓与琴》的介绍篇中，帕斯精彩地阐述了诗的本质特点，无论这首诗是由文字、绘画或石头所构成。[59] 诗意的产品显然属于特定的时间与场所，因而有风格，如同用具与作品诸如哲

学与习俗。风格不是错觉。然而，真正的诗人通过将语言转化成不可重复的诗意行为超越语言。诗人"培育"了风格，无论风格生或灭，诗意的作品却长存。事实上，真正的诗是独特的。正如布鲁诺所熟悉的，"有多少真正的诗人，就有多少真正的规则。"[60]

　　至关重要的是注意建筑的诗意作品与实用建筑之间，以及诗与用具之间的区别。其中一个区别在于创造的行为。虽然诗意的作品可能经由某种技术被创造出来，这种技术并非就自动意味着是可重复的。因此，当建筑师逐渐地拥有一种"风格"时，他或她将面临丢掉诗意的危险并成为简单的建造者，无论其作品是如何地流行。当其他人模仿这种风格时，危险性甚至会更大。

　　帕斯注释到，没有任何人的作品能够逃避语言。语言的最终现实很难被我们把握。它与人类不可分割。它是我们生存的条件，而非客体、有机体或我们可以接受或拒绝的常规符号系统。（《弓与琴》21）凡人所触及的都具有意向性。人的世界容忍模糊性，甚至疯狂与彷徨，但不缺少意义。虽然存在着说写语言与其他"塑性的"或甚至"音乐语言"之间的重大区别，它们都被赋予交流的力量。因为诗人珍惜字词的模糊性，诗歌更接近于说的语言而非散文。散文作者禁锢着语言，而诗人使语言自由。同理，技术耗尽材料来制造用具，诗意的制作让材料变得自由。诗意的材料有色彩、韵律与肌理，但它又总是另外的什么东西——"意象"。[61]

　　诗意的作品是交流的特定形式。它不止于语言，它超越语言。如果一栋建筑物表达着其构成部分、材料、构造过程、意识形态，或其所有人或居住者之外的某种东西，建筑也会是诗。帕斯注释说19世纪以来的诗歌的一个特点是它不能够被简约97 为直接的象征意义。事实上，诗意建筑的创造起始于对建筑常规方式、建筑的技术与形式"语言"的突破。不同于工匠，建筑师并非享受工具的服务；相反，他或她服务于工具以重新发现它们的"原创"本质。在建筑中，工具与构思及构造都相关。这是产生诗意建筑形象的复杂且时有矛盾的运作。

建筑一般来说是保守的。未来的考古学家会毫无困难地为我们的产品断代，即使这些作品表现得像我们的梦想那般疯狂。建筑师/诗人从其习惯状态中抽取元素：线与面、墙与孔都变得独特。虽然文化参与的必然性总是显现着，在帕斯看来，现代诗人并非使用体现统治性技术文化的语言。自19世纪早期以来现代性的一个特征是诗人不能够分享文明的价值。（《弓与琴》32）我们这个时代的诗意客体不可避免地要表达批判的维向，这往往是针对特定的个体或群体观众。也许在此限制中隐藏着未来的收获。更为乐观的是，帕斯还观察到诗意的语言虽然复杂，却似乎能够找回话语的原初感觉，即意义的多重性。因此，诗意产品似乎恰恰否定了社会语言的本质：那或多或少的单一中心意义的表达。事实上，诗意的建筑可能是多义的，但又时常在意义的昭示中沉默。

帕斯主张诗意的创造应强调将韵律作为诱惑的手段。韵律是生命与文化的根基，与我们人的境况不相分离："它是使我们成其为人这一决定性事实的最简单、最恒久以及最古老的表达，即我们的有限性，但又总是被投向'什么'或'其他'：死亡、上帝、爱人、人类同胞。"（49）建筑的体验也扎根于韵律。当维特鲁威谈到建筑秩序的本质时，他旁引音乐与戏剧艺术中的语言与身体的互动韵律。韵律的体验就像咒语将理想的几何转换成生活的场所。当我们参与更高级且自相矛盾的秩序时，韵律还能够将线性时间消解为庆典时间。帕拉斯马记录了电影导演诸如安托尼奥尼与塔尔科夫斯基是如何运用建筑形象来唤起和维系人类情感的，而情感在技术时代的建筑中又是如此缺失。[62] 确实，电影与文学具有雕塑时间的能力，强烈揭示出在诗意建筑 98 的体验中把握韵律的重要性。

如其所是地运作在语言的边沿，建筑中的诗意形象只能被把握为微弱的回响或召唤。它不是简单地存在于表象的系统、施工图或物质的建筑中。永远不可能明确地说它是什么，因为诗意的作品永不能够被概述。在建筑生产的复杂过程中，诗意形象可能存在于经由特定表象手段的不同的形体表达中。在其最普遍的层面上，诗意形象是关于对立面的巧合；它将这种巧合呈现为事实，而我们知道经验中的巧合在线性逻辑的世界中将显得矛盾。例如，塔尔科夫斯基电影中持续存在于建筑中的水，哥特式教堂或者柯布西耶的拉图雷特修道院中光亮变成黑暗的方式。在文学与戏剧中，诗意形象可能是将矛盾的现实聚合起来的角色，像卡尔德隆的《生命是一场梦》中的塞吉斯蒙多。在塞吉斯蒙多的内心，沉睡与清醒以一种神秘的不可消除的方式被联束起来："生命是一场梦，而梦是其自身。"（《弓与琴》85）即使科学能够表明我们眼前的橙子看起来与太阳同大，只有诗人能够说出落日如血橙。[63] 在拉图雷特修道院中，我们看到一个带有内庭与环廊的修道院，然而，我们所体验到的是内庭不可进入，环廊犹如迷宫。总之，诗意形象是打开人的境况的钥匙：它使我们把握生命的有限感觉，并在从时间分离出的一个单独且灿烂的时刻体验生与死的巧合。通过建筑体验的韵律，我们能够是其所是地识读作品及其组成，更能理解其新意与独特。重可以是轻，但重仍然是重。

诗意的作品宣示着对立面的动态且必然的共存，以及它们的最终认同。这是波德莱尔的发现，也被超现实主义所采用。巴门尼德关于存在本质与非存在的最早区分后来发展成海德格尔所言的"存在本质的隐藏"。基于这个区分，西方哲学与科学寻求作为"清晰理念"的真理。神秘主义与诗性中的诗意形象运作于爱的看似矛盾的空间中，没有屈从于西方特有的对同时性的是否存在的恐惧。东方哲学，包括印度教与佛教，走了相反的方向，肯定对立面的相关性。在道教中，"万物皆此，万物皆彼……生是与死相关的生。反之亦然。肯定是与否定相关的肯定。反之亦然。因此，真正的圣人拒弃特定的此与彼，安身于道。"[64] 东方的圣人曾说，思考即呼吸；他们知道屏住呼吸可以中断理念的循环。这个虚空使存在显现。思考即呼吸，因为思想与生命不是分离的容器。正如帕斯的陈述，人与世界、意识与实体、实体与存在之间的最终认同是人类最古老的信仰，是科学、宗教、法术与诗意的根基。（89）虽然文化经由技术或沉思试图缩短这些距离，西方的诗学试图保持此距离，同时又肯定对立面的认同。在东方哲学中存在着对立两面相互融合的某个点，但对西方的诗人／建筑师的挑战是宣示认同与差异。

东方哲学将差异论述为相对世界的唯一真理，而认同是绝对世界的真理。作为西方系统的继承者，我们不接受此区分。西方的诗意策略将想象的自我维护为不可简约的道德主体，庆祝着作为生命的延迟。但我们能从东方系统中学习到，字词可以被用来表达那些所不可表达的：不是经由论述，而是经由诗意的发声，如同道家的格言和禅宗佛教的俳句。语言能使人回归到名字已无必要的沉寂场所，回归到建筑领域。

为了传达观点，散文作家会去描述它。相反，一位诗人会采取唤起充满矛盾特质的经历。同理，建筑师运用韵律和光影重塑我们与深层的第一次相遇，那个人类居在的奇妙场所，它无法通过画法几何、照片或错觉的表象来表达。这个体验总是令人惊讶的，就像与我们梦中的场所相对应的一片林中空地。它的形象从来不被简约为包容着它的实体，或者被认定归属于某种文化或类型学的实体。形象解释着它自己。（《弓与琴》94）它不能够被概括，它唯一能做的就是述说它意欲想说的。

诗意的经历，如同性，让我们颤栗，可以改变我们的生活。就像每一次爱都是一次通过完全疏离而达成的自我揭示，对诗意行为的参与将缺席与出场、安静与词语、空无与繁琐聚合起来。然而，不像通常的宗教与当代的技术产品，现代的诗意作

品并不隐藏或消除死亡。它们解释着我们的原初与永恒的境况，
100 肯定着我们自身构成中的存在与缺失。通过设计改善生活的计
划和对形象及韵律的运用，建筑还能够肯定陌生与神秘。如同
性的体验，建筑的形象／韵律能够投映出对立面的不可分割的整
体，即生与死、文化与生存境况的瞬时与持久的本质。拒绝宗
教的永恒生命和虚无哲学的绝对死亡，建筑的诗意作品界定了
暗示并包容死亡的生存。

从勒库到杜尚

　　情色是我生活中非常亲近的话题，我当然将这种嗜好或
爱应用到我的《玻璃》作品中。事实上，我认为它是做任何
事情的唯一理由，以产生一种情欲的生活，使其完全接近一
般的生活，比哲学或诸如此类更丰富。这是一种具有如此多
方面的动物性存在，对它的运用就像我们常说的将一支颜料
注入你的作品时那般愉悦。它赤裸裸地存在着。它是幻想的
形式。而且……这个赤裸甚至可能具有与耶稣相关的俏皮内
涵。我们都知道耶稣被剥去了衣服，它是引入情色与宗教的
俏皮形式。

——杜尚，《杜尚：作品与生活》

　　新娘对伴郎的剥离并不拒绝，甚至依顺这一行为；她火上
加油，褪尽衣裙，炫耀其对高潮的强烈渴望。

——杜尚，《绿色盒子》

根据《波利菲洛的爱的梦旅》改写的《波利菲洛，或重访幽暗森林》（1992），是关于庆祝人的境况的延迟与圆满的故事，既非永远的圆满，也非持续的向往，被创造出爱神的古希腊人概述为"苦甜交加"。[65]该故事呈现出现代技术性人类的游牧境况，悬浮在完全的肉体与均质的精神空间之间，总是在迁徙，总是在跨越门槛，为旅游而旅游，而非到达一个清晰的目的地。因为现代游牧民缺乏传统的场所感，他的身体便是场地，身体在现代技术产品中穿行，看似不知去往哪里，却仍可以梦想飞翔——垂直的身体必须依从重力的作用。针对形体化意识的首要现实，建筑经由情爱的媒介述说着诗意的形象。这个故事因而也是建筑作为诗意形象的理论，呈现出实用主义实践之外的选择。在其作为抵抗性建筑的征程中，它穿越了浪漫主义与超现实主义，在通常不为建筑类型学所包括的所有尺度与不同媒介中积聚着产品。自从18世纪以来，美术的传统分界已被推翻，这导致许多对建筑极富意义的诗意作品成为非完全尺度的建筑。《波利菲洛，或重访幽暗森林》提到了部分这类作品，唤起迁徙的人们短暂的真理。勒库与杜尚的作品在这方面是其中的佼佼者。

事实上，勒库与杜尚的联系在杜柏伊（Philippe Duboy）关于勒库的手稿所做的假设与批判性评论中已被发现。[66]杜尚早期在巴黎国家图书馆工作，很可能在那里，他开始接触勒库的绘画与写作。勒库1757年生于鲁昂，其父是一位家具匠。他白天是一位画师，晚上创作壮观、梦幻的设计与图示作品，后来他把它们都捐给了国家图书馆。在他的工作与生活中，勒库培育着爱欲距离。他喜欢穿异性服饰，具有女性的他我，居住在妓院的楼上。同皮拉内西一样，他将历史看作是意义碎片的集合，它能够导向想象性创新。在其设计作品中，他将装饰联想为服饰，强调绘图的手法。

勒库的建筑力图恢复参与的空间，而法国大革命时期的文化正要放弃它。对他而言，建筑的起源不是棚屋或遮蔽所，而是剧场，他将"剧场"在词源学上与"理论"相关联，暗示理论与思考的间隔，它与森林及丛林中的空地有关。建筑因此是表面的空间，一种在他看来与爱欲诱惑的间隔相关联的公共空间。意识到旧政权政治的局限，勒库在其建筑作品中设计了高度想象性的爱欲仪式：一个供娱乐的水下的印度式亭子，周边被水和慵懒的鱼所围绕；一座母牛形体的仓库；受《波利菲洛的爱的梦旅》启发而设计的爱的殿堂，形式上类似于放荡的人体；一个人体形式的门廊，总是潮湿，坐落于仙境般的环境中；坐落于贝尔维尤（Bellevue，法语意指"美景"）的拼贴住宅，作为窥视交往的场所。虽然在巴黎综合理工学院与巴黎美术学院（Ecole des Boaux-Arts）中平立剖面一整套图示已成为常规，他几乎总是只画立面，很少画平面，从来不画透视图。对他而言，诗意集中在建筑的"脸上"，它被装扮起来，为诱惑而"打扮"（译者按："打扮"的英文词"make up"在此亦含有"建造"的意思）。爱欲深度，使公众能够参与，它寄生于垂直的形象。他运用最新的画法几何与阴影透视，但将它们转换成讽刺的机制和对建筑传统的想象性阅读。他还在图上写作，极仔细地描述运作与材料，从颜料的调配到泥土的构成。这种讽喻的"细节描述"庆祝的不是清晰度，而是那不可言状的东西：一种对立面的巧合。

至于杜尚，在此显然不可能一语道尽他的艺术贡献。在他的诸多成就中，他向主流的艺术论坛介绍了曾经让勒库恋恋不忘的话题。杜尚宣布"视网膜"艺术，意指18世纪的美学模式，已走到尽头。他相信对艺术的参与是创造作品诗意的根本。最终，他承认表面与标志着现代意识的幻象之间的分离。但与笛卡尔不同，笛卡尔将变形拒绝为一种妄想，而杜尚运用此技术（如《你怎样我》）作为与观者交往的手段，表达一种处于表面与幻象之间的延迟。

当评论杜尚作品的严格整体性时，帕斯写道：

他一切都围绕着一个单独的形体旋转，就像生活自身那样捉摸不定；……他一生的作品可被视为同一个现实的不同时刻或不同表面。"变形"这个词的字面意义是：在作品的持续形式中来看待作品就是意欲回归到原初的形式，诸表面的真正源头。这是一种朝向启示的尝试，或正如他自己所说，是"超快速的暴露"。他迷恋于四维的形体及其投下的阴影，那些我们称之为现实的阴影。这个形体是一个理念，这个理念最后转化为一位裸体女孩：一个呈现。[67]

性爱在杜尚的作品中是一个中心问题。比如在"即成品"的对象中，存在着对完成性的故意破坏。一般性的物品揭示出其令人惊讶、诗意的潜势。杜尚还是一位诗人，他对语言的独特运用揭示出清晰性的模糊性。在其两个主要作品《大玻璃》和《被给予》中，参与空间经由性爱而被激发。《大玻璃》将强调现代世界的机械式比喻转换成"单身汉的机器"，显示了所有最高级的类比，即通过透视几何的观念秩序来揭示那不可言状的呈现。在《被给予》中，新娘裸身躺在一扇沉重的西班牙门后面的一张短树枝编织的床上，从而占据着一个图案空间。在门内的偷窥者与祖露阴毛躺着的女人之间的空间显得紧张且不可逾越，但是，正如帕斯所指出，它是一个参与的空间。延迟使杜尚将被透视传统所限定的视觉机制转换成一种新的意义来源，一种诗意形象的载体。

基斯勒的无限建筑

无限的建筑不可避免地诞生在一个行将终结的世界。它是人类最后的避难所。

——基斯勒（Fredrick Kiesler），《在无限的房子里面》

我在此引用中国诗人苏东坡的一首诗：

论画以形似，

见与儿童邻。

赋诗必此诗，

定非知诗人。

诗画本一律，

天工与清新。

——基斯勒，《在无限的房子里面》

居住在纽约的时候，杜尚成为建筑师基斯勒的亲密朋友。基斯勒因为执着于超现实主义而在20世纪的建筑师中显得特立独行，这在1942年之后尤其如此。他运用建筑的术语来评论杜尚的《大玻璃》，强调艺术与建筑在"构成"上的联系。20世纪40年代，他致力于超现实主义杂志《VVV》的工作，设计了大量的展览与舞台布局。在与杜尚的合作中，他创造了光学的装置来展示艺术家的作品并提升爱欲。1950年，他建造了其"无尽宅"的第一个模型，这个项目将超现实主义的观点纳入建筑作品中。

基斯勒一生参与了许多剧场项目的设计，其中最为著名的是耶路撒冷的凄美的"书之神社"，即"死海古卷"的贮藏所。然而，他为"无限的"人的空间所做的极其戏剧性的设计时常被误读。基斯勒欣赏超现实主义对技术非人性化导向的批评，将技术的滥用与方格式建筑联系起来。但是他也试图运用技术将艺术与科学"连接"起来，创造诗意的栖居。在形式上，他的"无尽宅"提出用穿孔的蛋形薄壳，产生流畅的空间与墙体，形成众多天花与楼面。基斯勒将这些流动看作是对单调的方盒子空间划分的批判，这些方盒子"生长成摩天大楼式的毒瘤"。[68]

虽然有这个论战，而且这个论战驱使当代评论家将基斯勒的作品解读为计算机生成的"网点结构"的前身，但是，基斯勒的主要思想并非风格的创新。他的目标是建造人类的栖居，使其能应和梦想，体现被给予却又遥远的自然世界以及我们

"建构"宇宙的能力。对基斯勒而言，建筑必须经由道德的使命来推动，而非形式责任。他高调地问道："我们之中哪一位建筑师敢于承担建筑的全部道德的而非美学的责任？"[69] 他写道，形式并非追随功能；相反，形式追随想象，应该寻求梦想与现实之间的整合。因而在其自身，形式是"脆弱的"；它的内部空间是我们全然熟悉的，即使它可能呈现出奇怪的形状。房子象征着最广义的人类栖居，光与感知的维向旨在完善居者的精神状态。基斯勒将空间想象为上下跳动的，因变化而生动，充满时间性。他的终极目标是引发一种高度的意识状态来连接现在与永恒。事实上，基斯勒时常令人困惑的"连接主义"试图统合艺术、科学和建筑实践等不同方面，它在本质上是一个诗意形象的理论。他在日记中写道，教堂与佛塔都运用"死亡的建筑"来"安抚未知的神灵"，但是运用活生生的统合的建筑还从来没有被提出过。在这种尼采式的精神中，"无尽宅"正是第一个尝试；它"将天与地融合起来"，[70] 既讽刺又具有类比性。

李布斯金的犹太人博物馆

> 房子的呼吸是内在声音的发声。
>
> 当房子变成不复存在的思想时，它就获得了永生。
>
> 当女人在房中微笑时，死亡也试图模仿她。
>
> ——黑达克（John Hejduk），
>
> "关于房子及其他的语句"

与自我满足的建构行为相对立，建筑揭示着超越具体形式
的思想的轮廓线……除去皮拉内西想象的《监狱》之外，没有
其他建筑能够承担起表现实际建筑与思维建筑的双重责任。

——福斯特（Kurt W. Forster），

"带霉斑的绿色是忘却的房子"   105

    李布斯金的第一座主要建筑，即柏林犹太人博物馆，也许
是沿着其老师黑达克、柯布西耶的拉图雷特修道院、基斯勒的
"无尽宅"这个诗意传统中近期最有成就的作品。此建筑的原创
性无可置疑。在这个背景下，我将该建筑认作一个重要的例证
来总结我关于西方建筑传统中诗意形象的讨论。

    如同皮拉内西的《监狱》，李布斯金的早期绘图与设计作
品（如《小宇宙》系列）总是否定对客观的空间与遮蔽所的期
望。这些作品中的神秘深度测试着建筑的界限，对一个充斥着
"教育出来的技师与钱财乌托邦"的世界中诗意建筑的真正可能
性提出挑战。[71] 用他自己的话说，这些绘图探索了几何的直觉
作为可见世界的语法与几何的形构之间的关系，前者"在一个
前客观的体验范围内显现自己"，后者"试图在客观的领域中控
制它"。[72] 在该建筑的设计中，李布斯金回应在经济与政治世界
中的自我挑战。他试图表现二战中令人难以置信的欧洲犹太人
的毁灭，同时又为大家构筑出希望与可能性的体验，它超越了
种族的特征与不满。如同我们的生命，这个博物馆之于人的体
验表现得既有限又无限，它"很难"提供避难的场所，但又在

精神的回报上极大满足那些能从碎片中透视愤怒与残酷的人们。在从其中一个地下分道走出之后，迎面是一个"希望之地"，即纪念霍夫曼的花园；但它延迟着我们把它看作缤纷天堂的期望，而是将它体验为一个神秘的空白：这个虚无应和着大屠杀牺牲者留下的空白，同时又是希望的戏剧性象征。

李布斯金的作品，如同其闪耀的前辈那样，总是超越物质形式：它是精神气质的产品，提升着人的精神。李布斯金写道："很久以前有位圣人曾说，人每天都应该达到一个更高的精神境界。如果你不能做到，你所做的一切其实都失去了价值。所以，每个人在夜晚应该扪心自问：今天我已达到更高的精神层面了吗？如果答案是否定的，你真的碰见麻烦了……人不应该仅仅在建筑中工作，或仅是创作客体，还应该相应地持续反思自己和事物。创作更好的产品也意味着提高自己的精神水准。"[73]

同样的道德要求也表现在李布斯金的（未建成的）前萨克森豪森集中营场地的竞赛方案。大多数的作品要么抹去过去，要么纪念过去，但李布斯金的建筑在揭露与回忆过去的同时还注入了一种希望，过去成长与愈合的感觉。这种愈合对人性极为关键，只能通过诗意来达成。因而对李布斯金而言，未来的城市是建基于普遍的希望之上。这种城市被可能性所驱动，但又受着历史之重的束缚。它是想象的城市，而非怀旧；它是愿望的城市，而非自我满足。

李布斯金的作品不能被简约为诸如风格与时尚的分类。这些作品的诗意内涵是其他看似相似的"解构"建筑所不可复制的。他的作品对建筑变成偶像，表现单一思想或意识形态的内在趋势提出质疑。相反，这些作品体现了人经由建筑做出投射的重要性，就像图像所展示的并非神的面孔或注视，而是我们自身视网膜上的盲点，使我们看见并接纳人类的礼物。

当代世界的诗意形象

我们这个世界具有伟大的科技成就、五花八门的色情活动和各种诱惑性的宣传，但对个人的想象所产生的作用似乎微乎其微。巨大的快乐显然源自二元逻辑的机械运用，总是看似新颖，而个体的知识及智慧与计算机的超级储存容量相比显得微不足道。想象自身时常羞愧于其内在的"局限"，被指为偏见或错判。这种消灭我们人性并顿挫我们道德感的技术能力也许是我们享乐文化中的最大危险。

在阐释"虚构编织者"作用的一段话中，卡森设想有一个没有欲望的城市。[74] 在这样的地方，居住者也许仍然持续而机械地吃喝生育，但生活将是贫乏且真正地"虚假"，似乎完全缺失了方向。无法发出允诺，没有礼物可给予，无人思考如何避免痛苦。死去的人将被遗弃和忘却。甚至激情的梦想也被忽视，虚构被看作错误。诱惑与美将变成永远的游戏，但又失去了其意义。人们只能想象他们已知道的。在一个没有想象的城市，建筑将会完全地消失；只有遮蔽所。

这样的地方对于人的体验而言是如此陌生，以至于很难去描述。也许这全然是一个度的问题，而且，如同鲍德里亚可能的断言，人的欲望的相当一部分深度已经丧失。[75] 虽然现代建筑师一般对诗意不感兴趣，我仍然认为传统还未死亡，只是让我们痛苦。具有挑战性的是找到途径将传统引出来。即使现代规划的恐惧威力消灭着过去并产生出梦魇般的环境，历史就像多层面的城市重写本，蕴含着嵌入材料之中的催人联想的记忆。亘古的问题仍然需要每一代人在当下的世界中来回答，但是，历史的答案只能是片断的。柏拉图说"爱神使人成为诗人，"（《会饮篇》196e）这句真理在今天同样有效。然而事实是，对于现代人而言成就高于爱，建筑师往往不得已随波逐流，这导致我们生活意义的贫瘠化。

　　我已经提出当代的诗意建筑是可能的且建基于丰富的传统之上。经由诗意形象的驱动，爱欲揭示了我们的界限和整体性，即作为人的感觉。虽然在不同的历史时期建筑具有特定的象征意义，在根本上建筑并不表述某个特定的意义，而是表达着认清我们自我完整性的可能性，使我们诗意地栖居于大地，从而成为完整的人。运作于论述语言之外，诗意形象通过呈现那时常令人惊讶但又从来不明显的秩序来使我们成为整体。这个呈现的整体性永远不能完全被获得，如同一个经典的构图问题：在体验中图案展开和破解，就像处于爱欲本质中生活那样。诗意形象超越现实，就像陷入爱情中的"人"，他在细节上比客体的具象更真实，比我们经由"理性的"注视所把握的东西更加不客观。诗意的形象不是复制，它提升着现实。它不是我们

107

可以概括的画面，而是经由高层次的视觉和听觉被我们所体验。
然而，看与听是属于形体化意识的综合性美学整体之一部分，
而非思维中的某个联想点上聚合的独立感观。这是一个关键的
区别。诗意的形象不是某个存在，而是存在的本质，同理，它
也是虚无。它颠倒、干扰并完善我们自身；它显现着，但总是
稍纵即逝：它成为记忆与承诺。

我在此强调：诗意建筑所产生的自我认识不是语义形式的，
而是在体验中发生的，如同一首诗，"意义"与对诗的体验是不
可分的。它扎根于文化，在定义上玩世不恭，又总是因地制宜。
这类产品，即戏剧性的装置，传达着奇妙，它是根植于爱欲中
的美的形式。现代世界挑战这一观点。19世纪，法术被技术所
压制，仪式被民主取代。然而，浪漫主义与超现实主义找到了
保存诗意形象及其认识价值的方式。诗意形象有意地消除特定
的参考；它的所指是"虚无"，以保存其原初的真理。虽然建筑
的实用维向也许与政治和技术的权势相迎合，建筑经由爱欲的
力量仍具有感动与转换的能力。通过诗意形象我们找回世界的
精神维向，它不是超验的，而是显现于事物的表面，从来不经
由技术来强加。诗意形体的精彩雄辩通过光与韵律引发人现存
的回忆及观念。我们在不同的作品中发现了这些品质，诸如柯
布西耶的拉图雷特修道院、高迪（Gaudí）的天主教建筑、莱韦
伦茨（Lewerentz）的新教建筑、帕拉斯马的极少主义建筑形体、
黑达克的著作、霍尔（Holl）的明亮空间。这些作品的意义与风
格无关，但又具有某种值得进一步探索的共同性。

　　将建筑从其他艺术与诗意的形式区别开来的，是建筑能够以有意义的行为方式来参与生活，这包括城市的创建，发动战争，宗教与政治。建筑向社会提供场所来获取存在的方向。作为有意义行为的表现，建筑有助于理解人在世界中的位置。通过其得体的感觉，建筑打开了一片空地，使得个体通过对公共文化建筑的参与来体验目的性。再者，现代建筑与权力周旋，设想出创造更美好生活的方案。它是体验的极端取向，无以言表。所以，建筑理论也许植根于不同历史时期的神秘或诗意的故事、哲学、神学或科学，但两者不能等同，建筑是事件：它瞬时即逝，但具有改变当今个体生活的力量，如同法术或爱欲的碰撞。因此，建筑可以说能够体现知识，但其赋予的远远不只是信息；它是对世界的识读和经由身体来理解的世界的感官性形态：有血有肉，非常性感，因而是真理隐晦的体验。正因为此，建筑的"意义"永远不能够被客观化或简约化为功能、意识形态、形式或风格。同样，建筑的技术中介是敞开性的，而非特定的（比如说建筑类型之类的）；它包含了来自不同中介的产品，使人类栖居成为可能，根据定义它矗立于"语言的边界"，建构着人类文化的界限，在这一界限中其他更恰当的语言表达形式可能会产生。诗意建筑是理论实践的产品，它并非根植于模糊的直觉或柔弱的心灵，而是基于工作过程的严格与语言理解的模式：在实践哲学或实践智慧（phronēsis，或拉丁文的 prudentia）中唤起智慧与判断的完美。

　　这种智慧的本性不寻求数字的精确性，而是直觉的度量与

揣摩，在具体的场景中证明自身，并处身于共同的信仰、习惯
与价值的生动互动中。这将是本书以下篇章的主要讨论话题。
实践智慧是一种不能被简约为理论或方法的理性模式，它是诠
释特定场景的能力，一旦个体理解，它能提出满足于此场景的
恰当答案。这些答案不能经由好与坏的一般取向来获得，不能
像介绍如何使用工具那样判断。恰当的理解在对话中产生，需
要对历史与文化有充分的理解，永远不是简单地对特殊技术的
应用。只有扎根于如此的实践哲学，作品才能有效地促进文化
的交流，成为真正的创新，而非仅仅是时髦的新奇。

110

插曲：爱欲、友爱与神爱

爱欲与认知

有些人说恋人是在寻找他们的另一半；但我说他们既不是寻找自己的另一半，也不是在寻找整体，除非这个一半或整体也很美好。

——柏拉图，《会饮篇》205d-e

在柏拉图关于爱的对话即《斐德罗篇》与《会饮篇》中，我们发现另一个强有力的理由来培育欲望的空间。在美的照耀下，这种空间使人们思考中产生的道德目标来自于其体验，而非来自外在强加的道德。对柏拉图而言，道德与诗意并非如后现代的批判言辞所强调的那样的对立两极。柏拉图的现代诠释者，诸如伽达默尔、布伦特林格、科斯曼，都认为当代的误解大多来自历史的短见。[1]苏格拉底的系统性表达为建筑提供了重要的观点。如果苏格拉底是对的，建筑的诗意与交流这两个维向彼此之间并不冲突。建筑能够体现诗意形象，成为服务于社区交流实践和大自然的侍卫者。苏格拉底认为，道德不可能与对美的关心分离开来。

本章开篇的引用是狄奥提玛对"一分为二符号"（symbolon）故事的回答，它在《会饮篇》中经由阿里斯托芬介绍出来。[2]这个传说被柏拉图在不同的场合所重述，阐述了通过将整体一分为二所产生的人的生存境况中欲望的起源。阿里斯托芬生动地描述了恋人的感觉。在最好的情况下，当恋人遇见自己的另一半，"无论自身是恋慕男人或女人型，这对恋人都会陷入爱情、友谊与亲昵的关系中。"（192b-c）这些恋人共度人生，但"他们不能够解释彼此之间期望的是什么。没有人能言之有理地说仅仅是性的关系使他们享受相互之间的激情陪伴；其实，每一方的灵魂都表现出对某种其他事物的期待，但很难说它究竟是什么，只能发出晦涩难懂的宣示，成为谜团"。（192c-d）

亚里士多德认为赫菲斯托斯，这位神圣的手工艺大师，能够将肩并肩休憩的快乐一对铆合起来，甚至使其成为永恒。没有一对恋人会对此命题感到满足，然而，我们都意识到在这种"相遇与相合"之中有着我们长期的渴望。赫菲斯托斯论述道，这其中的理由是，人的构成原本是个整体，而且"我们都是一个整体，对整体的愿望与追求被称作爱"。（192e）上帝因为人性的脆弱而将人分离，从此人成为一个标牌之一半，即一块破碎神骨的非对称片断。"我个人都是一分为二的符号（神骨的一半、圆弧面的一半），永远寻求我们的另一半。"（191d）这个一分为二的符号被用作新生儿的身份标牌，或用作识别许多年后从国外回来的朋友，在他的项链上挂着能与主人的一半符号相互整合的另一半符号。赫菲斯托斯总结道，此愿望指向我们真正的存在：爱欲能重塑我们的原初自我，真实的、优良的、美的本性。爱识别出他人的美，因而唤起他人真正的良知。在此情境下，爱欲表现为恋情与关心，它使他人获得价值感并有上升为"神爱"的可能。

狄奥提玛的故事没有回答苏格拉底的所有问题。他继续问道：为什么我们都爱美？如果取得某种程度的美，人会赢得什么？狄奥提玛回答，如果用"美"来替代"好"，这足以使我们明白获取的是快乐。确实，通过给阿里斯托芬的论述添加一个新的维向，狄奥提玛提出爱神不仅仅是水平运动的，不仅是寻求人的"另一半"；爱欲还朝向天空，将恋人重新导向上方，那是他们真正家园的方向。恋人在对方眼中思考美。在形体的层面，爱是"在美中诞生的"。（206e）两个人之间的爱构成了第三者的诞生。这是最美的爱，是朝向永恒的本质冲动，它在"使生活值得留恋的瞬间"升华。同性的爱只有当其转移到精神的层面才能找到自己的归宿。[3] 通过对独特的美即对方眼中光芒闪烁的体验，恋人经历了美的多重性，并意识到热衷于独特性所拥有的局限。最终，人变得去欣赏和爱慕那些参与美及良知的人们。灵魂升华并最终与本质重新结为整体，这是真正的对绝对永恒美的爱欲经历。（210—211）爱神是创造性的，是肯定性的，但又揭示个体性的消解。

在《斐德罗篇》中，柏拉图认为美是一种深层共享的文化经历的形式。美"在神的形式的陪伴下"光芒闪烁，经由视觉在地球呈现，视觉是"我们人体感觉中最犀利的"。（250d）当然，也存在这样一种危险，在沉思世俗美的时候灵魂屈从于无知的愉悦。（250e）但是，一旦被打开，灵魂在面对被爱的人时会识别出某种其他的光芒。美的体验是灵魂向真理升华的途径。对苏格拉底而言，翅膀自然地扎根于每个人的灵魂，在他人、艺术品与统一的理论中所体现的美促使翅膀生长。当我们欣赏美并被其诱惑时，我们沉醉于既痛苦又愉悦的感观；我们的灵魂绽放出翅膀，示意我们原初的开始。（249d）当恋人凝视着并希望为其所爱的人付出时，"透过不寻常的热量与汗水，会浑身颤栗；因为当他经由眼睛吸取美的光芒时，翅膀变得湿润，身体发热"。美的光芒使人温暖，"融化"了曾经是坚硬的并长出翅膀的灵魂。"当养分流经他时，翅膀的根部开始肿胀，并开始向上生长"，使整个灵魂展翅飞翔。在此过程中，灵魂沸腾着流淌着，就像"拔牙时牙根处感觉到的异样与不安"。（251b-c）

当我们处于当下厚重的爱时，我们记得活着真正意味着什么。在经由艺术、诗歌与建筑体现出来的美中，我们（不自觉地）体验到爱欲向形体（pteros，希腊语"石头"）的转化。苏格拉底认为，"在神的语言中""爱欲"被理解为"石头"，意指"翅膀生长的必然性"。（252b）这是人类永远不能够完全理解的语言。虽然坠入爱河导致丧失理性，苏格拉底坚持认为这种经历是通往智慧与良知的真实唯一的途径。被转换成形体之后，爱既转变又揭示着某种更高的秩序，一种发生着的存在感，通往真理与公平之路被打开。当从形体美得到最后的启迪时，灵魂接收到一股"超越的流体"并变得快乐而失去痛苦。然后过113 程被颠倒过来，翅膀上的开口变得枯涸，灵魂"从各方面被穿刺着，变得疯狂而痛苦，但接着它联想到美的事物，又因此变得快乐起来"。（251d-e）爱欲的神意只向那些卸掉重负的人们和那些被恋人或震撼的诗意形象的启迪魔力所诱惑的人们打开。苏格拉底认为，在这个领域，人的理性"必须"屈从于经验。

这当然对于西方哲学的奠基人来说不是一个简单的问题。柏拉图在其对话中论述了关于"一分为二符号"故事的不同版本。两个二分符号之间的空间既分离又连接，最重要的是，它使重逢成为可能。这个特质也定义了"象征"作品的本质，即诗意制作的产品，模仿被称为艺术的工艺品所生产的产品。不同于那些柏拉图的理性所可以去除的更高级现实的翻版，"象征的"形体有揭示美，使良知成为可能的能力。

确实，艺术与建筑似乎唤起平常感知中沉睡的力量，寻求一种与事物的不同关系。这种观察很可能是普遍的真理。伽达默尔建基于海德格尔的观点和早期的存在现象学，探讨科学时代美的相关性，提出一种能够找回18世纪美学之后的参与性空间的艺术理论。伽达默尔阅读分析柏拉图理论，运用"一分为二符号"的故事作为其论证的起点。在伽达默尔看来，此符号更像是一种回忆的标记。苏格拉底的故事表明，艺术美的经历是一种知的形式，是对事物潜在的整体（与神圣）秩序的唤醒，无论这个秩序显现于何处。这种经历比作品所传递的特定语义更加基础，后者包括诸如绘画故事、小说情节、建筑的政治意图。

无论起源于何处，美都是化身于人类世界的真理，它是人类无法直接思考清楚的"存在"之光的痕迹，它是通过产品的诗意模仿所反射出的自然与文化的目的性。根据伽达默尔的说法，在这个"下面的世界"中，我们可能会被那些看似精明的东西所蒙蔽，或被看似良好的事物所愚弄；但在这个表象的世界中，所有的美都是真实的美，因为美的本质就是显现。用雅斯培的话说，美使体现于存在中的理性成为典范。而且，美超越了必要与不必要的矛盾；它既对于再生产是必要的，又对于我们的精神生活起着关键作用。正如苏格拉底所注释，所有这些特征使美从众多观念中脱颖而出。

在我们今天的文化相对主义的时代，要挑战现象学的诠释 114 学对柏拉图的阅读看似很容易。事实上，很容易将审美想象成主观且全然相对性的事物，想象成一套地域的历史性的决定标准。这个概念本身就是在早期现代将数学理性供奉为知识的唯一合法手段时被历史性地界定。20世纪后期的哲学已经对此信条从根本上提出质疑。一旦超越18世纪的哲学美学，这种美学是根据自然科学的"真理即符合"的推论所定义，审美就必须在"实践智慧"的形式中被界定。亚里士多德使用"实践智慧"这一术语定义区别于哲学和科学的知识形式，一种由日常语言所表述的并基于我们共享的习惯与价值之上的"实践智慧"。这是界定道德行为的话语，它以极其清晰确定的语言揭露价值。伽达默尔与斯坦纳都认可，它是审美的恰当语境。多样文化所肯定的诗意产品与故事存在一个传统。这种自信不是主观臆造。它的存在能够成为判断的基础，并同样理性地根植于实践智慧。艺术与诗意的作品不仅能够感动并转化我们，而且通过文化形象来奠定我们的存在。就这个意义上讲，美学确实是道德之母。

伊莱恩·斯卡利提出了许多关于美作用于道德的观点。在其最近的一本精彩的论著《论美与公正》中，她强调美的体验、真理与公正之间的关系。要公平就是要公正与美。这个双关意义在许多层面上都很重要。当缺乏公正时，美是走向批判行为的必要起点。[4] 这并非意味着一首诗或一幅画可能是"真的"或正义的，而是说形式的完美调整唤起平等并"通过给予我们触电似的光芒来点燃对真理的渴望，这个光芒几乎完全不同于其他自然而生的感知事件，以及对信念和错误的体验"。虽然易于犯错和多元性带给美负面的名声，尤其是在 18 世纪美学以后，但事实是"我们对真理的追求是美所给予的。美在自身未被实现的情况下创造出对永恒肯定的渴望。它主动来到我们身边，待我们准备付出巨大努力时又离我们而去"。[5]

斯卡利认为，当体验美时，我们接触到某种神圣的、史无前例的且能够拯救人生命的东西，无论它表现于人工产品或在自然中体验。[6] 虽然不稳定，美的经历诱发着斟酌考量。"某种美的东西占据我们的头脑，诱发我们去寻找某种超越自身的存在——比美还巨大或等同——那种必然与美联系着的存在。

即使今天已很少提及永恒，美仍然维系着其圆满包容的形象。形而上学的领域或许已消失，但在我窗外的或马蒂斯画中的美丽女孩、小鸟、天空仍然传递着来自其他世界的问候。[7]

海德格尔认为，最根本的艺术意义寓于显现与隐藏之间错综复杂的交互作用，它是作为诗意打开的真理的体现。[8] 建筑的作品不仅仅是意义的载体，意义似乎可以转到另一个载体。相反，作品的意义寓于"它即在此"这个事实。总之，伽达默尔强调，真实的艺术创造不是我们可以轻易想象的由某个人所刻意制作的东西。在深层意义上讲，它属于世界。对它的体验让我们感到震撼。艺术与建筑不是简单地意味着"什么"，而是使意义自身显现出来。我们意识到意义的崭新性，是某种难以言表的史无前例的东西；我们被导向沉默，但又必然地对所见到的东西是如此熟悉而发出声音。因此，艺术与建筑，作为文化表象形式显现某种只能存在于特定体现形式中的东西。这个表象的力量不能简约为取代、替补或抄袭，它与可理智恢复的终极意义也没有关系。它将艺术及建筑作品与其他技术成就区别开来。建筑作品内在有自身的意义。它不是说着某件事却要我们理解其他道理的寓言。作品所欲表达的只能在作品自身中找到，它根植于语言但又将其超越：这就是"诗意模仿"的原创感觉，它显然与将原创性理解为自身之外的某物毫不相关，相反，它意味着有意义的存在就存在于其自身。[9]

如果我们不考虑历史中艺术作品能体现美这一首要证据，伽达默尔提出的道德与诗意的融合就变得不可思议。现代理性能很容易地将产品简约为均质的材料痕迹的范畴。艺术认知中的爱欲空间总是指向两个交谈着的人之间的原初间隔。与德里达将"写作"理解为泛包容的范畴相反，诠释学将智慧与知识置于对话的空间中，其范围涉及从自我了解（我只能通过其他性来了解自身）到文本注释。对话的空间，即修辞的场所，与德里达提出的延迟／间隔化并不相同。爱欲时空不能被简约成过去与未来之间不存在的点：它有厚度，它在梅洛-庞蒂的晚期写作中被描述为自相矛盾的视交叉，近期一些关于其著作的评论也提到"视交叉"与德里达的"延迟"概念的区别。[10]

苏格拉底也批判写作。他提醒斐德罗，如果人们认为通过写作的形式可以将知识传递给后代，那是愚蠢的，"或者接受这种遗产，希望写下的文字能使一切都变得可理解或接受，或者相信写作不仅仅是提醒人们某个已知的话题"。（《斐德罗篇》275c）卡森补充道，爱欲流动似乎从写作的页面上跳出来；读者与作者就像柏拉图式的游戏骰子的两面，任何一面都不可能取得完美。[11] 我们阅读或写下的文字从来不对我们的原意言听计从。事实上，在语言中永远没有说、读、写以及意义之间的完美匹配。只要爱欲空间存在于其间，这两个一分为二的符号就永远不会天衣无缝地交合。

如同演说一样，文本与产品以对话的方式来传递意义，因此能够揭示诗意的真理而非仅仅是逻辑或数学命题。对该模式的依循也是现代诠释学反对解构所下的赌注。从来没有而且将来也不会有完美的匹配。对完美匹配的追求成了现代流行的写作交流的陷阱。建筑作为长久的形体显现，在类似的情形下也许被理解为一种写作的形式：建筑的爱欲空间不能够被简约为交流的问题，然而它又确实是交流的问题。

我们对美与意义的感知都是想象的功能，而后者不可避免地与爱欲相联系。爱欲激情没有想象是不可能的。而且，想象对道德行为也很关键。科尔尼（Richard Kearney）与其他诠释学传统中的哲学家已对此问题做过讨论。与认为道德（它与民主、理性及意见一致相关）和诗意形象不可融合的信条相反，科尔尼令人信服地展示想象的缺乏也许与我们更糟糕的道德失败有关。[12] 想象恰恰是我们去爱与同情的能力，因为两者都"认同"爱欲并"升华"神爱，都将他人理解为自身的（友爱），超越文化与信仰的差异。想象既是我们真正自由游戏的能力，又是我们产生故事的官能，它包容了他人的语言与视觉的参与。

117

友爱、道德，与交流

只有具有良知的且良知相似的人们之间的友谊才是完美的。因为每一位都为他人着想……而且他们自身是有良知的。正是那些为朋友着想的人才是最真诚的朋友，因为每个人爱的是他这个人，而不是某个偶然的特质……这样的友谊很稀有，这很自然，因为这类人很稀有。再者，友谊需要时间与亲情……对友谊的愿望可以发展迅速，但友谊则发展缓慢。

——亚里士多德，《尼各马可伦理学》1156b

爱欲成长于距离感，友爱则完全相关于相互支持的团结感，亚里士多德运用"友爱"这一概念意指兄弟般的爱，即友谊与交往。它认定在口头表达的形式中语言的可理解性。自从古希腊城市及其公共建筑的诞生，建筑就界定着友爱并在各个层次上推动人类的团结。通过吸取地方传统，友爱在许多世纪中为交流行为提供可识别的发生地。

在其《伦理学》中，亚里士多德提出一个关于规则与礼仪的稳定结构，但是自 18 世纪启蒙运动以来我们的境况已变得非常不同。在 17 世纪末，追寻着科学革命的余波，旧的宇宙秩序被质疑。伽利略的科学与笛卡尔关于思考自我的命题引发了最终界定现代意识的深远变化。18 世纪，人的主体成为历史变化的发起人，自治于神的意愿之外，社会中的资产阶级的社会动性成为生活的事实。为了证明伽利略与笛卡尔的新真理，在维柯看来，实验的必然性成为所有重要的人工产品获取形体化经历的必然性：我们所知即我们所造，而我们所造置身于历史的碎片与语言中。

这个新的人的主体在法国大革命之后成为新民主的政治代表。福柯将这种代表描述为全景偷窥狂、世界殖民主义者、工程师：19 世纪的"贵族"将自然视为可被开发、可商业化与可控制的资源。然而，几乎与此同时，人的主体也上升为浪漫的自我，他不取决于笛卡尔的"思考的自我"的理性，而是卢梭的《忏悔录》中所表达的那种亲密的整合美的存在感觉。既然我们118 是矛盾的个体，正如尼采描述的由权力的欲望和爱的命运所驱动的存在，伽达默尔因而认为我们应该发展关于自我与责任感的理性话语。这种话语并非是一套条例，而是基于特定的案例与历史，提供来自于我们的理论实践的具有交流特征的叙述，寻求深入的团结与理解。[13] 这对于人类的特定技术的工作至关重要，对于创造公共空间的建筑师尤其如此。从这个意义上讲，建筑不仅是诗意的，也是政治的、生态的和可解读的。在过去的几十年中，即使在形式风格的普遍影响下，建筑历史学家已经强调建筑的实践是如何地根植于区域传统。对当代建筑实践者而言，对这个问题的认识在全球化与技术泛滥的背景下已变得日趋紧迫。

重要的是将我们的现代自我感的发展轨迹回推到早期现代，把握导致当代诠释学的浪漫哲学中的转化。如我们在本书上半部所看到，人的主体在西方传统中有其历史，但是直到 17 世纪才被确信为现实的来源。浪漫思想家诸如谢林、里希特与诺瓦利斯，他们受卢梭与沙夫茨伯里伯爵的早期直觉的影响，认定自我并非自治的自我，而是完全形体化的意识，它包含了记忆、理性与想象。今天，基于自治性自我的潜在危险而对其进行"解构"已成为时尚。然而，此类行为有时也导致危险的错误。我们不能够（基于道德理由也不应该）放弃我们的创造历史的现代责任感。虽然那种认为我们全面地控制着理想未来的想法也许是错误的，但自欺欺人地认为世界可以自我调节的看法同样是错误的。人的文化不同于"自我调节"的物理模式；人期望更好世界的想象力是文化的驱动者，即使存在着与权力相关的自我毁灭的危险。我们的主要导向来自历史的明证，我们必须学会恰当地介入其中。

虽然将自我理解为存在的中心，浪漫主义的思考在把握我们的相互支持时也考虑其他的存在。19 世纪后期，叔本华概括性地建议团结是永恒的。他回顾古希腊人"发现"自我之前的神秘存在，解释相互支持不仅仅是人类之间的关系，也是所有的生物活着的愿望。[14] 与谢林的《论文》（1795）中的浪漫观点以及古代东方智慧相呼应，叔本华认为个性化原则，即个体的首要性，仅仅是一个错觉。里尔克后来用诗意的力量表达了同样的观点："内在，如果它不是凝重的天空，那它又119 是什么？" [15]

对诸如希勒格尔那样的浪漫思想家而言，高潮的兴奋是我们最真实的交往体验。它是无限与瞬间相吻合的独特例证：性的满足表明黑暗与混沌比逻辑的光亮要透明得多。然而，我们仍然依附于这种错觉，认为我们完全有别于自然，且动物与自然是为我所用的材料：用海德格尔的话说，即"稳定的储备"。在过去的两个世纪，西方诗意产品的主要道德目标之一是通过创造性自我的内向的本质搜寻来揭示这种持续性。通过与占主导地位的科学技术信条保持距离，诗意的产品发现了形体化意识、世界与其他之间的团结感，这也是现象学所描述的相互支持。由此，诗意的产品发展并从事着一种批判的维向：显示将"思考的自我"作为现实基础的谬误，并质疑自然与人的客观化和商品化。

友爱、爱欲，与神爱

　　在此虽然我们对古希腊的术语"友爱"、"爱欲"与"神爱"所指的三种不同类型的爱不做复杂的哲学讨论，但它们之间的异同有必要做一总结。总的来说，爱欲与友爱是人类爱的形式，在其欲望的对象中感知到价值与优异，而神爱（正如基督教《圣经》中所表述）本质上是上帝对其生灵的无以复加的爱，这与道德无关。爱欲是想得到，以自我为中心，有时显得自私，而神爱所给予的爱甚至可以为所爱的对象牺牲自己。爱欲是对其对象价值的回应，而神爱通过爱一个对象为他人创造价值。爱欲在起源上显然与性有关，而神爱的起源不明显，且在神学文本中仍然不可解释。爱欲是升华，是朝向神的道路。神爱是降临，是上帝接触人类的途径。[16]

　　早期基督徒使用"神爱"来意指与交往、上帝的晚餐相关联的"爱的盛宴"。"agapi"意指"兄弟情"、"亲密的关怀"或"崇高的"敬意，在拉丁文《圣经》中被翻译成"慈善"和"爱"，更狭义地将其定义为无条件给予的感情，这与性格或面相无关。基督徒力求模仿上帝的慈善，这与古希腊人及其他起源于感官经历文化中的同情有区别。

　　即使存在神学的表述，这三种爱的形式在人的体验中永远是相连的。事实上，西方的范畴不足以把握"爱欲现象"的本质与原初。在最近关于爱的现象学的论著中，马里恩认为虽然我们总是在述说并时常经历着爱，西方文化实际上并不能够理解它，将其两极化为爱欲与神爱、粗野的快乐与抽象的慈善、色情与感伤。[17]西方哲学传统总体上将爱诠释为自我意识的产物，是清晰思维的非理性变异。爱被降格为令人怀疑的非理性激情的层次。马里恩质疑这种看法，试图重新发现作为人类被给予的礼物——爱——的原初。他认为爱不来自于自我，相反，自我恰恰来自于爱，以此重新建立与苏格拉底传统的联系。

在柏拉图的《吕锡篇》中，建基于距离的爱欲与建基于交往的友爱之间看似明显的区别受到质疑。苏格拉底试图定义"友爱"（philos）这个词，它可以意指"爱"与"被爱"、"友好"与"亲昵"。他试图揭示爱或友爱的愿望是否打算脱离其实现过程。他的对话者承认，所有的愿望都是向往那些恰当地属于愿望者但又已经失去的东西（虽然在此无人谈到它们是如何失去的）。[18]而且，"坠入爱河"的"非理性"时刻，被爱的狂热所征服的感觉，与相关于神爱的被爱者的"盲目"价值化有着现象学的联系。在《斐德罗篇》中，柏拉图倡导从爱欲转移到为大众的爱，近似于"慈爱"，这个观念出现在从波伊提乌到但丁的许多关于此主题的其他论著中。虽然词汇学与神学的前提可能不同，但其道德的方向是清楚的。用斯卡利的话讲，美是传送的："某物（或某人）显得美的事实与我们保护它或代表它的冲动联系着，这种方式似乎与我们对美的逼真形象的感知相关联。"[19]

哲学家奥特加与诗人里尔克都认为，人类的爱并非是"获取"，而是对他人的"倾情"，是礼物而非期望。奥特加试图将爱与性欲区别开来，里尔克则总是强调人类爱的性起源。[20]然而，对里尔克而言，爱的形成绝非仅是获得；它是对被爱人的"孤独"的尊敬，它意味着一种"离别"感。

如同亚里士多德的《尼各马可伦理学》中所显示，友爱是最好的对人类爱的完全表达。如同爱欲，友爱充分地解释了充满价值的感知体验，但它把自己作为礼物，意欲认同并有助于公民社会的秩序。随着时间的推移，情爱会产生友谊；友爱充分展现了口头表达作为认同与交往途径的交流能力。

确实，友爱参与了爱欲与神爱，它在人的制作优先于宇宙秩序的世界中显得尤其重要。对亚里士多德而言，友爱是团结，它使整个城邦聚合为一个政治实体。根据亚里士多德，一个人是政治的生灵、一种存在，他的恰当栖居地是城邦，通过友爱寻求和谐与平衡。而且，友爱要优于公正的最真实形式：一种通过散漫的话语而达成的友好裁决，而非法律的应用。如同爱欲，友爱也许产生于诱惑，但它寻求完美的友谊以维护共同的价值。友爱因而可以被定义为一种"社会的同情"。亚里士多德说，若没有朋友，无人会选择生活。友爱更多的是去爱而非被爱。然而，如果关系变成相互伤害，友爱应该被抛弃。朋友必须给予帮助，但友爱意味着互惠，因而有其局限性。如同阐释东方的同情哲学，亚里士多德肯定自爱的必要性。这是道德与诗意行为的准则，它是爱的标志。

"友爱是另一个自我。"[21]如同使朋友与他人联系起来的爱一样，友爱取决于对其他人的美德的感知。友爱还是对家庭成员的无条件爱，他们"在某种方式上是同一的存在，只是表现为分离的个体"。[22] 友爱是赋予价值的爱，而且稳固着恋人在性爱的火花熄灭之后的联结。重要的是，与爱欲不同，友爱从来不指向一般的事物，只指向他人。[23] 亚里士多德识读出三种友爱：为功用的、为愉悦的，以及为类似道德的。虽然第三种完美的友爱很少见，但它在口头交流中可能被体会到。虽然友爱在家庭或社会关系中往往显得不对称，但它寻求他人的好的一面。这是承诺的基础。我们做出并遵守承诺的能力是社会关系的基础，也许甚至是人性起源的基础。仪式是集体拥戴的承诺，而建筑的计划，尤其在 18 世纪之后，是建筑师对业主或整个社会的承诺。在《伦理学》中，亚里士多德将友爱定义为"希望你所信任的人变得完美，这个希望不是为自己而是为他人，并且尽己所能地实现它"。[24]

第二部

友爱、同情，与建筑的
道德维向：计划

开篇

如果建筑的主要任务如吉迪安所说是诠释，建筑必须拥有话语的能力。但是建筑是否能够说话，这似乎并不明显，而且即使可以说话，它又是以什么感觉方式……（如果这是建筑的任务）建筑必须首先从唯美主义解脱出来，这也意味着从把建筑根本上理解成装饰的棚屋中解脱出来……我们的栖居总是与他人的栖居。建筑的问题因此不可避免地也是社区的问题，社区仅仅是个体问题的另一个方面。建筑的道德功能最终不可能与政治分离开来。

——哈里斯，《建筑的道德功能》

在其原初的含义中，诗意指向一种制作的方式，其结果与其原初的状态保持着连续性。换言之，界定着诗意制作方式的是处于文化的交流空间中的结果的场景性。场景性显然与工具式的实用思维以及主观化的美学经历相对立。它代表着对自然世界的被给予现实的深切尊重，而自然世界表现在典型场景的丰富衔接中。

——韦塞利，《在分裂性表象时代的建筑》

在靠近太平洋的北美西北部的海达印第安部落中，"赋诗"与"呼吸"同为一词。

——罗宾斯（Tom Robbins），《另一个路边的风景》

显然，道德的公平需求一种"人与人关系的对称"，它可以经由美的公平来大力提升，后者在所有参与者的自身侧面化（或极端非中心化）中产生一种愉快的状态。

123
——斯卡利，《论美与公正》

重塑建筑的交流作用是向重塑建筑作为文化的拓扑与形体根基的必要一步……书与读写的关系正是建筑与文化的总体关系。

124
——韦塞利，《在分裂性表象时代的建筑》

4 友爱、仪式，与得体

行为分为两类且二者存在着重要的区别，即一般人的行为与非一般人的行为，后者相信其行为的有效性不是关于任何简约化的人，而是来自其他方面。只有这第二种行为能够被称为"仪式"。

——格兰杰（Roger Grainger），《仪式的语言》

起源

人类对政治与宗教机构及其所代表的文化与宇宙秩序的参与，传统上是经由恰当的建筑所界定的仪式来发生的。对于传统社会中的个人来讲，此种参与构成了生存的关键内容。一方面建筑总是为与私密生活相关的行为提供场所，同时建筑尤其致力于表现有意义的人的行为，表现与总体社会的物质与精神行为相关的意义。直到 18 世纪法国王室的终结，人类的稳定大多以这种方式被体验。无论是政治的或宗教的，或者是欧洲中世纪之后的两者的结合，仪式使个体的地位在社会以及与自然世界的关系中得以认可。虽然启蒙运动时期的某些宗教场所，诸如共济会，曾受到质疑，这种体验在文化的总体上仍然显得重要。阿伦特与塞纳特已经指出，在18世纪的大城市中，公共领域变成了自我意识的戏剧性空间，显现为"表面的空间"。[1]

一旦社会的等级制及其宇宙参照物在19世纪最终被质疑，作为有意义行为的空间的公共领域大多被简约成社会关系网。人的行为，从神的意愿中解脱出来，据信是在"创造历史"并承担着人的使命的几乎所有的责任。公共空间与消费主义和窥视狂关联着，而私密性占据上风并被开始视为"真实"生活与个人自由的根基。这个西方文化的晚期现代的转化在建筑中导致严重的后果——动摇了其作为有意义行为表现的传统作用。

在其第二部著作的开篇，维特鲁威将建筑的起源描述为使语言与文化成为可能的林中空地。[2]建筑的空间经由必要性以及维持风暴闪电所点燃的火种的可能性来提示。在维特鲁威的描述中，建筑空间偶遇文化空间。一种原初的技术伴随着文化而产生，火的家庭化将人们聚拢起来。他们彼此接触，认识，对话，最终开始建造。这个故事的针对性不容过分强调。火不是从神那里偷来的。它是被给予的礼物，由风催发的上天的火花，它被维特鲁威看作自然的呼吸，一种照亮人心中欲望的不可见的力量并肩负着我们的健康与安居的责任。建筑是诗意的，但又与语言和文化的起源惊人地相似。

维特鲁威的林中空地是人类交流的空间，是语言奇迹"发生"的场所。在语言的空间与建筑的空间之间存在着某种类似，它在那些谈话的人们中被理解为交往的空间。语言与建筑使人的现实联束起来。维特鲁威的观察揭示了建筑作为深奥的政治建构，内在于仪式行为的方式。仪式，经由承诺所聚合，建构起联束的关系。这种连接是人类文化以及家庭与家庭性（domus是拉丁文"家"的意思，也意指天穹）的特征，根据圣-埃克絮佩里的《小王子》中聪明的狐狸所说，这种连接也是真实的人类知识的境况。以此看来，不足为奇，维特鲁威的叙述天衣无缝地且持续地依靠其想象来描述最早的人类栖居（原始棚屋）。人类直行而非爬行，眼望宇宙与繁星的浩瀚，模仿着自然并运用自己的双手来建构住屋。这种建构的"几何"本质被暗示，并在维特鲁威重述阿里斯提波（Aristippus）的海难时被进一步分析。这位哲学家被冲到了罗得岛的岸边，注意到沙滩上所画的几何图案，惊叹道："天助神佑，我看见了人的足迹。"[3]与后期关于建筑起源的诠释相反，维特鲁威对命名类型学的起源不感兴趣，无论那是私人住屋还是纪念碑。他的兴趣旨在将建筑起源理解为人类栖居的滥觞。

奥特加提出一个有趣的观点，他认为欧洲城市、古希腊城市与古罗马城市的"本质"并非在于私家住房累积而成村庄，然后形成城市，诸如经由一个量化的规划模式演变而来，而是类似于火炮的"洞口"。[4]古希腊广场既是市民的联系又是使其聚合的空间。在斯巴达，城市广场被称为 choros，即（经由口头交谈的）政治参与空间与（经由剧场中的距离化参与的）仪式交往空间之间的深层类似。根据帕萨尼亚斯，这种属性的理由是因为在斯巴达，吉姆诺佩第（gymnopaidiai）——裸体男孩跳舞庆祝阿波罗的一个节日——发生于城市广场中。[5]

　　古希腊民主的诞生之所以成为可能，只因为一种将空间作为能容纳有限数量市民的稳定（几何）结构的上升意识。在阿那克西曼德（Anaximander）作品之前的公元前6世纪，几何并非如我们今天所熟知的那样存在。空间性不能脱离时间性来把握；时间（以及其他诸如重量等物质特性）时常被用于空间的度量。阿那克西曼德通过其"原初物质"的概念，将第一个稳定的空间结构介绍到生活体验中，将万事万物的来源理解成一种原始不可捉摸的实质，它具有经验世界的物质（火、土、气或水）之外的特性。不足为奇，阿那克西曼德据说还将日晷（维特鲁威的建筑构造之一）介绍到古希腊，并绘制了世界上已知的最早的地图之一。[6]

　　我们在第一章讨论过的柏拉图的"原初空间"发展于这种意识。在他的《要素》（公元前4世纪末到公元前3世纪初）一书中，欧几里得使用了"chorion"这个术语，意指特定的几何形式的边界所包容的区域。与许多现代误解相反，"欧几里得空间"是一种抽象且与物质的空间毫不相干；它肯定不是现代的笛卡尔空间。在柏拉图之后不久，亚里士多德重新把重点放到经验世界并因此否定阿那克西曼德的原创实质。随着这个否定，他还质疑将空间的现实当作存在着的空的实质：[7]亚里士多德的

"存在链"一直到中世纪及之后对于哲学家来说仍然保持着其规范性。西方建筑只是在文艺复兴时期通过对欧几里得作品的再次感兴趣以及人工透视法的发明，才部分意识到空间的几何结构。在《物理学》中，亚里士多德讨论了光学现象，他试图理解几何的"中间性"现实。他观察到几何学家与自然产生的线条打交道，"但它们又不像是从自然中产生"；光学与数学线条打交道，"但是它们如同从自然中产生，而不像纯粹的数学实体。"既然"自然"这个概念模糊地意指形式与材质两者，它必须从双视点来理解。[8] 正是这种服务于传统建筑的模仿意向的几何，使人的场景联束起来，由此建立起交流的场所，并将自然看作万物为之存在的目标。[9]

　　在中世纪，正如阿伦特所说，教会替代了城市，正是在教堂的兄弟会以及环绕的石头建筑中话语式理解与仪式化交往得以发生。[10] 在此不深入讨论细节，我希望强调的是，中世纪建筑的话语理解从来不是（如同我们在一些现代史书中所想象那样）经由对空间的"同时性"去欣赏。每当建筑被描述时，着重点在于建筑如何为特定的仪式提供场所，它永远存在于时间中。如此描述类似于中世纪的表象方式，场所与个别景象被置于一个与叙述结构相关的框架中，而非屈从于一个统一的（透视）空间。在教堂或大教堂中的仪式场所不是由几何空间所决定，而是在循环的时间中被感知，它将每天、每年与宗教活动和仪式的参与联系起来，涉及在建筑的不同位置发生的个人的救赎。而且，中世纪的建造过程不是由预置的几何典型特征所驱动，它们涉及对复杂场地与构造问题的仔细谈判，所运用的技术往往意味着复杂的几何运作，远非仅仅是设想一个预先建立的类型学。

在建筑论著中很少提及建筑与仪式的关系。作者往往想当然地对待"适宜"这一问题并将其与其他重要问题相关联。诠释的框架在传统的建筑实践中是明确的，它总是与多重文化联系协同努力。虽然建筑与仪式的联系在历史中显而易见，在特定的文化实践脉络中尤其如此，运作在现代美学主张之下的历史学家们趋向于用风格化术语来描述纪念物，故意将仪式功能与所谓的美学特性相分离。就在最近，这一方式被空间的社会理论的支持者所质疑，他们将纪念物概括为无名文化力量的产物。这两个群体都没有抓住建筑的根本推力是有意义的人的行为的诗意表象。

建筑空间作为交流场所的一般历史超出了本书的范围。然而，我想考察一些接近我们传统起源的例子。在古典希腊一个令人着迷的先例是议事厅。这个机构通常接近或坐落于城市广场，是城市的思维中心与象征。例如，雅典被称作"希腊的壁炉与议事厅"。[11] 议事厅是一座供交往的房子，其最重要的目的是通过正式的邀请向市民与各国大使提供不同类型的仪式化宴会。除食物之外，它还提供了聚会与交流的场所。

对这种公共生活中心与希腊私宅之间的类比揭示，显示了建筑的首要本质是栖居，这比活跃在前古典时期生活空间组织中的公共/私密、内/外、男/女等关系范畴要基本得多。如同在私宅，议事厅的第二个重要功能是维护与赫斯提亚相关的永恒火苗。赫斯提亚代表家庭、女性、地球、黑暗中的器官（即意识的复杂与脆弱的隐藏地），以及稳定性的女神。这个女神的形象不多见，她有时与火的显现相关联，有时被描绘成坐在圆锥形神石（omphalos，意指肚脐／男性生殖器）之上。[12] 正如韦尔南（Jean-Pierre Vernant）所示，她总是与赫尔墨斯配对。如同第二章所提，赫斯提亚与赫尔墨斯的配对是一个令人着迷的谜语，它述说着古希腊被深深感觉到的时间与场所的交织。[13] 赫尔墨斯被认同为诸如交流与诠释、动性、变化状态、敞开、与外部世界的接触、光与天空等男性价值。他无处不在，包括街角和重要的内城边界。[14] 无论他在哪里被发现，人们都与他交谈，而他总是悉心倾听建议。人们在沉默的交往中与赫斯提亚结交，而和赫尔墨斯的关系总是通过对话来建立。这一对神灵揭示出空间与运动、室内与室外永远不能分开：仪式交往的黑暗时空与话语交流的时空相互交织与依赖。赫尔墨斯，一个 129 有着男性头部、生殖器与勃起男根的石柱，总是处于房屋的门口，与道路神阿波罗·阿癸伊欧斯（Apollo Aguieus）及交叉路口的魔女赫卡忒（Hekate）在一起。[15] 希腊人尤其关注门槛，从外边进来或从里边出去，在个人与政治的层面上人格化为神灵与魔神的力量与情感。议事厅既是城市的中心也是门槛，它欢迎着客人并支持市民的交往活动。

议事厅的火苗在共享的壁炉中燃烧，意味着城邦的生活。它最早取自纯粹的阳光，经由殖民者的探险而传递，希望用同样的火苗点燃他们新根据地的社区火焰。私有住宅是女性的领地，由"幽暗深远的区域"（muchos）来界定，这个词可用来意指先知的洞穴或形体的空隙，类比于女性的生殖器。[16] 另一方面，议事厅将家庭的血缘投射到整个民众。这是男性市民的领地，他们通过共享食物与话语的记忆直接地或隐喻性地相聚。

事实上，议事厅的第三种主要功能是为城市历史中过往事件的有趣纪念品提供归属地，这些产品对社区而言承载着历史或寓言的重要意义。这个博物馆的功能并非有真正的档案作用（档案在雅典或别处的其他建筑中已被发现），而此处的收集是为了有意地激发话语的记忆并使其成为理解共享的源泉。议事厅因此起着修辞性记忆剧场的作用，提供共享之地，作为市民的言辞与行为的基础。类似于家庭，议事厅还起着社会福利机构的作用，尤其对为城邦牺牲的市民家庭提供关怀。最后，此机构还是专门审理谋杀案——对抗城市兄弟情谊——的法庭。不仅罪犯在议事厅的法庭上受到审判，而且有证据表明犯罪物品（诸如从屋顶落下的一片瓦砸死了某人）也可能被定罪并被放逐到城市界限之外。[17]

议事厅对古希腊社会来说是极其重要的机构。在里面，男性公民通过参与更大的城市整体而找到有意义的生活，发现对政治秩序的归属感，而这是参与宇宙秩序的门道。就此机构的中心性而言，尤其重要的是，考古学家与学者试图确定此建筑的形式类型，但发现这很困难，他们只给出很一般性的描述，诸如有餐厅、厨房和供奉赫斯提亚神坛的房间等，许多大相径庭的平面形式的建筑都被归属为议事厅。它们包括从雅典的圆形建筑到得洛斯岛和拉托的长方形议事厅，有些建筑有院落和辅助房间，有些又没有。[18] 也许这种多样性起源于当地文化的特定性。这些机构更多地是对政治的而非宗教力量的直接回应。话语理解的清晰性，即通过该机构的许多功能而达成的稳定政治思想，是通过非常不正规的方式来表现的。然而，此类建筑显然具有意义行为的表象，而非出于某种形式或风格的考虑。

在画面的另一端我们可以看到希腊古典剧场的正圆形平面，这是在前一章所提到的机构。剧场是一个可以被清晰界定的类型，它出现于许多古希腊城市中并在古罗马剧场的形体中几乎没有什么变化。根据维特鲁威的观点，剧场的平面反映着天空，圆形的十二部分分割引导着其内部设置。这种高度形式化的和谐空间在希腊古典时期成为重要的民众机构。观看表演的市民通过宣泄，在其意识器官的幽暗处理解着秩序。通过与自我相同一的器官体验着颠覆的战栗，这个器官也被称为心肺（phrenes），字面上意指思维，它能够整体而不加区别地包容意识的诸对象，诸如情感、应用性概念与知识，同时也能够连接话语。"Phronēsis"意指实践的智慧，它经由理性的论证为情感的行为提供基础。几个世纪之后，维特鲁威将剧场的客观特性描述成一个和谐的对象，经由几何与宇宙秩序的诗意模仿来运作。虽然维特鲁威的重点事实上是平面的稳定构图，在其描述中，建筑的意义仅显现于参与仪式的观众，男人及其妻儿静静地坐着，毛孔舒张，如同发呆。[19] 对维特鲁威而言，几何构图使"风"（自然的呼吸）柔和，改善了表演中字词与音乐的和声，因此有助于观众的身心健康。在古希腊剧场的案例中，中心仪式是悲剧，这在亚里士多德的《诗学》中已被理论化。

韦塞利认为亚里士多德在其《诗学》中关于艺术品的定义同样适用于建筑：它是生活场景的定义，也是提供场所的建筑的定义。[20] 古典悲剧是经由作者的声音而达成的神秘主题的化身，它被亚里士多德描述成理论实践的诗意模仿，即人类有意义行为的表象。[21] 他进一步论述道，悲剧是包容了剧情、人物、修辞、思想、奇观与歌声的作品。它不仅仅是一个文本，它通过爱欲空间来运作，在诗意的领域中交流。然而，它的主要特征是剧情，一个能够通过话语来连接的故事。它是行为的表象，因为"生活由行为构成，其终点是一种行为的模式而非特质"。再者，亚里士多德坚持认为，诗人的作用是为了打开未来，"不是为了与已经发生的过往相联系，而是为了与基于可能性或必然性规律所可能发生的相联系。"[22] 诗意的虚构，时常通过形成合理却又不大可能的情景来触动观众，它是理解道德行为的驱动器。

只要诗词能够与合理的知识相协调，仪式将为社会参与提供基础。确实，最近关于古典悲剧的社会学研究已经在强调雅典场景的社群特色，它有形地展示在一个人为的社区（十个部落的市民，以及一些妇女，占据着圆形剧场的特定楔形区段）与戏剧性行为舞台之间的空间关系中，这种关系再生了一个真实的社区与政治行为的论坛之间的关系。[23] 控制着戏剧舞台以及场景与公众之间关系的常规，要求"观众是市民，围着市场而坐，观看王室展开其事务"。[24] 在戴奥尼索斯节日上的表演从现代的观念来看很难说是娱乐。通常这些表演包括整日的马拉松式的三场悲剧与一场讽刺剧，庆祝城邦自身与戴奥尼索斯神的仪式/政治的事件。

通过参与到团结中，个体的人得以理解其在世界中的位置并从许多层次上来把握目的感，从政治的直接性到人的存在与生活的大问题，包括对性别、空间与社会的分析。[25] 仪式、异教与基督教、神圣与世俗，都是神话的设定。神话诗意的言谈使对立面协调，这是一种全社会经由仪式来参与的体验。在界定这些仪式时，建筑通过形式的诗意模仿来加强其交流诗意与道德思想的能力。

因此，我已经提出，建筑的意义在根本上是时间的。建筑的道德与诗意维向只能在时空中运作，任何"美学的"客观化将会剥夺建筑的这种双重潜力。今天，在由现代的笛卡尔科学所打开的精神空间中，现代建筑作者诸如罗西（Aldo Rossi）所给出的解释，能够将某建筑的"持久"及其显现与美，与其当初特定的历史功能相脱离，这些功能通常在几年之后就消失了，这就使得这种现代的诠释看起来如同事实一般。但是，这种现实自身是我们后启蒙运动时期历史性的产物。换言之，只有在人类开始相信历史的自我生成的变化是真实肯定时，持久且超越瞬时的建筑特质才变得重要。

建筑的原初时间维向对于建筑作为"首要工艺"的概念至

关重要，古希腊原初的艺术等级（不同于以后的"美术"概念）与普世的美好相关。诗学与交流都根植于（并追溯到）口头言语。我们的建筑经历也具有这种口头交往的特性。口头性要求参与而非距离；它是场景的而非抽象的。建筑如同"言语"那样获取意义，既作为诗意的形象也作为道德的表象，因此能够传承文化。

在其一千多年来的多样文化的体现中，建筑积极地参与到人类对精神健康的追求中。尽管我们有理由怀疑建筑与权力之间的历史瓜葛及其现代美学化的趋势，如果我们就此忽视建筑对人的存在赋予形式与限制的潜力，以及由此通过其界定的场景来打开自我理解的体验机会的话，那将是严重的错误。在全球化倾向与日益强烈的维护文化差异性的两极分化的世界中，如何把握这种可能性是一个关键问题。我们必须通过作为语言与文化特定产品的建筑媒介，去探讨现象学的观点与形体化多层次意识的认同之间可能的切合点，[26] 而不是继续推动伪装在意识形态、美学或开放的技术产品之下的由科学手段驱动的西方建筑。

从得体到性格

作为创造空间的艺术，（建筑）既规范空间又使空间自由。它不仅包容了空间形成的所有装饰性方面，包括修饰；它自身 133 在本质上也是装饰性的。装饰的本质表现在两个方面的运作：

吸引观者的注意力到装饰上，满足其口味；再将此注意力引领
到相伴随的更大整体中。

——伽达默尔，《真理与方法》

前现代建筑的首要目标是与宇宙秩序相和谐，它还有一个
道德使命去寻求恰当地表现用途的形式。维特鲁威将此恰当性
概念化为"得体"（decorum），并将此范畴放在《建筑十书》第
一书中的建筑的基本术语中。如同他使用的其他许多的术语，
此概念显得很模糊并且已在现代的翻译中失去其许多丰富的含
义。得体常被理解为"装饰"或"正确"。它既指向自然也指向
文化，包括一座建筑的特定目的及其历史先例。"自然的"得体
可以表达建筑的用途与所选场地之间的和谐，比如我们在医药
与治疗神阿斯克勒庇俄斯的圣地所发现的例证。对维特鲁威而
言，自然的得体对身心健康起着根本作用，它需求人的作品与
自然世界之间的深度连续性。这是他的理论的一个中心思考点，
从来不脱离建筑形式或意义的问题。

在维特鲁威的著作中，得体还指向建筑物的历史传统。比
如，他认为，多立克柱式较之爱奥立克与科林斯柱式更适合于敬
奉男性神灵的庙宇。他的推理是基于关于不同柱式起源的故事中
的比喻典故（关于这些典故，他极尽言辞，并被其他作者不断地
重复直至 18 世纪），以及某个装饰"词汇"的公认用途。[27] 得体
还规定天上的神灵应该在露天神庙中得到膜拜，这是由用途与
习俗所规定的"恰当性"概念。得体显然暗示亚里士多德的艺

术品是有意义行为之表象的定义。然而，在维特鲁威的文本中，由于强调比例与宇宙的诗意模仿，那个定义在多数情况下保持着沉默。古希腊的"适当"（prepon）这一特质，意指"显现美好的事物"，在西方传统中与建筑产品的规律性相关。此类产品当然显现在一个易变且时刻变化着的人类世界中。

值得注意的是，维特鲁威理论的中心目的不是为了将与实践的直接关系表达为一套技术（如同现代理论话语所做的那样），而是为了通过创造秩序的思考来理解建筑行业的重要意义。[28] 在此联系中，宇宙的原初意义，即"世界秩序"和"装饰"，是极为重要的。古斯多夫（Georges Gusdorf）也提出，古希腊的"宇宙"概念的原始印欧语的词根起初意指政治与军事的秩序；宇宙不仅意指行星的有秩序的循环，而且意指人类世界中明显的规则与价值体系。[29] 反过来，伽达默尔提醒我们，装饰与修饰的原初含义意指"如此美丽"。他相信这个古老的观点可以被重拾，而且它修改了当代建筑的意义，即装饰首先不是具有自治性美学意义的事物。相反，装饰或修饰决定于它与所装饰的对象之间的关系，决定于谁来承载它。[30]

"得体"这一观念总是呈现着，但直到 17 世纪末它大多被想当然地接受。不像比例，得体从来不是建筑理论的中心因素。克劳德·佩罗的建筑写作将建筑意义从宇宙指向转移到历史指向。[31] 对佩罗而言，美不再是基于诗意模仿的比例系统。他与其更有名的兄弟查尔斯·佩罗（Charles Perrault）视建筑为一种语言，其形式来自继承的传统，但也很可能是完全不同的情形。

建筑理论的中心目标变成文化的适宜性与基于语言学类比的交流。在法国的文脉中，作者们热衷于讨论"性格"（caractère）这一概念，而洛多利的意大利学徒们则时常谈论着另一个近似的概念——"性质"（indole）。[32]

紧跟着从仪式的传统公共空间到资产阶级社会空间的转变，启蒙运动时期的作者开始强调建筑是友爱的体现。建筑的新场地现在不可避免地变成历史与技术行为的场地。在察觉到公共领域及其建筑中意义的消失，启蒙运动时期的理论通过鼓励建筑对民众社会发展的贡献来推动参与后，建筑可以体现和表达根植于历史常规中的社会规范。虽然此姿态动摇了建筑是为了体现现实的话语真理这一传统"理论"，但它仍有可能将性格的理论与诗意的表达调和起来。法国大革命标志着旧秩序的瓦解以及理性实证主义占主导，这之后生活空间与几何空间变得彻底雷同，新的建筑理论将不得不与功能主义及唯美主义的陷阱打交道。

一旦人类的事务不再受制于神的意愿（这是在伏尔泰著作中清晰表达的一个观点），存在的链条就断裂了，这导致了资产阶级的流动性以及现代的科学与政治。技术与民主可以寻求理想模式的现实化，时常忽略历史的先例。建筑不再依靠其连接我们的灵魂与神的秩序的能力。19世纪第一个十年时期的写作中，杜兰德将实用理性提议为唯一可行的选择。他正确地关注建筑的唯美主义倾向，结果却否定了建筑作为有意义行为之表象的传统作用。相反，追寻科学散文模式及其与能指的一对一关系，他声称只要规划的问题得到充分的解决，建筑将自动表达其功能并完成其交流作用。[33] 建筑的历史的、虚构的性格不再在其考虑中。事实上，诗意的建筑总是假定道德的维向能够在理论语言中天衣无缝地表达出来。然而，诗歌与散文之间的连续性开始被质疑，并在 19 世纪完全解体。不足为奇，在寻找杜兰德的功能主义之外的选择时，建筑一般试图变成能够流传给后代的清楚持久的语言（这不再是来生的问题）。在多数情况下，建筑的目标是为了反映与宗教和国家形象相关的流行理性（按说是从其历史中抽取出来）或价值，通过常规产生的可见风格来推动人性的自我理解。

为了揭示这个转变以及最终我们自身对它的承继，我将短暂地迂回到语言领域的神秘性中，我希望没有偏离建筑太远。

5 在语言边界的建筑

开篇

听：整个地球使用同一种语言，同一种文字。看：他们来自东方，苏美尔的山谷安定了下来。

"我们大家可以团结起来，"他们说，"就像石头叠石头，用砖替代石头：烘烤砖直到坚硬。"至于砂浆，他们最不喜欢使用沥青。

"如果我们大家团结起来，"他们说，"我们能够建造城市和高塔，塔顶可以触天，以此获取名望。没有名望，我们就会松散流落于大地表面。"

耶和华来到凡间看到人类子孙团结起来建造的城市与高塔。他感慨道，"他们是一个民族，共享同一种语言"，"他们以此相互交流，长此以往，将导致没有界限可以限制他们的为所欲为。

我们应下入凡间，使其语言困惑，直到人与其朋友不再心往一
处想。"从此，耶和华将人类分散于地球的整个表面，城市也分
散开来。

这就是为什么他们将此地命名为巴维尔（即巴比伦）：他
们的语言被耶和华所困惑。从此，他们被耶和华分散，直到地
球的终端。

——《J 书》

带着高度的顽皮，耶和华恶作剧地抛出语言的困惑或混乱。
分散的人的思维确实分解开来，变成无名的人，因为他们曾经
超越了耶和华的界限，试图与不可比拟相比拟。他们的城市解
体了，分散开来，石头散落四处，"他们到达地球的末端"。整
个世界都变成了巴比伦，永远困惑。

——布鲁姆（Harold Bloom），对《J 书》的评论

人的城市与统一建筑的可能性取决于共享的语言，但是，也
同样取决于我们在沉默中建造的能力。耶和华也许最担心沉默。

137 ——格里斯（Hun Gris），1985 年 10 月的交谈

从其处于无限的视点望去，耶和华也许已经知道从高处抓
住既无限又有限的地平线；我们也许更早地明白没有任何事物
是完全陌生的，只要我们存在于天空的全然黑暗中，只要我们
生活于空无中，就永远存在着交流的可能。

——罗纳（Frances C. Lonna），1990 年 5 月的交谈

巴别塔是对上帝的不敬，同时也是人类向造物主接近的雅
各布梯子。叛逆与崇拜不可避免地交织在一起。如果人类不打

算攀到梯子的顶端，耶和华也许就让这座塔造成了。如果人类能够运用他们的同一语言而不是把追求绝对清晰的意义推到被禁止的边缘，我们也许仍然可以用同一种不可分割的语言交流和建造。

——卡夫卡，"中国的长城"

当代文化非常怀疑建筑的社会作用。在现代乌托邦思想和意识形态的影响下，建筑的业主与实践者往往寻求能提供高效安身及美学刺激的产品。即使对一些知名国际建筑师和有着清晰风格或"手法"的建筑师而言，也倾向于商业化地判断自己的成功，或通过计算有多少参观者停留在他们新颖建筑前照相。建筑师与评论家往往认为当建筑试图批判地反思社会或为着一个美好构想来建构社会时，建筑就已超出了它自身固有的范畴。

然而，略微思考一下建筑起源，我们就可以看到建筑在建构社会秩序与提供友爱空间方面所起的作用。建筑关注人的存在，因而政治总是与这门学科联系着。对亚里士多德而言，政治其实就是人类对各种力量之间平衡的寻求，对融入整体的期望，一种能包容参与民众社会及机构、个人价值与责任以及与我们的有限生命相关照的身心平衡。法国大革命后的现代政治被自由、平等及博爱的高尚思想所推动，但时常对历史一无所知，这使政治很容易堕落到专权与无政府主义。这种趋势导致在批判理论领域对任何个体的人重筑友爱空间的努力都产生怀疑。即使如此，同样重要的是应该认识到友爱空间的呈现对于文化生存来说是异常的关键。

在柏拉图的《欧雪佛罗》（又译《游叙弗伦》）一书中，苏格拉底将建筑师戴达罗斯认定为他的祖先。[1] 苏格拉底尤其提到这位建筑师所建造的充满生命力的产品（诸如 xoana 和 daidala），它们是如此有生命力，以至于不得不把它们"捆住"以防止它们跑掉。戴达罗斯的构造智慧及其特定诗意建构的形式，是为了揭示万物发生中的固定性，即现实中理想的内在统一。当苏格拉底谈到一个优秀哲学家的文字应该表现出稳定性以及对真理的体验时，他正是意指戴达罗斯的智慧。但是，建筑不能与语言相等同，建筑师的轨迹（在所有层面上与媒体中）也不等同于写作。建筑不是通过文字将复杂参考物进行编码的脚本。相反，建筑运作在语言的边界上，它建立着边界，并形成了语言表达形式得以产生的空间。[2]

语言与建筑

《圣经》中巴别塔的故事是关于人类语言的起源及其与人类建造相关联的一段精彩描述。语言与技术存在于人类生活境况的源头，并构成了这个生活境况的中心之谜。在巴别塔倒塌之后，当得知创造单一语言的神话远远超出人类的有限能力时，令人难以置信的多样性语言便在地球蔓延开来。事实上，正如斯坦纳所言，目前存在着 4000—5000 种语言，而且，其中许多正在迅速消失。[3] 语言学家估计，在过去的几个世纪中，有 2000

余种语言已经消失。现存的诸多语言反映了"世界"和文化观以及类型框架的广泛多样性；反过来，它们也揭示了对诸如诗意的栖居与构筑等最根本的人类问题做出反应的多样性。当诸多此类问题的答案在我们拥挤的地球上仍有待被发现时，对人类而言，语言与文化的消失所带来的威胁与生物种类的消失给全球生态所带来的威胁同样严重。

拥有语言能力的人类总是想知道人存在的目的。此类问题或明或隐地影响着我们的语言与行为，包括我们做出预言（如设计）与实现预言的能力。我们对这些问题的回答，通过文字、行为及作品的整合，以散文与诗的形式而变得无限多样化。作为一个总体，它们构成了丰富的文化遗产，此遗产所昭示的对意义的关注远超出现代人习惯持有的实际或愤世嫉俗的动机。斯坦纳还指出，被用以解释地球上人类文化的科学进化论的模式总是被一个简单问题所困扰：虽然人类拥有基本的心态与身体上的相似，为什么即使是在一个小小的地理区域内仍会同时存在如此众多的语言？如果我们是生物偶然与物质必然的产物，我们又如何解释文化与建筑的多样化？难道这个多样化确实能被归因于历史的"错误"、神话或过度的想象？虽然现代科技似乎正变成人类生存境况的统一语言，它的数学命题、全球化经济以及蔓延的通信网络正在全球范围内毋庸置疑地疏远、消灭其他文化。 139

现象学已经揭示了众多语言的共同"参照物"，而对于我们称之为艺术与建筑的社会产品，一个共享的根基也可以被发现。

纯粹的直觉不能被解释为智力能力。作为感知的自发行为，直觉使我们意识到经验持续体中的相似、相同及差异。[4] 基于此命题的理论把"诠释"与"翻译"作为人文学科的关键术语。如斯坦纳所示，无论是语言内部或语言之间，甚至是内在的"自语"形式中，人类的交流本质上就是翻译。[5] 对于寻求简单统一的心态而言，这种观点也许显得自相矛盾。人类的交流不取决于某种完美智力的共同语言。绝对的参照物显然是不可及的（甚至对数学语言亦是如此），只有通过翻译，它才可以被接近。根植在文化多样性中的问题，诸如真理、公正与美，永远不可能通过同一与均质化的策略来得以探讨。虽然诗意的抒发与特定的语言相关，但它显然是可翻译的。

翻译永远不能被简约为一个系统或机制，它总是因地制宜。对任何翻译而言，总是存在着某种不确定性。通过翻译，我们创造出有意义的文字与行为。正如诠释学派的哲学家所言，人的知性和我们的自我知性取决于他人的存在。没有社会的取向，人的个体现实是不可知的。而且，如果他人被视为完全透明的"镜像"或晦暗不可及的另类存在，自我知性也就消失了。为了明白这个"作为他人的自我"，接触与交流就必须超越"框定"的形式，这正如海德格尔在他的晚期作品《世界图像的时代》之中所描述的。[6] 只有通过对话和翻译来与他人接触，我才能明白我自己，并与我的同代人、不同的文化以及其他历史时期进行真诚的交流。[7]

对于后启蒙运动时期中的建筑理论与实践而言，诠释与翻译是很关键的概念。即使在我们自己的文化中，通过人工产品探索最内在问题并提供方向和持续感的能力取决于我们如何"诠释"异己的事物。与此同时，我们应该认识到即使我们能理解过去作品的意义，但彻底的历史叙述仍然不可能把过去的作品（或同时代的其他文化的作品）完全地放回各自的历史情境中，这对于艺术与诗意的作品尤其如此。即使在当前解构及批判性怀疑的背景下，我们也必须认识到这些模糊意义的合法性。它们内在于语言但又超越语言，显得既熟悉又新鲜，并对我们的自身理解有着重大的贡献。

　　建筑包含着如此丰富的模糊性。如同其他看似稳定的艺术实践，建筑实际上是一种本体论的变体。虽然人们最近把建筑客体化为房子和"环境"，但在历史的长河中，建筑经历了持续的变化，它表现为极具多样化的作品，诸如庙宇、日晷、临时构筑物和花园。只是到了19世纪初以后，建筑才普遍地被认为是与"创造者"思维完全内在统一的"作品"，它通过自治的表象来表达，并被实现为建筑物。自从文艺复兴发现了"人的尊严"及个人想象的主宰力，人的创造行为就变成了一种复杂的转换。正如斐奇诺所说，通过模仿自然"从内出发"的创造行为，艺术创造由此变成个体的尝试，但它从来不强加于人。他相信，虽然魔力般的作品出自于人，但它们完全是自然的造化，就像生活自身的奇迹。在启蒙运动时期，建筑开始被理解为自治作品，它由作者的天才所界定，并包含着历史的责任。认为历史责任应该终止于建筑物完成之前并把一套准确的建筑构思

140

留给工程师与施工者来实施的想法才出现。

这种有问题的遗产必须通过寻找我们传统中的其他可能性来制约。建筑、文化及自然世界之间的连续性不可能通过幼稚的文脉主义、模糊的生态兴趣以及否定诗意想象来被重新建立。通过抓住诗意形象的本质，我们可以建立一种批判视角把爱的空间中的诗意作品与仅仅是时尚产物的美观物体区别开来。在建筑史中，以往那些满载情感的作品所表现出的统合及情感宣泄的最后时刻，总是催人沉默并表达着一种整体的经历，且此经历不可能被简化为一种观念上的同一。然而，这种在当今时代被相对有限的观众群所体验的瞬间实现，不可能成为一个简单的行动纲领。在我们日益缩小的世界中，多元文化需要寻求另外的答案。建筑不可避免地与政治相关联，而我们的世界已经通过技术中介被粗暴而错误地统一起来，所以，海德格尔和本杰明（Walter Benjamin）提倡艺术的陌生化与混乱策略，以此揭露一切"绝对真理"及绝对同一思想的脆弱。当我们说到建筑，我们是指那些能界定多种文化的场景并能使它的居住者参与到事物的秩序中的建筑物。当然，这种能力是诗意的另一种定义，是真与美的汇聚。为了获得诗意同时又承认后启蒙时代建筑的政治本性及道德的首要性，我们必须肯定文化的差异。建筑中的文化界限显然不是僵硬的，这在我们的电信交流时代更是如此。如弗兰姆普敦所指出，这也许是对现代建筑的最大挑战，即普遍性与地区性的整合。[8] 但文化的界限不能简化为地理、国家、种族或性别。最近有关此主题的研究文献大多受到这种简化观的制约，所以我主张我们对此问题最好的理解途径是对与流动的语言差异相关的建筑差异做出思考，全力寻求对政治学分类的批判性再思考。[9]

如倒塌的巴别塔所体现，建筑自从无记忆时起就已运作在语言的制约上。它占据着边缘并构筑着文化的限定区域，以贯穿历史且变化着的特定方式表现人的行为，并使人的行为成为可能。就像天空中的星体揭示着秩序及大地边界的存在一样，建筑是人类行为的衬托，它永远伫立在那里，有时成为焦点，有时成为背景。维柯在 18 世纪初就认识到建筑与神话之间关键却又不甚清晰的诗意抒发式联系，他把这种联系和同时代占主导地位的现代科学与哲学高度清晰化的表达区分开来。基于维柯的"重复盘旋"的历史观念，建筑不可能是简单的诗意表达。若要识别道德和政治中特定的文化建构，则需要阐释语言和历史诠释。但是，这样一种话语不是建立在数学般的理性之上，而是建立在故事化叙说与亚里士多德的应用哲学之上。为了诠释过去或来自其他文化的文本及建筑物，尤其当它们与我们当代的问题相应和时，翻译这一行为也许就变得恰当而必要了。

诠释一座建筑要求全然恢复建筑师与建造者的意象，并且 142 从文化的层面来理解其用途。诠释一个文本需要类似的操作来理解它的语言、意义及其与变化着的认识论基础之间的关系。最近的建筑学术界提供了此种诠释的非常精彩的例证，它们根基于现象学和诠释学，与常规的建筑史相疏远。[10] 诠释给建筑带来了生命，它超越了建造时间及就地使用的场所。为了理解并吸取人类遗产的教训，我们需要记忆，而记忆是在语言的诠释基础上建立起来的。这使设计变成一种道德的允诺，它有助于人性的发展，而不仅仅是生产无关痛痒的新奇。总之，我们必须意识到建筑所具有的全部转换力量是一种行为，它可以被诗意地概述，但不能被系统地解释。

作为语言的建筑

我们的社会所建造的大多数建筑本质上是保守的，因此建筑的构造（以及多数的建筑实践）好比一种共同语言。在 19 世纪早期，"风格"首次被看作形式组合的句法系统，并呈现为"表达"的条件。今天我们也许觉得给建筑编码完全是徒劳，但历史学家仍然可以识别出某些地区建筑的"句法"特征，这即使在寻求成为"反自我传统"的现代主义大框架中亦成为可能。建筑中重要的变化节奏取决于不同文化所拥有的时间观或宇宙观。有些变化也许在人类生命的时间尺度上完全不可感知，而其他变化甚至在一代人中就已呈现得很清晰了（尤其是 19 世纪以来所积累起来的"进步"观和对天才的崇拜更是如此）。除去技术与政治的特定目的，对隐喻的接受也许在使某些形式"风格"，诸如"古典"及"哥特"建筑的持久化方面起着关键作用。然而，每个建筑行为都有其时间场景，所以任何形式都不是永恒的。

尽管如此，建筑必须对交流空间做出贡献。如果建筑忽视了它赖以被理解的深层语意规范，它就难以生存下去。与后现代试图恢复历史形式并将其应用于当代场景的幼稚尝试相对比，建筑的真正目标是要把握住表达或回答持久人性问题的方式。我们之所以能理解历史的艺术和建筑，是因为我们已学会在时间的流淌中进行翻译。虽然人类缺乏一个共享的宇宙观，但我们的历史性是一种被给予性，而我们还远没开始重视此种被给予性。历史性是我们重新找回那些奠定作品基础的特定文化传统的能力。借鉴许多失败的殖民文化例证，包括最近的全球化趋势，人类学家和语言学家发现了外语的真实"他性"，这个他性由迥异的分类框架造成。由此所带来的挑战其实是一种机会，而不应使我们对翻译望而却步。我们的未来正是维系在此可能性上。

与人类语言的异常多样化相比，建筑的多样化要缓和一些，因为建筑必然地被无处不在的重力束缚着，而且建筑深深地扎根于某个地域的先验被给予的结构中，即"舞蹈编排"的尺度。然而，在众星璀璨的时代，建筑丰富而多样，不同的建筑表达往往同时出现在若干相近的地区。比如在欧洲大陆，我们能够区分法国、英国及意大利的巴洛克建筑，同时，我们也能认识到产生这些作品的相同的基本哲学心态、神学或科学。物质形式表达的差异也许如同烤面包：基于相似甚至相同的配方，英国人和意大利人会烤出非常不同的面包来。

莱布尼茨与维柯试图把单子的世界观与大同的世界观协调起来，由此打开诠释理解人造产品的途径。[11] 他们的努力遭遇到自现代科技规则诞生以来所发展起来的悖论式难题。继笛卡尔与伽利略之后，人类的世俗空间与永恒天国的几何空间被等同起来，人们进而认为"自然之书"是由数学术语所写就。古希腊的"自然"观是生机勃勃的，并通过充满生命力的类比来被理解，但是，现代认识论的假定不得不通过"实验"来被"证明"，实验往往代替了体验与沉思。沿着同样的方向，艺术与哲学作品，诸如波佐（Andrea Pozzo）的巴洛克壁画、贡戈拉（Luis de Góngora）的诗歌以及斯宾诺莎的伦理学，都试图"表现"这个真理。维柯批驳笛卡尔的观点，并从后者的认识论变化中看清了科学革命的局限。既然几何起源于人类思维，实验就是人的行为，它用自身的术语来界定自然。按照维柯的思想，人类不可能完全地"知晓"那不经由人类所创造的现实（比如自然世界）。反过来，他得出结论，人类"只能认识他自己所创造的"现实。[12] 这一新观念本来从一开始应该包括所有的"自然"与"文化"，但被维柯稍加篡改而演变成了烦扰至今的诸多问题。根据维柯的理论，所有原始人类都通过"想象的统一体"来寻求表达。沉浸在多种语言以及包括人工产品和诗歌的不同诗意建构模式中，这些统一体迅速演变成非常不同的构成形式。虽然人工产品揭示出关于人类境况的相同问题，甚至这些问题可以追溯到共同的神话，但它们会导致不同文化的不同世界观。

在思考人类文化的共同起源时，维柯意识到寻求建立在数学逻辑基础之上的大同语言是一个谬误。文化所产生的无限特例之中的高度多样性表明，建立此类大同语言是毫无希望地做世界简单化的努力。由此可以得出，通过科学的模式来创造大同建筑的尝试也是徒劳的。另一方面，语言与建筑的诗意是可以被翻译的。只有通过审慎地对被给予的建筑世界进行再创造，新的建筑实践才可能在旧实践的基础之上为当今危机中的全球世界创造有凝聚力的作品。通过对历史中建筑意识成长的揭示，我们能够树立起新的希望，即尊重"其他"的存在并为人类兄弟般的友爱创造空间。

145

6 建筑理论中的友爱语言

……天、地、神与人通过交往与友谊、秩序感、节制及公正团结起来。不要忽视在神与人之间几何的平等性所具有的威力：如果你认为自我优势是一个人应该实施的，那是因为你忽略了几何。

——柏拉图，《高尔吉亚篇》508a

几何有助于对美好理念的理解，并推动灵魂将其视线转向现实的最受恩惠的区域，那个灵魂必须看到的区域。

——柏拉图，《理想国》526e

维特鲁威的理论

那些表达建筑意义的字词，诸如"理论"、"实践"、"能指"、"所指"，都属于西方的传统。今天，它们被不加区别地应用于其他的历史年代与文化，致使当代读者认为它们是具有稳定含义的恒定概念，而事实上，它们具有丰富的含义，随着时间的推移，其概念也随之发生变化，呈现西方建筑话语史中的这些差别，将有助于厘清建筑作为交流实践的作用。

维特鲁威是建筑理论家家谱的第一位知名作者，他清楚地将其话语与古希腊作为反思语言的"理论"这一原始概念联系起来。虽然在其文本中大多数的直接参考只提到伊壁鸠鲁和斯多葛学派的资源，他与古希腊哲学体系的联系是不容置疑的。[1] "理论"也许通过认识自然中的秩序，尤其经由观察天体的"星舞"，在语源学上与神的思考相联系。繁星的周期性运动为人的事务提供了模式，包括国家的秩序、时间、事件的永恒回归，以及诸如音乐与建筑那样的人类作品的创作。理论还与观礼员的政治作用有关，观礼员是泛希腊联盟中城邦之间互派的使节或大使。他只通过出席来参与，他被禁止说话，因此不能参与政治活动。

维特鲁威显然认可作为话语与行为基础的理论的交叉学科本质。[2] 在斯多葛传统中，自然是无处不在的、理性的和神性的，人的活动是其中一部分。根据维特鲁威，建筑师、医生与其他人分享着同一个理论，即认为自然秩序为特定的学科提供了基础，反过来又可以从文学、历史、法律、天文、几何、医学、算数与音乐中去学习构成建筑学习的主线索。用我们的术语讲，这是哲学家（维特鲁威称其为"生理学家"，暗指自然的意义）依循《蒂迈欧篇》的模式而揭示的秩序。然而，他补充道，一个受伤或生病的人自然会去找医生，却永远不会去求助

147

于建筑师。每个"职业"都有其特定的专业知识，它只能够部分地经由字词与稳定的概念来阐释。然而理论对有意义的建筑至关重要。它使建筑师恰当地建构仪式并揭示我们世俗生活的宇宙秩序。它是引导诗意的建造朝向真理与美好发展的必要知识。

在最开始的几段里，维特鲁威谈到理论与实践的重要性。他将实践与手以及用材料造形的艺匠的思索性制作联系起来。与亚里士多德一样，维特鲁威认识到双手既可具有固有的才能（或没有），也可通过定期的使用来加以训练，手是"制造工具的工具"。技术总是从实践知识与经验中产生，它从来不是理论知识的应用。[3] 在另一方面，理论"是基于比例的原则来显示与揭示灵巧的作品"。[4]

在给出这些定义之后，维特鲁威经由词语与物体的一般关系来概括建筑的意义。他宣称，建筑看起来就像"一对"，"在一切事物中，但尤其在建筑中，存在着两个方面：能指与所指。所指是我们谈论着的建议的事物；能指是通过理性的规则展开的显示"。[5] 这段翻译可能引发了现代的符号学，但这个关联有待考证。问题并非是理论向实践"给予意义"。建筑体现着多重意义，维特鲁威将它们与自然和公民社会的秩序相联系。就数学比例或几何比例而言，比例具有特别的身份。

148

比例是建筑理论的根基之一，但它也是建筑的"所指"。这两个术语相互交缠着。必须强调，比例的概念仅仅是语言中最清楚的类比模式。比例的基础是语言的，并且其传递知识的模式是隐喻。如亚里士多德指出，隐喻是人类知识的中心运作。[6]

通过隐喻，我们可以经由与熟悉的当地事物的相似来理解无名的遥远的事物。

　　根据维特鲁威，比例在具有价值的建筑作品的所有范畴（秩序、韵律与对称）中都是根本的。[7]这种部件与整体之间的协调，即建筑的交流与道德维向，直接地与其诱惑（维特鲁威的"venustas"这一概念往往被译成"美"）的能力有关。比例完全地与和谐相认同，"和谐"这个概念在词源学上发生自完美制作的交接。希腊语"和谐"（harmonia）这一概念意指将不同的部件整合为有意义的联合体这一基本操作，它概括了戴达罗斯制作的具有诱惑力的机器的含义。比例是一种准确的类比秩序，它显现于宇宙中现实的所有层面。此类秩序由稳定的关系所规范，被认为体现于建筑的微缩宇宙中，在人类的凡界与上天神灵的神界之间的本体论分离之上架起桥梁。

　　在斯多葛主义中，数学真理直接地与经验真理相联系。斯多葛的教条声称，唯一真正存在着的事物是物质形体。这意味着甚至灵魂与神灵都必须是肉体的，潜在地排除了任何诸如柏拉图的"原初空间"那样的调解空间。有可能（虽然这还从未被证实过）维特鲁威受数学家盖米诺斯（Geminus）思想的影响，盖米诺斯是来自罗得岛的斯多葛派哲学家，他是波西多尼（Posidonius）的学生，并且是唯一的以对古希腊的数学遗产感兴趣而闻名的斯多葛派成员。盖米诺斯生活于约公元前50年，只有通过普罗克鲁斯（Proclus）在公元5世纪对欧几里得《要素》的新柏拉图主义的评注，我们才知道盖米诺斯的数学著作在两种数学之间做了清晰的区别，这个区别对于维特鲁威的概念至关重要。数学的一部分只关注智性的对象，而另一部分"与感性的对象打交道与接触"。[8] 在此有必要附上普罗克鲁斯叙述的细节。他的"智性"概念意指"灵魂自己发生的并在没有体现形式的参与下就能被理解的"对象，它们包括算数（着重于数量）与几何（着重于大小）。（31）另一方面，"感性的"数学包括六种科学：力学（包括制造"有用的战争发动机"）、天文学（包括日晷学，即制作"阴影跟踪器"来给建筑与城市导向的艺术）、光学（包括反射光学，涉及反射光的角度与被表现的形象，使形象从远处看不会失真）、[9] 大地测量学（总体的测量）、声学（音乐是单弦的一个分支，即古希腊的卡农曲）与计算学（用于日常计算）。（31—33）重要的是，这些科学解释了维特鲁威提出的建筑的"部门"（建筑物、机器与日晷或太阳钟）以及他的《建筑十书》中的各类话题，包括第九书中的天文学与第十书中的机器与战争发动机，这些篇章对现代的学者与建筑师来讲显得有些不伦不类。

换言之，建筑将属于人世的数学的众多领域合并起来，这个意义并非等同于理想。亚里士多德早已将形式诠释为人眼可见的事物，而这个观点有助于在柏拉图《蒂迈欧篇》中关于创造的几何秩序的智性推论与诸如解剖学、物理学及建筑等学科之间的距离之上架起桥梁。这座桥梁打开了通向斯多葛教义的道路，形式变得与物质不可分离。在亚里士多德的《论动物的组成》中，解剖学家在令人作呕的器官之外去思考自然的目的性设计，这个理论性运作等同于预言家的行为。[10]

古希腊人相信，人与动物的内脏，即我们的幽暗深处与意识的所在，是由与物质世界同样的材质构成的。内脏的深处对应着宇宙中神性的特质。通过剥离内脏，解剖者 / 祭祀者揭示了能使人理解神的设计的"皱褶"。内脏卜筮认为，这些设计被实实在在地写在动物的内脏中。在古典时代后期，"神"（theos）这个词也意指内脏的一部分。[11]上帝既处身于幽暗，即尘世的内脏，又体现于柏拉图的明亮的天体。正如许多学者所指出，维特鲁威从来没有公开地承认占卜的实践（诸如伊特拉斯坎人的仪式）是择地与建构城市地基的基础。通过许多方式，他的文本显得很理性，由围绕奥古斯都（Augustus）的政治状况所驱动。然而，如果不知晓这个古希腊的背景，就不可能理解在 150宏观宇宙与以人体为中介的建筑微观宇宙之间长期的类比关系背后的玄机。建筑不仅仅是将宇宙"图案化"，犹如在《伊利亚特》第 18 章中所描述的阿基里斯（Achilles）的著名盾牌那个例子。在建筑的诗意建造的基层上，诗意的模仿不是抄袭，它造就了建筑创作与自然世界之间的连续体，并以此揭示了人的行为目的。

维特鲁威在其理论中建构的关系是经由人体建立起人体与建筑之间的类比，这个关系直到 17 世纪在西方建筑中一直被认可。根据古希腊人的说法，我们的内脏内部尤其受风等外力的影响。天气与各类神明对我们变化着的健康负有责任。不足为奇，在维特鲁威传统中的建筑意义与人的身心健康的提升有关。

事实上，在讨论了理论对建筑师与医生的重要性、建筑师的教育、建筑的诸"部门"以及基于比例的建筑秩序的主要术语之后，维特鲁威的第一部著作在世界的取向、神庙建筑以及关于健康与风的城市取向的讨论中结束。在设置建筑的几何与比例时，建筑师的作用犹如占卜师，在作品的晦暗形体中想象出明亮与数学化的目的性秩序。

建筑在人的时刻变化的世界中引发着神的数学领域的精确与永恒，建筑是梦想的实质与空间，即柏拉图的"原初空间"的原型。事实上，毕达哥拉斯学派与新柏拉图主义的数学家们会认为，灵魂并非通过参考其发展形式的无限能力来产生数学科学，而是内向地参考"分界的圆规所界定的诸种类"。（普罗克鲁斯，《评注》，30—31）盖米诺斯设在智性的数学与感知的数学之间的区分被运用到普罗克鲁斯的新柏拉图主义的重构中，后者对文艺复兴时期建筑的古典传统的再生产产生了影响。普罗克鲁斯写道："在其最低层次的应用中，数学将力学、光学及反射光学以及许多其他科学与可见事物联系起来，并运作其中，当其向上运动时，它获得统一的非物质的洞见，使其能够完善经由话语的思考而获得的部分判断与知识，将其自己的种类带入与更高层次现实的协调，并在其自身的理论中展现关于神灵与存在科学的真理。"（17）对新柏拉图主义而言，数学知识来自灵魂而且是通向所有知识与幸福的大门。

不足为奇，维特鲁威将"光的矫正"看作建筑师的一项根本技艺，而这个使命一直到17世纪末仍然保持不变。[12]矫正在

《建筑十书》中被经常提及，它通常与创造技能相关，这是一种特别的"狡猾智力"或"实践智慧"，它对于建筑展现奇异与诱惑力以及揭示秩序非常必要。更具细节性的是，它与尺度关系的调整相关，比如柱间距在考虑柱后面的光影时必须显得规范；视线之上的装饰、雕塑与铭文的可见尺度；神庙基台顶端的反弧线可以弥补视线扭曲。它不是为了寻求理想的准确而是生动有力的精确，使其显现于观者或居住者的被体现的综合美观意识。正如许多学者所提示，这个对建筑的根本认识并没有因为文艺复兴线性透视的介入而有实质性变化。虽然维特鲁威显然继承了古希腊的资源与斯多葛哲学，并雄心勃勃地想从分散的碎片建构起理论的体系，但是他的理论最终不是创新的手段。因此将其与政治计划相联系显然很牵强，就如同我们试图将其运作于现代的历史文脉中。相反，维特鲁威希望在其文本中所考察的对特定建筑项目的不同调整，会有助于建筑师（或业主）揭示恰当的意义，这些意义来自多重语言层次所体现的传统，包括从比例与自然界到与古希腊形式相关联的历史叙述，再到罗马帝国发展中支持着建筑方式的习惯性与实践性语言。

　　虽然在柏拉图的哲学遗产中产生了差异，尤其在新柏拉图主义与基督教中关于灵魂的本质存有争论，它最终影响并转化了"数学理念"的本体论身份，但是比例仍然在所有从维特鲁威到文艺复兴末的基于宇宙观的理论中被视为一种原始语言。天体星舞的原初语言压倒了人的目的性并在音乐的比例中得到表达。在打开了古典传统的潘多拉匣子之后，人的行为通过完

152 全智性的语言来获取导向。引入到作品中的历史参考不再适用
于我们的"建筑即建筑物"的狭隘理解。仍然秉承着戴达罗斯
传统的维特鲁威相信建筑包括了能给予时空取向的所有产品，
它们通过部件之间的和谐连接与"良好调配"而被构造出来。

维特鲁威设定的参与性"接受"模式全然不同于 18 世纪
之后想当然的现代美学衍生出的模式。这个参与的本质尤其体
现在维特鲁威关于剧场的描述，剧场是准思考的空间，观众静
静地坐着，以自然的韵律式呼吸，理解事物的秩序。[13] 维特鲁
威说，上天的秩序必须被带入剧场的平面中。由几何的精确所
控制的产品从自然世界中显现出来。作为秩序的体现，建筑自
身是一个宇宙，但又承认人与神的领域之间的距离。维特鲁威
认为，比例在所有建筑物中都很关键，但对神庙尤其如此。而
且，比例总是需要被调整以应对场地（或场所）与计划的特定
性，而此类调整构成了建筑师的真正才能。[14] 通过此方式，建
构的产品也许看起来模仿着天体的星舞。对建筑物的参与被认
为总是包含着仪式行为的某些手法，使人类安身于世界的秩序
中。建筑的接受永远不是无趣的视觉行为。

铭刻在参与者记忆中的诗意形象是奇幻的，因为它属于梦
想的领域。曾几何时（一般截止于 19 世纪），梦想被看作人的
持续性时空经历的一部分，并经由数学的引发揭示自身神秘的特
质——对称、韵律与和谐。如果将建筑仅仅理解为客观的"建成
作品"，其自治的呈现是为了迎合偷窥狂式的观者，或显现为拥
有独特意义的符号，这些在维特鲁威的传统中是不可能的。

后续

当在欧洲中世纪时期古典传统与基督教相融合时，许多传统设定发生了变化，仪式的本质亦被急剧地转化。吸收了犹太人的一神论并接受了来自新柏拉图主义与亚里士多德主义的影响，基督教的中心观念诸如神秘、启示与化身转化了人与神之间的感知关系。教堂空间代替了古罗马的市政广场而成为参与的空间，世俗的城市变得屈从于其对立的精神世界。可以说，虽然建筑继续起着仪式框架的相似作用，但它更极端地屈从于宗教的仪式。

基督教建筑倾向于保持"未完成"的状况，因为在地球上，上帝的城市只有在时间的终结即耶稣再生时才得以建成。人们时常相信世界末日已迫在眉睫，因为耶稣已经通过自身被钉在十字架上来确保人性的赎罪。结果，"石匠大师们"不能真正地控制时间或空间。上帝是唯一的真正建筑师，完全独自负责时空的秩序。人的技术，如石匠从平面"升起"立面的技术仅仅是上帝操作的手段而已。然而，中世纪的行会曾经阐述到服务的道德以及象征建筑的新概念。

一个 14 世纪晚期的文本将几何称作七项自由艺术中最早且最重要的一项，并认为几何是上帝给予该隐及其后人的科学，使他们建造人类栖居之所。[15] 上帝责罚亚当与夏娃的犯谋杀罪的儿子该隐，使其一生辛劳。农业与建筑成为他的命运。这并非必然是对其罪恶的惩罚，但它确实表现了人的境况的内在局

153

限性，即制造总是带有污垢，甚至在服务仪式的当下。在圣经故事中，上帝总是偏爱该隐的兄弟亚伯，他是一位牧羊人，其作为自然的呵护者而非大地的耕种者，这种生活方式表现了对被给予的事物秩序的无条件尊重。中世纪的石匠们追寻圣奥古斯丁，对此有着自己不同的诠释。他们认为该隐接受了几何，即上帝在创造时自己所使用的语言，而且它被石匠们应用于建造结构，尤其是哥特大教堂，以赞美上帝。形式的精确与彩色玻璃的神秘光芒使参与者把握住神秘，即神的其他性的呈现。

　　中世纪建筑的运作是借助于许多现场的复杂几何程序来进行的。所产生的清晰结构与明亮的哥特室内让人想起《圣经·新约全书》中关于上帝是永远不被黑暗征服的绝对光芒的描述。（"约翰"章，第1.5节）这些运作意味着追寻新柏拉图主义的线索以提供《圣经》中神秘阐释的梯子，比如戴奥尼修斯的《神名》对建构哥特建筑的形象极为关键，这尤其对于圣丹尼斯修道院的苏杰方丈（Abbot Suger）而言。经由光亮的升华导致不可消除的黑暗，即将基督教真理理解为神秘以及将上帝理解为"超明亮的黑暗"。[16] 这在所有基督教的仪式中体现出来，并经由建154 筑的体验而得到加强。在中世纪，对上帝的神圣意志及其完美的信仰是不可动摇的，所以巴别塔可以被诠释为既是诅咒又是保佑，这只有在时间的终点才可被解除。人类在地球上建造上帝之城的追求被数学思维的肯定性所引导，但在多数情况下被认定为过程而非完成的形象或产品。大教堂据信是上帝的设计，但它永远保持着未完成的状况。它"意指"着只能在死亡之后才能知晓的绝对其他性，但这个其他性又有待显现于所有的人类行为中。

　　这就是哥特大教堂的诗意本质。这些中世纪公共生活的中心也是话语思维的体现。圣维克多教堂的休方丈（Abbot Hugh），在圣丹尼斯修道院教堂的哥特形式的首次综合表现中影响着苏杰方丈，他主张将耶稣重点理解为智慧、医药及治愈我们原罪的补药。休方丈相信，这个智慧体现于书中，有待其门徒与僧人静静地阅读；通过其发明的字母索引，这本书的组织像一个记忆的结构。[17] 哥特大教堂，作为图像化的"圣经"，根据同样清晰的结构，即上帝之光的闪耀的明晰性，来组织字词（图像学）。神秘和智性因此与作为存在取向及社会参与的建筑空间的体验相巧合。通过回忆戴达罗斯的作为智慧的手工技艺，休方丈作为第一位西方的天主教哲学家，将建造者的技能（一种机械的艺术）认可为智慧的真正形式，即一种融合了上帝显现的仪式。[18]

　　在中世纪，基督教的启示被相信是上帝的确切话语。《圣经》中包含的信息是单义的，并为所有的神学与哲学讨论设置了界限。上帝的话语，通常被认同为光亮，在整个文艺复兴时期持续地与原始的数学语言相关联。中世纪光学所讨论的神光的几何本质依然维持在文艺复兴表象的根基上，尤其是人工透视。[19] 然而，自从 15 世纪以来，人的行为与上帝的意志之间的对话还没被想当然地接受，这在思想家诸如斐奇诺、米兰多拉（Giovanni Pico della Mirandola）与马基雅维里当中尤其明显。16 世纪的宗教战争与宗教改革运动使这种接受显得更加困难。

12 世纪圣维克多修道院的休方丈将诗意的建造欣赏为能导向救赎的智慧形式，这预言着文艺复兴时期建筑被提升到自由艺术的领域，但这个新范畴在 15 世纪并不被理解。

155

建筑理论在人文主义的语言学作品中被研究，比如阿尔伯蒂的《建筑十书》；在着重于亚里士多德思想的论著中，比如弗朗切斯科关于维特鲁威的手稿与评注，是基于文艺复兴的实践与军事工程学；在敬献给"王子"的叙述中，比如菲拉雷特关于斯佛勤达理想城的描述，将建筑与虚构、新城的建造与政治霸权联系起来；在献给智慧的热爱者（波利菲洛）的叙述中，通过灵魂与建筑诗意形象的新柏拉图主义的共同升华去寻求个人的启明。建筑通过传递线性构图或几何图案使思维的眼睛与法术的魔力（事实上与绘画）联系起来。帕乔利（Luca Pacioli）神父还将建筑与炼金术的实践联系起来，后者是由神秘的几何引导的手工技艺，据说能够将低级的物质诸如沙与石头转化成玻璃与抛光的宝石。这些话语的实践不能被简约为单一的现代种类。从中我们能识别出相关于维特鲁威及其他古典源泉的人文与技术评注、叙述形式的教导性对话、爱与哲学的小说、哲学寓言、关于透视的论著，以及基督教神学的几何手稿等。建筑的意义总是寓于专业者的控制之外。然而，从阿尔伯蒂到帕拉蒂奥时期的建筑师们仍然相信，比例关系中的数学存在对确保建筑作品与自然及上帝的建筑之间的诗意模仿式对话极为重要。比例关系使建筑得以传递超越数字的整体体验。

16 世纪，建筑理论的学科界限变得更加规范。这在帕拉蒂奥的理论实证中最明确，他的理论导致古典建筑在全世界的传播。帕拉蒂奥的《建筑四书》（威尼斯，1570）标志着作为宇宙学的建筑理论的顶峰。他放弃了大多数的语言学的问题，而去寻求统一的数学秩序与已被仔细考察及测量的古典建筑的体验之间的对话。帕拉蒂奥的理论在传统的自由艺术看来是科学的，它不是假设性的。它总是从秩序是可以被感知的前提出发，无论是在自然中还是在传统承继下来的产品中。不像哥白尼的现代太阳中心论，帕拉蒂奥的理论是从神的视角来写的，它并没有放弃亚里士多德的"拯救现象"的原创探求。现代科学理论用实验来代替体验，提出从"偏离的"视角来建构假设的真理，而帕拉蒂奥理论的根基仍然是去理解类似于亚里士多德所描述的以及维特鲁威所认定的世界。

帕拉蒂奥的主要目标是"比例性"。他的文本表明，比例性运作于古老的模式（他自由地从其观察中来重构它们）和他自己的建筑作品中。他有可能受数学家贝利（Silvio Belli）观点的影响，贝利是他的朋友并通过巴巴罗（Daniele Barbaro）成为帕拉蒂奥的设计业主。比例性意指三维空间中整数（自然数）之间的比例关系。早期文艺复兴的比例理论，诸如阿尔伯蒂的，将比例性设定为一种对于人眼而言主要是平面（或画面）的二 156维关系，帕拉蒂奥将此观念延伸到建筑的体积中，使其看起来（或构造成）像共享着同一尺度的房间序列。

帕拉蒂奥的文本与建筑表现工具（平面、立面与剖面）的日益系统化相呼应，将建筑呈现为几何空间（一种三维的"现代"实体），模仿着柏拉图的宇宙结构。这个阅读理解曾经导致将其"构图技术"与现代建筑相比拟的许多谬误。[20] 帕拉蒂奥的理论与实践的中心问题比这种理解要复杂得多。

帕拉蒂奥的实践及其建筑的诗意建造，并非理论知识的应用，而是实践知识的一种特殊形式，它是特定的、有根基的，并由生产的能力所驱动。换言之，技术服从于理论实践，而后者扎根于实践哲学，即实践智慧。他的建筑方式显而易见地体现于其城市与乡村中的诸多作品中，比如，维琴察市中心巴西利卡的"更新"项目。这座建筑显然是含有城市管理用途的重要建筑，但其中世纪的形式曾被赋予许多不同用途，从公正性的授予到肉体的愉悦。帕拉蒂奥的设计采用了精明的态度，承认镶嵌于历史肌理中的意义。理想的巴西利卡是矩形的，在帕拉蒂奥的《建筑四书》中被表现为没有文脉的、仔细按比例规范的矩形，而真实的巴西利卡更多的是与旧结构的复杂协调。参观者很容易认为理想的平面确实被建造出来了。理想弥漫于真实，但又不掩盖其丰富性与复杂性。在建成的巴西利卡中几乎没有直角，但我们仍然感知到建筑的正交性与"完美秩序"。对帕拉蒂奥而言，人类事务的世俗世界仍然不同于理论所代表的几何空间的理想世界。

157 在同一时期，神秘教的哲学家诸如阿格里帕（Cornelius Agrippa）与伯麦（Jacob Böhme）认识到分裂的人类表达所带来的困难，并将其与原初的神的话语区别开来。阿格里帕著名的论著是《神秘教哲学》（1533），他相信通过魔法的运作可以找回失去的和谐。他运用卡巴拉（kabbalah，即犹太教灵学）的组合去寻求上帝之名，并认为其他语言后来都会回归到这个存在的源泉。有趣的是，他将翻译视为一种必然性，事实上将其看作该隐的命运——经历了人类从和谐世界的流亡。

建筑师不久开始关注类似的一些问题。[21] 对于意欲反映世界的真实和谐的建筑而言，它必须整合古典与基督教传统，诸如德·洛姆（Philibert de L'Orme）提出的"神的比例"。德·洛姆是法国文艺复兴时期第一位建筑原创者，[22] 他陈述道，比例必须来自《圣经》中关于建筑的段落，而非仅仅来自于古典传统。然而，他相信，这两种秩序被数学关系的感知联合起来，由此，建筑可以维持其作为和谐世界转译文本的重要意义。

耶稣士维拉潘多在其 17 世纪晚期重构所罗门神庙的研究中也有近似的考虑，他的重构是基于《圣经·旧约全书》中伊齐基尔先知的描述。[23] 维拉潘多意识到在建筑的古典与犹太教及基督教传统之间的区别，并寻求两者在"上帝的建筑"模式中的调和。他试图显示神庙的原始建筑如何可以包括一种复合的柱式，以及它后来如何分解为古希腊与罗马的多立克、爱奥尼克与科林斯柱式。如果这个原初柱式的起源能够成立，其他柱式的存在也就顺理成章。换言之，建筑的历史多样性，尤其是基督教世界的建筑创新，总是被视为与上帝的建筑相对应，尽管这些发展也许看上去有些扭曲或偏颇。[24]

伯麦是一位鞋匠，基督教的诺斯替教徒（gnostic），他 17 世纪早期的作品认为人的语言是不稳定的、局限的，不能表达上帝的言辞。这个观点符合诺斯替教派早期形式中对逻各斯的怀疑。[25] 然而，伯麦提倡一种所有的人都可以自学的本能的语言，

158 一种自然与自然的人的语言。他相信，上帝的"语法"通过自然反映，我们所能做的就是倾听。伯麦将这种"感觉论的言语"与圣灵降临节上对巴别塔的"解构"联系起来。火通常与神灵相关联，照亮了耶稣的信徒，于是他们向全世界的人们传播福音。

虽然在早期的建筑理论中元语言与自然之间的联系已经显现出来，伯麦的语言中对感觉方面的强调与 17 世纪建筑论著中的主要转变有关联。[26] 大家都知道巴洛克建筑师比文艺复兴时期的同行更加有意识地关注创新。在新科学的原理与神学主张的驱动下，他们相信建筑的微观宇宙不仅需要反映可见宇宙的本质，还必须被建筑师通过几何投影与组合（如同上帝缔造宇宙那样）建造出来。建筑师的理性想象近似于上帝的想象，这个信仰起源于反亚里士多德的中世纪经院哲学，并有可能在诸如《波利菲洛的爱的梦旅》之类的新柏拉图主义的文艺复兴文本中被首次加以建筑理论化。这种几何建构使建筑能够通过感官表达自然的完美性、感觉的丰富性，以及建筑的真实秩序。

在 17 世纪的欧洲，语言的多元性被接受为事实。许多知识分子趋同于多样性的源头可以被发现，并相信多样性可以被融合成一个整体。根据福柯的观点，这个为了揭示真理而界定绝对、神秘的语言的努力却变异为界定绝对且完全透明的语言的努力。[27] 这种语言最终汇集于狄德罗的《百科全书》，它不再穿越世界的晦暗界限联结符号与意义。相反，它致力于完全消

除世界的晦暗性。对统一语言的追求与将几何当作"统一科学"的兴趣相关联，而几何成为人类努力的基础，尤其对伽利略与笛卡尔的新科学而言。基歇尔（Athanasius Kircher）是博学多产的耶稣士作者，他相信古埃及的象形文字蕴含着这种努力的成功钥匙，他试图将所有书写脚本的起源回溯到这种"图形"写作的形式。他将一本书的整个篇幅致力于探讨《圣经》中的建筑诸如巴别塔和诺亚方舟，诠释《圣经·旧约全书》中的段落，并为这些建筑的"重构"绘制丰富的插图。他的诠释应和着犹太教及基督教的神话，并反映了新的机械性宇宙的几何秩序。

17 世纪末期，佩罗兄弟的建筑写作显示出从早期实践的宇宙学根基的重要分离。他们的贡献复杂且难以被概括，因为他们作为真正的现代思想家追寻着笛卡尔的余波。他们在路易十四执政时期与法国的"金色时代"中起着重要的作用，他们清楚地质疑建筑能够重建宇宙秩序的根本前提。[28] 通过此种方式，他们对建筑意义、建筑与民众社会机构及历史的关系，以及建筑作为艺术想象与社会实践的合理性提出疑问。他们的观点在同时代大多数同行看来非常具争议性，包括新近成立的皇家建筑学会的弗朗索瓦·布隆代尔（François Blondel）。极为重要的是，法国 18 世纪大多数的建筑作者感到有义务应对克劳德·佩罗的立场，提出不同的观点，最后甚至群起反驳。事实上，佩罗兄弟提出的问题映衬了过去的理论实践的常态，即理论实践曾经能够创造出具有诱惑力的、真实的建筑，对文化的交流空间有积极意义。

佩罗兄弟相信，建筑如同人的语言与民众的法律一样，随时而变，并按照人的常规所建构。然而，他们所提倡的建筑意义是基于"俗规"而非"自然"的信仰，但这并没有失去其思想的重要性。如同法国语言自身，建筑可能并应该向更精细化与"进步性"迈进。

在克劳德·佩罗于 1673 年翻译、注释并发表了维特鲁威的《建筑十书》之后，他决定写第二本书，向传统理论最有价值的主张挑战。在《五种柱式条例》一书的前言，他消除了建筑与音乐和谐之间的类比关系，认为这两者不相干。他还质疑传统的通过视线纠正手法来调和建筑理论与建筑物现实之间的有效性，以及建筑是宇宙之类比的绝对肯定性。他认同建筑应该被有效的比例系统来引导，但不相信这种方式可以体现宇宙的意义。他在书中设想的系统据说是基于过去例证的平均状态。他强调，指导古罗马与文艺复兴建筑实践的比例规则并不具有更高的重要性。它们都来自于理性的思考，因为建筑师与作者都力图确定可以应用于实践的清晰简单的规则。过去的理论家的失败已经导致诸多不规范的体系。"形体调整"手法的产生证明了理论与实践之间的差距，佩罗却认为这是一种说辞或妄想。
在笛卡尔的化身中，新柏拉图主义内在的动态多层次的形体化灵魂变成了大脑中静态点状的松果体。这就是佩罗相信的视域，它是超验的透视状。由此，建筑中数学规则的唯一目的就是推动实践并标准化尺度，从而使建筑师的理想设计能够系统地外在化为建成的形式。

在这个现在被视为装饰句法的新"传统"中，建筑师的任务是使作品日益精细、具有表达力且雄伟壮观，以反映同时代法国的荣耀与成就。著名的卢浮宫东翼是克劳德·佩罗有限的建成作品之一，准确地体现了这个意图。它引发争论的意向通过使用大于通常柱间距的双柱组合来传达，他的意图清楚地被同时代的人所了解，他们之所以对此类创新心存怀疑是因为它质疑了古人的权威并可能导致无节制的滥用。著名作家查尔斯·佩罗提出，古典秩序的运用仅仅是历史的偶然，因为其他文化建造建筑的方式截然不同。[29]

建筑一旦不再被理解为神的秩序的微观宇宙，作为知识形式和价值体现的建筑是否还存有意义？在自然与历史被看作彼此无关且各自为政的同时，建筑开始掉进历史中。费舍尔（Fischer von Erlach）是第一位试图将实践完全建基于对过去"纪念物"汇总之上的作家。在其《历史建筑草案》（1721）一书中，他提供了来自诸如奖章、印刷、游记等不同形式来源的丰富而特别的图示，它们不仅涵盖西方，还容括了近东与远东的例子。[30]虽然费舍尔相信所有的建筑差异可以融入当今的实践中，他的著作显示了在取向上的重要变化。如同佩罗，他只在可见的特征中寻找优秀建筑的形象，比如材料的丰富性、建筑的雄伟与施工的精确。事实上，建筑作为仪式框架的整体"意义"被简约为分离的诸多方面，美学仅是其一。建筑可以从过去的不同碎片中组合出来，组合方式力求奇特，创造可理解的秩序。在其实践中，费舍尔在设计维也纳皇室的圣卡尔大教

堂时，将古希腊罗马的神庙立面、高塔、中心穹顶与古罗马的
纪功柱结合起来。这揭示了适合罗马皇帝查尔斯六世的皇室家
谱，以及耶路撒冷的所罗门神庙的历史根源，又避免了直接的
宇宙学类比。

　　花时间读过佩罗"前言"的读者，抛开将其理解为另一
本关于古典秩序的论著，会发现其观点非常矛盾。数学比例在
传统上代表着统一的语言，使建筑将整体表达为神的单子象征
（译者按：哲学的"单子"概念出自莱布尼茨）。佩罗将比例诠
释为"主观美"的案例，这在许多同时代与后代人看来显得站
不住脚且自相矛盾。弗朗索瓦·布隆代尔宣称，这种对比例的
实用性理解否定了建筑的真正原理的存在，有着剥夺建筑的终
极意义的危险。[31] 建筑师变成以自我为中心来理解建筑价值的
历史（与潜在的相对）本质。通常他们能够异口同声地表达对
进步及其美好时代的信仰，并将进步与对自然起源的复苏相联
系。但是，文化气候的确变了。18世纪，许多建筑师尝试将建
筑理解为一般的而非特殊的语言。建筑的表达因此变成优先问
题，随之而来的是象征人的社会而非神的宇宙的必要性。甚至
对于保守的建筑师而言，建筑表达真实秩序的能力也是经由此
意识的中介作用。不足为奇，在建筑理论中，维特鲁威传统中
围绕着"得体"的诸问题变得优先于秩序等其他问题。然而，
"得体"概念被简化并融入"性格"这一概念中。

　　事实上，18世纪的建筑在其内在的历史中发现自己的根
基，并试图脱离于神的政治秩序。它的"性格"理论在建筑文

本中被理解为阐释的努力。建筑寻求形式的恰当性，并与社会的秩序相呼应。这个任务首先是模仿性的，强调建筑有助于社会空间的能力，而这种空间代表着机构的等级与业主的社会地位。18 世纪后期，一旦古老皇室的传统政治结构被极端地质疑，建筑师的阐释任务变得公开地具有生产性。因此，勒杜（Claude-Nicolas Ledoux）酝酿着一种新诗意的构图，使其能够体现具有社会责任的政治秩序。基于语言学的类比，"性格"这一概念包含着散文与诗学的方面。早期的性格理论大多关注于类型学与面相学，而后期的建筑论述强调其传递情感与和谐诗意作用的能力。由此，建筑视其自身有助于政体秩序的产生，不再扎根于超验的力量。 162

18 世纪发展起来的许多关于性格与表达的理论试图通过不同的术语来理解建筑的重要意义。它们的着重点是表达建筑的最终用途并传达犹如社会实体的建筑状况，即业主的"面具"。此理论的支持者是雅克-弗朗索瓦·布隆代尔（Jacques-François Blondel）（这与弗朗索瓦·布隆代尔非同一人），他是 1750 年左右巴黎建筑学最重要的教授，1737—1777 年间建筑论著与论述方面的作家。在其于 1771—1777 年间出版的九册选修课教材《建筑课程》中，可以看出布隆代尔是古典传统的坚定捍卫者。他反对佩罗的论点，认定美是不变的，认为建筑师以其开放的精神与敏锐的观察应该能够"从美术产品与自然的无限多样性"中推论美的含义。[32] 虽然他不能放弃某些传统的前提，布隆代尔对建筑与其他艺术的表现力之间的关联极为感兴趣。比如，根据秩序的传统相关性（比如多立克柱式显得刚健，科林斯柱式显得娇柔），古典秩序与音乐模式相关，并且成为表达不同张力的塑造手段。他认为，优秀的建筑拥有"沉默的诗意、甜美、有趣、稳定或生动的风格，简言之，具有柔嫩、感动、强烈或令人畏惧的旋律"。如同音乐作品运用和弦表述其性格，比例是建筑表达的手段。如果运用得当，比例能够表现出充满敬畏或诱惑的建筑，能够表达建筑的目的，即"爱或恨的神庙"。[33]

从文艺复兴理论的传统主张出发，布隆代尔强调，"我们不能忽视习俗性的常规；它们导向真理，因为它们自然地使艺术家远离滥用的诱惑，使他迈向雄伟、盛大、简单与优雅的正确目的地。"[34] 对道德实践起着关键作用的常规的传输，现在已经扎根于历史与日常生活的语言中。它集中于口语或写作语言，近似于实践智慧而非数学语言。这个转化在大多数18世纪的理论中得以体现，而叙事语言的重要性及其最后产生的虚构类作品，在整个18世纪得到发展。布隆代尔在建筑的平面分配、装饰以及用途与目的之间寻求绝对的协调。这种协调在住宅设计中尤其重要，后者代表着高度等级化与戏剧性社会中业主的社会身份。在18世纪的法国，个体的人确确实实地由其社会身份所界定，这种身份又经由服饰、假发与化妆来表现。同理，建筑的性格表达着所有者的身份。如同传统的仪式空间慢慢地被现代城市的"社会"空间所取代，这种建筑的性格化使得建成环境维持着可读性。布隆代尔相信建筑应当是可识读的，"建筑应当在第一眼就宣示自己是什么"。[35] 城市现在确实成为公众生活的舞台，是由代表着生活其中的男男女女的建筑所构成，为非专制的文化建构打开交流的空间。

布隆代尔并非是唯一思考这些问题的人。18 世纪中叶，布里瑟写了一本关于艺术与建筑"本质美"的论著，运用牛顿关于"统一和谐"的发现与拉莫（Jean-Philippe Rameau）的音乐理论来提出类似布隆代尔的主张。[36] 布里瑟还批判佩罗，他概括了一种实用的理论来调控建筑的表达，模仿拉莫的作曲理论来表达曲调的情绪。事实上，建筑与美术的关联在 18 世纪已成为一种常识。

这个联系意味着不同于维特鲁威以来作为运作前提的建筑概念。虽然建筑意义还没有被完全地内在化，但日益变成可以通过客观化的建筑物来解决的"构图"问题。建筑所限定与表现的时间场景退缩到将建筑理解为跨越时间来"阅读"的"美学客体"。这个转换给现代建筑带来巨大的困难和新的可能性。这个趋势在 1800 年之后发展成自治的"艺术品"式的建筑。它们往往被简约成为迎合窥视狂般的旅游者而建造的场所，它们更适合提供客观的"图片"而非参与体验的可能（这种简约化甚至在今天也是先锋派设计的通常结局）。它们还导致为话语写作提供一对一框架的纪念式建筑，诸如杜兰德著名的"十日神庙"和拉布鲁斯特（Labrouste）的"圣吉纳维芙图书馆"立面（这种想法直到最近还是许多公司与机构性建筑的典型目的）。　164

在这个充满问题的转换中，一些 18 世纪晚期的法国建筑师诸如勒·加缪与勒杜另寻他径，试图通过非线性的叙事结构来重新引进时间维向，这预示着超现实主义技术与电影蒙太奇的到来。他们不可避免地扮演着历史与自我意识的创造者，但又深入诠释以产生诗意与雄辩的建筑，超越绝对的自我表达并揭示文化的延续性。18世纪早期的部分建筑师，尤其是勒热（Jean-Laurent Legeay）与皮拉内西，以及稍晚的勒库，将建筑与绘画相融合，以逃离如同系统化透视表象中所体现的非时间性空间的武断。³⁷所有这些建筑师似乎尤其关注运用光的力量限定空间质量，从而超越几何性描述。布雷（Boullée）通过其创新形式的诗意语言将此运作推至极端，寻求唤起我们的直感，而非运用他所称的科学散文方式，即古典传统。布雷将建筑表达概括为"建筑言说"。有意义的建筑必须"说话"以使居住者能够有效地参与。如果建筑师从事"写作"，他写的必须是"诗"。不同于散文，诗歌要求在"厚重的呈现"中被读者"听到"；它使空间"时间化"，使时间"空间化"。当（正如佩罗）承认建筑是语言而非宇宙的类比时，建筑师就可能从可以向大家"讲述"的创造性自我的深处"制造第二自然"。³⁸这种创造的理念经由浪漫主义哲学家诸如谢林与诺瓦利斯（Novalis）得到更全面的发展，取代了18世纪流行一时的美术模式（即建筑作为自然的表象）。

不足为奇的是，关于建筑理论写作的本质也受到质疑。传输与教育的新概念变得极端化，或全然拒绝理论作为应用科学的前提。这个论战反过来界定着19与20世纪建筑的理论实践，产生混杂的文化接受效果。18世纪晚期的作者诸如布雷、勒杜与维尔宣称一种新建筑的必要，它可以超越维特鲁威理论的有限的"科学"阐述。由此，他们认为奇特与诗意建筑的意向能够被更好地表达。个人的表达成为这种诗意可能性的条件，意欲在建筑师的创造性灵魂中恢复统一的世界。维尔的作品将是下一章仔细分析的重点。 165

在天平的另一边，杜兰德宣称将建筑理解为一种艺术形式是徒劳的，后者只能被把握为对"美学"的关注。相反，他提出一个将统治其后两个世纪的模式：一种完全实证的建筑理论——建筑价值经由实用与效用而非"虚幻的"表达能力被感知。杜兰德强调，建筑通过其"构图机制"可以在语言与诠释之外运作。因此，作品成为自身目的性的独特符号，一种关于技术价值的简单且非模糊的注码。杜兰德的讲课极大地推动了将建筑教育机构化为巴黎高等理工学院的一个科系而已。[39]

同出一辙，我们自身的现代性与后现代性延续着且进一步极端化许多18世纪晚期的论调，并从中成长起来。后来的建筑理论与实践中的功能主义继承、转化并歪曲了18世纪寻求人的手足情谊的建筑兴趣。虽然存在着明显局限性，正如20世纪后期所经常发生的那样，简单地拒绝功能主义或以美学兴趣取而代之是不足取的。18世纪的明显转换不得不在21世纪寻求适当的表达，但它们不能被抛弃。考虑其在现代认识论中的根基性作用，它们构成了真正有意义、有道德的建筑不可回避的境况。在下一章，我将把广角镜头换成微距镜头，考察跨越18与19世纪的两位鲜为人知的建筑师的复杂作品。

7　维尔兄弟的故事

在 1966 年发表的一篇文章中，法国历史学家彼鲁斯（Pérouse de Montclos）确定地指出让-路易·维尔（Jean-Louis Viel de Saint-Maux，出生于 1736 年左右）与查尔斯-弗朗斯瓦·维尔（Charles-François Viel，1745—1819）不是同一人，前者是"建筑师、画家及巴黎议会律师"，后者是"医院总建筑师"。[1] 两者都是重要建筑理论的作者，作品发表在 18 世纪晚期至 19 世纪初的巴黎。关于让-路易的公众身份无从确定，对查尔斯-弗朗斯瓦的生平了解也极其有限。[2] 学者往往张冠李戴地将让-路易认作是《建筑通信》（1787）的作者，该书极力批判维特鲁威的理论，与布雷的"革命性"建筑术语的目的产生共鸣。[3] 彼鲁斯纠正了这个不当的作者归属。事实上，查尔斯-弗朗斯瓦与让-路易似乎有着非常不同的建筑理念以及非常不同的写作风格。让-路易也许从来不是实践的建筑师。他的文章时常充满想象、尖刻与讽刺，而查尔斯-弗朗斯瓦的广阔理论论述具有说教性但又扎根于实践，它忌讳创新，往往显得乏味。彼鲁斯将查尔斯-弗朗斯瓦的写作概述为具有反动性，建筑平庸。虽然这个判断也许有些道理，但似乎缺失了多层面的深刻含义。再者，查尔斯-弗朗斯瓦将其写作集（共有三大本）敬献给他作为建筑师的兄弟，称其是"自己艺术学习的忠实伙伴，彼此分享了绘图的初级课程，是自己许多公共建筑实施过程的热心合作者"。[4]让-路易有可能参与了查尔斯-弗朗斯瓦最有趣的工程之一，即"自然史纪念碑"（1776）。彼鲁斯引用了1784年3月6日的一份公证文件，它将查尔斯-弗朗斯瓦标榜成"画家"，将让-路易定义为"建筑师"。

167

这个令人好奇的侦探故事还有其他旁枝末节，我在此不做赘述。让-路易是两个工匠行会的成员，[5]显然是一位相当古怪的人物，他有时假扮成工匠以图搞清楚审议员是否滥用职权，审议员在工匠施工完后要测量建成的建筑以断定给工人的正确工资。[6]查尔斯-弗朗斯瓦则拥有官僚的地位，对法国大革命后亲眼所见的混乱的政治变革牢骚满腹。他的保守主义显然反映在其建筑理论中。然而，我在此的兴趣是重现维尔兄弟的论述观点，引发"友爱"与"爱欲"争论。我的目的是发现两者之间交叉的重要性与真实可能性，这也许是一个缺失的环节，它可以被认为是早期现代中来自同样文化环境的、缺失的潜在可能性。

让-路易·维尔的诗意建筑

艺术家似乎能够从永恒的世界偷走创造力，这种创造力在我看来表达了自然的奇迹；……在其高贵的狂热中他甚至能够绘画空间。

——让-路易·维尔，《关于当今绘画与雕塑
用途的哲学思考》（在 1820 年后该书作者权
曾被归属查尔斯-弗朗斯瓦·维尔）

让-路易·维尔与查尔斯-弗朗斯瓦·维尔都坚信他们同时代人设计的建筑大多显得颓废，他们写下各自的作品作为对建筑实践与教育中所观察到的意义危机的坦率回应。如前所述，对于基于人类常规而非神圣自然的"历史"建筑而言，如何表达这一"问题"已经在佩罗以来的 18 世纪展现出来，但是它在 18 世纪后期的几十年中威胁着建筑学的合理性。随着王权的削弱以及法国经济危机的丛生，古典建筑对大众而言显得压抑，对理论家而言又显得"平淡"或"不真实"。曾经代表着神权制定的社会等级制的古典建筑，最终沿着自身内在的理论与实践开始崩溃。虽然洛多利及其门徒早先在威尼斯已经提出了近似的问题，直到 18 世纪 80 年代新的理论化模式才在法国开始出现，后者强调语言的新奇运用以及建筑表达的不同形式。

让-路易于 1779 年和 1780 年发表了其最早的两封关于建筑的信件。[7]他的信件集见于 1784 年，比布雷的著名设计"牛

顿衣冠冢”晚了三年。让-路易讨论“象征性天才”的主题体现在伟大的纪念性建筑中，应和着布雷的理论立场。让-路易想要“图画式空间”，而布雷的牛顿衣冠冢强调空间的虚空，意指自然神论的上帝的无处不在与永恒。[8] 如同布雷，让-路易认为普通的建筑写作没有教育年轻建筑师生产能唤起“占据并转化观者心灵激情”的雄辩作品。[9] 结果，他回避了比例与传统规则，运用信函的形式，通过尖锐的批判、反讽与建筑起源的诠释重构来作为自己的论据。

让-路易批评其同时代人没有能力恰当地阐述建筑的文化重要性，相反，他们将建筑简约为遮身结构的实用规范。[10] 在他看来，盲目地崇拜被简约成理性尺度与比例的维特鲁威传统显得荒唐。正如其在第四封信中所写，古典秩序起源于祭祀的神坛与丰饶的象征，建筑师所运用的规则不能够传递其原初的意义。因此，他将同时代与前代人的大部分写作斥为可笑与琐碎，转而在与农业文化相关的神圣与象征性“生育崇拜”中寻求建筑起源的理论。尽管他的想象性重构有其局限性，但并非是理性的反动性逃亡，他也曾批判传统建筑论著中的“迷信”。[11] 他将农业与文明的发生联系起来，即人类弥补自然世界中“缺失”的能力。这种意识表现于食物的耕种与寻求协调人类与自然关系的祭祀仪式。建筑通过竖立石头来标志神圣场所、神灵显现及神坛场地这种原始行为来为祭祀提供场所。他比较了世界上原始农业社会的建筑，这已非常接近比较宗教与人类学的精神，声称纪念物就像礼拜仪式的碎片，是庆祝丰饶的诗的升华。[12] 让-路易将敬献给地球与太阳神灵的垂直石头视为柱子的原型。这些"农业的女儿"后来装饰着象形文字并与写作的"自然史"相关联,在游牧生活被文明聚落替代之后统领着社会组织。由此,纪念性建筑并非衍生于原始棚屋,他认为那种解释是"纯粹的幻想"。最早的神庙是圆形的,布满繁星的穹顶显示着神谱与宇宙的起源。根据让-路易,这些神庙表现着牛顿科学所理解的太空的运转,这个运动来自早期自然崇拜所敬仰的同一种创造力,而且在他自己的那个时代仍然与神的自然联系着。

就让-路易看来,建筑理性地且诗意地体现着共济会神性的特征。根据迪普伊(Dupuis)(他显然对让-路易的思考有影响),"上帝""注定要表达永恒运动的宇宙力量的理念,它将运动推至自然的整体,遵循着稳定且受人景仰的和谐规律,这个规律贯穿所有的事物并成为其动态的原则"。[13] 这个上帝的概念解释了原始自然崇拜的多样性,成为启蒙时代唯一恰当的"宗教"对象。迪普伊声称,所有的原始人都敬仰这个威力,它驱动着这个世界成为多种神灵的根基。后来,"形而上的"宗教仅仅是"发明了"一个"创世主",它是从世界分离出来的想象的抽象形象。迪普伊认为我们必须带着敬仰去思考自然,而非为了人类的自我兴趣去改变自然。[14] 他觉得人的道德应该在上帝与人之间毫无中介地(即不通过牧师)培养出来。迪普伊反对诗意的虚构与宗教,提出科学的(牛顿的)理性作为唯一的统一性,但又质疑那种大自然"为我们"而存在的旧信仰,由此阻断技术的根本意向，提升对自然的敬畏感。

不像维柯在18世纪早些时候"透过"理性来恢复神话的必要性与诗意表达，迪普伊固执于他的理性，这不能导致诗意制作的全面恢复。然而，迪普伊的沉思应和着现代的道德与生态关注。他的观点总体上被19世纪的实证理性所忽视，且在建筑理论中不再能引起杜兰德或查尔斯-弗朗斯瓦·维尔的兴趣。

让-路易·维尔敬仰古代的神庙"歌唱创世的惊叹、丰饶的永恒奇迹、静力学的奇妙以及运动原理等"能力。[15] 他主张建筑是宇宙的"图案"，是建构共济会的入会仪式的几何构图，是世界与宇宙的地图，它能够记录太阳与行星的运动。这种建筑的最好现实例证是布雷的著名的牛顿衣冠冢，它是牛顿的虚空概念与上帝圆满的诗意表象，日与夜、光与空间这些对立得以被统合。这种愿望在许多布雷同代人的作品中也很明显，比如勒杜的文本与设计，[16] 以及沃杜瓦耶（Vaudoyer）的"国际都市居住者住宅"作品（1785），但是这种愿望的实现不久即认为不可企及。然而，尽管存在日益高涨的对建筑（与科学）能否勾画理性的、超验的本质所发出的怀疑，让-路易坚持认为建筑的本质是诗意的，建筑应该表达我们自身的有限性与更广阔宇宙之间的相互协调，体现超越历史时间的瞬时性以维持文化生命力的意义。

让-路易写作中的讽刺语调所提示的并非是关于能被简单找回的起源的神话式理解，而是关于今昔泾渭分明的起源的历史性理解。他认识到在神话的环境中不存在个体天才或个人介入的意识，这种神话境况"全然不同于"他所处的当下状况。让-路易比其同时代人更清晰地陈述了建筑的中心问题：如果建筑具有意义的话，它必须传递知识的整体；它必须界定人的世界以使自身具有存在的理由。[17] 他说建筑起源于国家，与私人的栖居无关。[18] 这个意思不能被简约成美学的愉悦，它也不建基于 18 世纪理论家们所提出的常规性偏好。[19] 建筑提供了人们得以通过行动识别自身人性的场所，即人的有机体与永恒精神的融合。

事实上，让-路易很明白建筑师要提供这种"场所"已变得非常困难。数年之后，杜兰德就对建筑中的意义表达的挣扎心灰意冷，并宣布寻求意义是徒劳的。依循后革命文化的主导力量及其新的政治秩序，杜兰德起草了其大获成功的理论，简捷明了地表明建筑的目标是公共与私密的实用性，而且如果建筑师遵循经济与方便的原则，意义将会自然而生。这个学科的价值将由其自身的过程来判断。因为人的行为不再能建基于超人类的秩序，杜兰德与让-路易都转向历史来验证其各自的观点。杜兰德将历史看作仅仅是"证明"其理性主张的功能性建筑类型的演进序列。另一方面，让-路易则将历史仍然看作是关于已经"腐朽的"自然起源的故事，但是他认为人的产品应该是复杂的形体化意识的诗意投射。

171　　让-路易将建筑理解为"说话的诗歌"，它为后代而写，以传递象征而非直接的含义。他批判 18 世纪早期的关于性格的理论，后者认为建筑必须依赖于"习俗"来获取意义。这个思想倾向要归功于新教牧师、共济会成员、语言学家考特（Court de Gébelin，1725—1784）的作品。[20] 考特一生的工作是通过产品来研究原始世界，运用语言作为其首要的模式："我们经由文字来图绘我们的思想，并经由写作使图绘的结果持久稳定。"通过依循语法规则，写作"使言语变成花岗石，一直延续到世界末日"。[21] 即使语言存有多样性，他仍然相信文字是非武断的，并力求揭示作为人的知识基础的"言语的自然历史"，以此挑战武断的常规作为民众机构基础的权威性。[22] 考特相信所有的现代语言以及诸如视像与行走等其他的人的感官都起源于同一个源头。虽然语言是上帝给予的，但考特难以想象它是神的威力的"武断结果"。相反，它来自于自然中元素之间的互动，即人、思维、言语的生理以及他必须"图绘"的客体。[23] 虽然语言是"自然的"，但它在质量上不同于动物的喊叫，人的言语积累人性并分享知识，创造历史并憧憬未来。简而言之，考特的语言理论已经非常不同于 17 世纪神学所启发的"万能钥匙"。他认为语言不是由上帝直接创造的，而是经由自然调节的。以其典型的启蒙运动时期的流行方式（但不同于维柯的明确的文化探求），考特寻求民众社会的自然起源，一种"需要清楚认识的统一语法"。[24] 但是，这种统一语法不能仅仅从既存语言中推导出来，也不能被客观化为同一的语言。他坚信，文明的语言并非来自于各个民族的随机转化或武断任性。语言之间以及内在于自然客体及其名字之间的共同性只能够通过诗意的模仿或隐喻来把握，"所有的物体是经由模仿或比较来命名的"。[25]

考特将写作看作与言语相类似。他将写作理解为绘画的形式，它起源于象形文字并最终转化成在时间中微分的通用字母表，甚至是字母表的字母也指向物体的"图像"。这种指向是隐喻或转喻的，而非直接的，但又"将智性与形体的感官联合起来"。[26] 虽然原始的产品也许看起来多样且不同，但"它们都产

172 自我们的需求"。语言的空间是愿望的空间，即对共同美好的愿望。[27] 在考特论著背面的版画中，墨丘利 / 赫耳墨斯正在教人类如何说与写，并由丘比特 / 爱神引导着。这个并存关系提示着人性与产品之间的联系，即我们当今的艺术、法律与习俗起始于古代的基本需求，并经由以后的需求而变得完美。所有回应此需求的艺术，诸如语言与农业，"至今维系着其固有的传统"。[28]

虽然考特仍然强调"理性"及其对神话的功用性理解，但他认为"寓言即真理"，神话是令人尊敬的话语，早期艺术家并非愚笨或卑鄙。[29] 以其比较语言学家而非封闭哲学家的清晰思维，他宣布一种原初的一神论，以此作为所有既有宗教的基础。它包容了太阳、月亮与天象图案，天象图案带有由闪烁火光所象征的神灵，近似维柯笔下的"朱庇特"。

让-路易·维尔对语言与自然的理解来自考特与迪普伊，以证明对表达性现代建筑的提倡，这种建筑通过既智性又诗意的象形文字式的写作来发现起源。考特相信语言能够也应该被精炼化，以发现"原始言语的能量"。神话因而成为理解古典与完善艺术的资源。作为"对自然的崇敬、高贵与有意义的模仿"，它们能够诠释人的行为、人的作品与大众喜悦之间的关系。[30]

因此，建筑的语言应该放弃令人窒息的古典主义，书写一种融合文化的特殊性与统一性的诗的新形式。

查尔斯-弗朗斯瓦·维尔的诗意建筑

　　查尔斯-弗朗斯瓦·维尔也将建筑理解为写作，但将其置于与古希腊罗马传统的联系中。他的"自然史纪念碑"（1776）运用了所有的古典柱式并表现出相当的构思创新，除此之外，他的建筑实践非常保守。他运用简单且谦恭的新古典主义形式，以多立克圆柱或壁柱为主导，内部体积让人想起无装饰的古罗马帝国建筑。然而有趣的是，查尔斯-弗朗斯瓦·维尔是第一位将"风格"认定为建筑表达中心问题的建筑理论家。[31] 这件事本身具有高度意义。虽然艺术史后来存在着许多误导，在 19 世纪之前建筑意义从来没有建基于风格或形式句法的统一之上。根据查尔斯-弗朗斯瓦，对风格的把握是建筑表述性格与意义 173 的前提。通过与文学的类比，建筑是文字（建筑线条）与语句（建筑秩序）的组合，"使修辞纯净优美，时而甜美、启发、强烈、说服，且总是高贵，即使简单中亦如此"。[32] 风格取决于所建造的场所与国度，如同文学取决于语言与习俗。没有风格的建筑师就像没有语法的作家。

　　考特曾主张统一语法的存在，它一成不变，并成为众多不同语言国家的"易变天赋"的基础。语法要求"以最清楚、充满活力及最快的方式来描绘思想"。[33] 通过类比，查尔斯-弗朗斯瓦相信，建筑风格依赖于元素的选择、性格以及它们在建筑中产生的纯净度。有着恰当性格与正确句法的建筑作品因而将"愉悦的和谐"传递给它们的居住者。[34]

不同于杜兰德，查尔斯-弗朗斯瓦将建筑表达视为首要问题。然而，他拒绝同时代人布雷与勒杜作品中对传统的极端摒弃。建筑的秩序必须扎根于与政治相关联的某种集体性的历史理解。查尔斯-弗朗斯瓦将建筑的衰落与政治混乱一致，并尖刻地批判其同代人与上代人的"疯狂想象"。他敬佩佩罗的理论与实践中建筑的政治维向，但又拒绝接受建筑可以被简约为习俗的相对主义表达。他时常说道，艺术衰落的主要原因是对新奇的无节制的欲望。他在其《原理》第一集的开篇中陈述了科学与美术对身体与政治的健康的影响。他认为，虽然艺术与科学都可能以邪恶为师，但它们对阻止犯罪是必要的。他为法国大革命之后的建筑辩护，并认同卢梭所说的"国家腐败的因素通常也是防止更严重腐败的关键"（见《〈纳尔西斯〉序言》）。他认为最美丽的发现来自生机勃勃的古代共和国，而现代共和国应该在政治与建筑上都效仿过去。

"风格的纯净"很难被达成。根据查尔斯-弗朗斯瓦，这"意味着秩序的整体包含着古典时期最美建筑的精神"。（《原理》，98）他看似主张句法的稳定性与"可见的"和谐（近似于洛吉耶在其 1770 年的《观察》中的观点），[35] 他规劝建筑师采用"快乐的"过度，拒绝能够玷污建筑风格清晰性的琐碎而烦恼的部件。查尔斯-弗朗斯瓦反对启蒙时代的希腊与哥特风的理想主义，对古典与哥特元素的"怪物性"组合表示反感，比如巴黎的圣厄斯塔什教堂。（77）他的"可见的内在统一性"观念成为 19 世纪对风格的规范性理解。

查尔斯-弗朗斯瓦将以前与性格相关联的关注置于风格的大标题下。这非常类似波夫朗（Boffrand）所为，查尔斯-弗朗斯瓦主张，如同诗人不应该使用寓言或田园诗去描述军事用途一样，建筑师也应该对每一个设计使用恰当的风格。他还主张数学关系在既成的传统中提供统一的语法，让人想起 18 世纪的文本中将柱式与音乐模式联系起来。风格（这个概念在语源学上与"stylus"即柱子相联系）与三种古典柱式相关联：多立克、爱奥尼克与科林斯，这些柱式的直径与高之比分别是 1：8、1：9、1：10。然而，根据建筑性格，对风格的应用包含着对柱式中比例的合理调整。比如，多立克柱式可以被拉长并从 1：6"增长"到 1：8。所有的柱式都可以照此做出调整，查尔斯-弗朗斯瓦的偏好是多立克，因为它最古老，是其他两种柱式的起源。（第 22—24 章）当然，所失去的是古希腊与罗马建筑支持者之间的长期争论。对查尔斯-弗朗斯瓦而言，奥古斯都时代仅仅是让柱式更完美，因为它们在本质上都是一样的。（151）多立克柱式往往就足够，因为其比例可以被调整来表达建筑的恰当性格。这导致具有简单柱梁关系及朴实窗洞的建筑完全经由自然规律所固定的比例来规范。

查尔斯-弗朗斯瓦的作为建筑表达基础的句法观念在随后关于轮廓与线脚及其如何区别于"偶然装饰"的章节中更加清晰。（152；见第 25—27 章）轮廓是更简单的线脚组合，其比例是由适配的部件与整体规范的表达所决定。线脚的知识在建筑中是本质的，没有它们，构造将变成无言的实体而没有特色或性格。（152）依循理论文本极少提及的实践中的一个长期传统，查尔斯-弗朗斯瓦论述道，线脚与模板的发明有赖于建筑师的想象与才能，建筑师掌控着"线的划分及其关系"，即建筑的"基本科学"。（152）他将建筑写作看作是建构从线脚到轮廓、秩序及建筑的统一整体的几何技能。他甚至宣示对皮拉内西的装饰价值的尊重，但又对其"沸腾的想象"感到焦虑。（158）

查尔斯-弗朗斯瓦从孟德斯鸠（Montesquieu）、布里瑟与勒·加缪的 18 世纪理论中吸取了成熟的观念，反思协调的比例与布置如何"暗合于我们的组织"，（158）以及我们的眼睛摄取细部的内在能力。虽然他批评"大革命建筑"，但也呼应着布雷对雄辩的愿望：

> 雄辩从自然中派生出自己最珍藏的秘密以图赢得并交往我们的内心。建筑也从同样的来源中派生出自己捕捉人眼的手段，虽然自然并没有给建筑提供可模仿的固定模式，但通过和谐，自然确实给予了构成和谐之部件的恰当对应，以及揭示关系精确性的某些规则……从此，建筑衍生出其雄伟、优美、正确与表达。（157）

他认为建筑的表达力不是通过对自然的直接模仿而达成，而是有意地运用风格（即写作形式）作为中介，通过说服来传达意义。查尔斯-弗朗斯瓦对新奇的怀疑排除了他对"诗的意向"的提及，但是他的确将修辞定义为建筑的政治文脉中的关键因素。建筑不得不"清晰地"交流，但又不仅仅追寻科学或实用理论的教条。亚里士多德将修辞认定为一种根本的学科，它使伦理学与诗学中的真理表达成为可能，因而对政治与艺术都至关重要。查尔斯-弗朗斯瓦相信，建筑如同修辞必须界定共同领域，以延伸文化的交流空间。

对查尔斯-弗朗斯瓦而言，建筑实践中最终没有任何东西能够被设定或框定。只存在一些不变的规则，"创造发明是一个集合概念，其不同的形式受制于直线或弧线、简单或组合所表达的维向。"（241）从这些线的组合中产生出平面与立面，它们应该清晰地由对称形式与稳定的比例来构成。例证总是要好于箴言。规则持续地从历史先例中被抽取，总是将建筑师导向经验与体验的感知，而非文本或科学的知识。比例是一种"统一的语言"，它只能通过特定的历史例证来把握。事实上，查尔斯-弗朗斯瓦仍然将比例与律动视为建筑的两个根本原则。这些前提甚至将他导向批评佩罗在卢浮宫东立面设计中对双柱式的运用，因为他（如同弗朗索瓦·布隆代尔）认为这些柱子与古代的权威相矛盾。（51—52）他重复着传统的观点，认为自然是建筑基本元素的来源，并补充认为自然是构造原则的来源。（198）然而，他观察到因为建筑没有自然世界中的直接模仿对象，它需要不同于实验性自然科学的策略。（26）[36]

查尔斯-弗朗斯瓦·维尔在其职业生涯中写过许多关于技

术话题的短小作品。他认为这些作品的数学演示可以帮助读者理解原理，但不能够指示建筑师关于某个设计的特定比例或形式。[37] 他倡导对石材切割中的几何与结构测试中的代数的谨慎应用，但他相信这些几何运作并不能够提供绝对的结果。真正的稳定性只有通过在支撑点、基础与被承载体之间建立正确的比例而达成。这些关系必须来自实与虚的正确分配，后者建基于传统的古典秩序，即过去的大师们所使用的"受人敬仰的对应关系"。（《原理》，200）

查尔斯-弗朗斯瓦对此主题很痴迷并将其发展成若干文章，最终独立地发表于 19 世纪 10 年代。在"论数学在确保建筑稳定性中的局限"（1805）一文中，他考察了几何假设的局限性以确保建筑物的稳定与持久。这个问题在 18 世纪早期已被提出，但直到查尔斯-弗朗斯瓦的时代当应用科学在构造中的成功发展时，它才成为建筑实践的关键问题。他一方面承认数学有利于解决思维与理想化的问题，但又认为当其应用于带有不定性与无限多样性特质的形体度量时并非显得完美。[38] 他自己为设计完美建筑而建构原则的尝试在其"运用建筑柱式的比例增强建筑物的稳定性"（1806）一文中体现。在此文三十多页的篇幅中，他着重描述了自己的理解如何可以被应用于特定的例子。然而，他的规则并非意欲提供一种维向性的表格或公式。他略带讽刺地说自己情愿将此种"伤害性"的著书立说留给他人来177 完成，不愿意对大事化小的"囫囵吞枣与值得商榷的汇编"有所贡献。[39] 虽然他的方法提供了一些原则，他仍然建议建筑师学习当代与历史案例中的古典柱式与建造程序。[40]

查尔斯-弗朗斯瓦经常引用德·昆西（Quatremère de Quincy）的观点，声称一门艺术的所有方面都紧密联系着，并将此称作"根本定理，从此基础上派生出构成建筑艺术的所有真理"。[41]这个概念对专业化与专门化的教学发出挑战。他坚信建筑只有通过模仿过去的伟大建筑才能走向完美，这些伟大建筑被普遍地接受，因为它们统一体现了所有的原则。建筑是"自足的"，因为其最好的作品包容了建筑艺术的所有原理；因此，它不遵循而是建构着规则。他举了许多例证，包括众所周知的苏夫洛（Soufflot）的万神庙的失败，他试图证明静力学的抽象原理所产生的结果永远与现实不相符。[42]他拒绝"建筑师必须首先是几何家"的流行观念。他还相信知识与学习对建筑而言还不够，"人天生就是建筑师"，具有精致与敏感的精神，能通过观察典范的结构来发现构造的神秘。[43]

查尔斯-弗朗斯瓦断然拒绝将理论简约为专门的技术手段。在其《论文集》中，他写道，构造的现代科学是如此令人困惑，教授不是在教授根本的建筑原理，而仅仅是诸如石工、石材切割与木工之类的建筑理论与实践。[44]因为法国的以学校为中心的教育建基于如此理论，他对这些新机构的批判显得尖刻。查尔斯-弗朗斯瓦担心有志的建筑师不能被教授建筑的真正原理。他将画法几何的论著描述为对建筑意义的误导。以此方法训练出来的青年建筑师永远不能够实现公众对他们的期望；他们在设计与构造上都显得无能。[45]在"建筑的传统学习"（1807）一文中，查尔斯-弗朗斯瓦捍卫建筑教育的传统方法，尤其是皇家建筑学会的学徒制与课程，攻击巴黎综合理工学院所采用的新方法回避了真正的"构图原理"并允许建筑师擅自改动柱式比例。他还批判功能主义，认为如果对某个功能平面的不同选择导致同样美的构图，那将不可能区别建筑的好与坏。[46] 他被新方法中的矛盾所激化，宣称"完美定义的错乱已经占据了物理数学178 的门派，它由不同的分派所构成，有些接受而有些不接受建筑设计中普遍原理的存在，而它们都全然效忠于精确的科学！"[47]查尔斯-弗朗斯瓦认识到建筑既不属于应用科学也不属于美学的领域。建筑不可能按照工程学或绘画的模式来教授。这两种方式的结果将是对建筑价值的不可接受的简单化，因为建筑作为与深层文化根基的交流实践这一维向被忽略了。建筑意义建基于历史并总是超越技术。由此，他梦想着一所"特别的建筑学院"，它将提供人文学科的坚实教育，以此作为未来建筑师的基础。[48]

当确信学生学的仅仅是几何与绘图之后，查尔斯-弗朗斯瓦认为"建筑的学习正在被简约为项目的阐述"，虽然"建筑的美取决于建筑师的观念"。[49]绘图成为简单的表达思想的工具，但它可能成为产生好作品的障碍。在《原理》中他推测为什么建筑较之其他艺术很少出杰作。他注释中提到建筑师不同于画家与雕塑家，并非通过实在地制作建筑物来学习业务。（第42章）他将绘图看作一种阻碍，因为它们不能够决定建筑物的许多特性或确保其完美。即使足尺比例的模型效用也有限。与年龄与才能无关，建筑师总是面临建构中的"起伏"，他们对表达的探寻总是依循着未定的道路。（238—239）他认为，如果建筑师能够在实施中纠正设计，即使是好的建筑也将变得更好。有趣的是，他的评论表明建筑实践已经认定绘图是规划与预测的工具，是关于未来建筑的总结性图画，而非通向神性的手段。

查尔斯-弗朗斯瓦认为对绘图的强调以及建筑与绘画之间的误导性联系（例如在18世纪建筑师勒热、布雷、勒杜与德·瓦利的作品中很明显）将年轻建筑师引向对想象的滥用，忽视它们的艺术准则，使设计没有特色。结果，他们仅能做些可怕的联系以及时常是不可建的简单形象。[50]查尔斯-弗朗斯瓦拒绝杜兰德的"效用是建筑的主要目标"的观念。他难以接受其同代人仅在几个星期之内就设计出巨大的建筑。一座重要建筑的理念必须经历漫长的时间，它需求浩瀚而硕果累累的想象和极其敏感的思维。由杜兰德构图机制的方格网所催生的设计过程速度，造成建筑是一门容易的学科以及渲染图是其唯一棘手问题的错觉。事实上，建筑师的才能只能在建筑的实施中才能被检验。[51]查尔斯-弗朗斯瓦认为学生的最好的实践教育应该包括由大师陪伴的仔细的建筑审视，就如同日志中记载的详细观察与反思。在经历如此七年的训练之后，一名学徒才能够开始建造。

查尔斯-弗朗斯瓦还批评完整性设计，即使用施工图与设计细则来预示整个的施工程序与造价，这种方法被朗德勒（Jean Rondelet）推荐为成功建筑的关键。今天设计的这些方面与工程学及财政相关联，而对查尔斯-弗朗斯瓦而言，它们具有与预测性图示和设计相同的局限。他认为，强调施工图与造价预算将阻碍艺术家的天才，改变其初始的想法并导致他失去对完美的明鉴。[52] 他强调预算仅有教导的价值，使用它们并非就意味着节省成本，因为这不能够催生更好的建筑。建筑的过程不能被简约为规划，建筑施工不能经由阅读汇集着典型细节的书本来学习。当代建筑师应该模仿其先辈，他们从来没有通过使用可疑的建造系统或接受低廉的经济条件来产生结构。[53]

查尔斯-弗朗斯瓦在刚刚经历了粗暴的革命变革的世界中寻求持久与稳定的建筑。混乱来自人性的新近发现的"历史性"，它表达着历史的进步观，颠覆着现在并威胁着破坏人性的根基。作为当代的工程师，朗德勒在其《建造的艺术》一书中主张一种进步的建筑史，书中他提到最有意义的形式是通过结构的真实性来产生。他赞扬哥特与法国18世纪的建造者们，但将古埃及的金字塔贬低为近乎愚蠢，又将古希腊对石材水平梁的使用诋毁为无能。[54] 相反，查尔斯-弗朗斯瓦讥讽朗德勒的观点，这些观点包括过去的大多数建筑师都"没有依循规则或原理"，以及"在应该少用材质的地方却过多地堆积"，反之亦然，等等。[55] 就查尔斯-弗朗斯瓦看来，18世纪并非比之前的世纪更具启蒙性，因为计算并不必然地导向优良的判断。他认为过去的杰作是显而易见的，但哥特的"种类"却失败了，因为公众不能够感知其结构力是如何传递的。对查尔斯-弗朗斯瓦而言，最好的建筑是最清晰的交流。

自然教会建筑的"真实原理"是持久性与稳定性，而这些价值对必须超越历史变化的现代机构来说很重要。虽然查尔斯-

弗朗斯瓦的论点也许有些传统或乏味，它却是经由结构行为的科学知识与公民社会的"建构"中建筑的历史作用的全面理解而形成。（《原理》，250）稳定性因而表达着价值并获得象征的地位。即使建筑物最终会消失，建筑师的责任却是要生产耐久与"永恒的"建筑。[56] 他们能够在生动的传统已开始消失的时候重塑传统。比如，建筑师能在群山中发现平衡中的力与反力的"神秘"、"历经 4000 世纪的古金字塔的几何"。（原文如此）虽然新"几何家们"生产的建筑具有抓住观者注意力的切割术魅力，但它们很快就会让人感到不安。（208）

　　不同于让-路易·维尔，查尔斯-弗朗斯瓦相信建筑的起源是全然不可知的。（94）它也许恰巧与社会一同出现并显示出原始的简单性。当建筑变得更复杂时，它需要箴言与规则来产生"更合宜与坚固的建筑"。理论应该提供由文字而非数字所陈述的规则，建基于从书本、旅行或思考中收集来的经验。它必须有赖于历史，而且对学生与业主（尤其是那些新的还未被教育的公民）都有用途。实践决定着建筑师的真实能力，他只能够通过学习范例并实施与监督建筑的建造来获取这种能力。只有通过历史范例我们才能明白"统一的语法"。事实上，他将自己的规则教育通过先例与布冯（Buffon）的《自然史》联系起来，"如果经常沉思同一个对象，稳定的印象就会形成，它们在我们的头脑中经由固定不变的关系而连接起来。"[57] 他因此还指出这与文学中学习古典作品之间具有一定的相似性。

　　在考察西方传统时，查尔斯-弗朗斯瓦主张一种持续的发展路线，即"欧洲"的建筑语言，其中所有的"种类"，诸如哥特、文艺复兴、意大利与现代法国，都完全根源于同一的古希腊根基，并从其前辈那里发展而来。某些作品，诸如帕拉蒂奥与维尼奥拉（Vignola）的意大利文艺复兴作品或是巴黎荣军院，正确地将希腊风格适应于现代的需求；而其他的，诸如波洛米尼与瓜里尼的"斜角建筑"和法国洛可可，通过制造任性与武断的变化使得原则腐败。例如，哥特并非是拥有自治原则的不同的"发明"，而是由于时境、历史模式的消失以及政治结构的衰败所导致的衰落结果。（《原理》，70）[58] 查尔斯-弗朗斯瓦认为，习俗与意见中的差异产生了可怕的后果，甚至在古代亦如此。对新奇的欲望是"一个内在的敌人"，甚至在政治稳定的时期亦如此。（43）

他的反无节制自由的论调，及其对过度竞争导致近期建筑衰退的焦虑，乍看起来很激进。查尔斯-弗朗斯瓦在其许多著作中重复这种致命的批评，最显著的是在其最著名的论文"18 世纪末建筑的衰退"（1800）中，他攻击两位 18 世纪晚期的流行建筑师。在不点名的情况下，他用废墟建筑的尺度来概括其中一位建筑师（有可能是苏夫洛），用过度想象性设计的巨大数量形容另一位（也许是勒杜或布雷）。[59] 就查尔斯-弗朗斯瓦而言，构造不能被简化为数学公式，建筑不能被等同于绘图艺术。[60] 拥有想象力或学习构造理论是不足够的，只有文字与行为之间的传统互补才能产生表达性与政治负责的建筑。[61]

查尔斯-弗朗斯瓦并非简单地倡导一种保守的观点，相反，他寻求既非民族主义又非平等主义的传统中的"进步"。他在"衰退"一文中的批判主要针对从不同国家中而非从基于"古希腊杰作"的自身传统中寻找原理的"时髦建筑师"。他的理性偏见使其不能够认同神秘表达中的"真理",所以他对其兄弟所敬仰的"野蛮人类的任性产品"嗤之以鼻。[62] 他还批评新的"历史"书（可能指向杜兰德与勒格朗的编辑作品）从不同文化中组合建筑,从而导致建筑的衰退。显然查尔斯-弗朗斯瓦·维尔充分理解建筑史暴露出的危险与潜能。他不认为"真正的美"可以来自不同建筑的大杂烩或者建筑的每个种类可以拥有其自身的相对美。[63] 他坚信,在我们寻找真正口味时,我们必须"相信"我们所追寻的口味是最好的。在他看来,这就是拥有古希腊原理的西方"语言"。没有这种态度,我们不能够纠正思想,而我们的道路也将模糊不定。对我们而言,古希腊人是超群的,因为他们是古老的并创造了语言。我们的建筑有变得更完美的潜在可能。查尔斯-弗朗斯瓦的句法性建筑话语在结构上近似于文学先锋派文字的诗歌。而且,这种话语敏锐地意识到其基于 182 历史诠释的表达政治姿态的责任。[64]

　　对查尔斯-弗朗斯瓦的贡献难以评价。不像大多数的同代人,他明白建筑不能被简约为专业知识。虽然建筑不是"人类学科中最重要的",但它无疑是"高学问"的一部分并必然与其他学科交叉。（《原理》,20）他痛惜大革命斗争之后的混乱局面,甚至将对建筑新奇性的毫无方向的狂热归咎于政治的震荡。[65] 他的态度看似保守,拒弃那些现在似乎是预示着现代运动的革新，但是他清楚地意识到在更广义的人性对平等与民众参与的寻求中建筑与政治秩序之间的关系。他相信建筑必须首先作用为社会交流的空间。没有这种与社会的关系，内在统一的建筑（或内在统一的文化）几乎毫无希望可言，这与建筑师的才能无关。大革命是建筑衰退的原因，他的这一观点也许使他退出主流建筑舞台，但是这种观点来自于坚信建筑的确可以走向另外一个方向。因此，他拥有一种近乎后现代的对进步中的微弱信仰。[66]

《原理》一书旨在一种建筑的接受理论，它针对新兴的资产阶级市民，他们都受过如何恰当阅读传统建筑的教育，虽然传统建筑往往与旧政权的价值相关联。明白了查尔斯-弗朗斯瓦对建筑的政治理解，他培养应用者的目的就显得意义重大。建筑师与业余者都应该通过感觉与理论来理解规则，而建筑师的理论实践只能经由对建筑文化的"投入"来达成。（《原理》，19）真正的美必须有赖于历史原则，因为建筑中对自然的模仿不像绘画或雕塑中那样直接。然而，对一些箴言的枯燥列举对大众与初学者来说大多还是有用的。实践者通过例证、观察与比较来学习，而且必须与目前确实可接近的历史联系。（29—30）他建议年轻建筑师和学生不仅要读维特鲁威和帕拉蒂奥，还应读勒·鲁瓦（Le Roy）、德戈德斯（Desgodetz）以及斯图尔特（Stuart）与列维特（Revelt）的书。（原文如此，见第8章）只有这种经历，集"创造力"和"便捷性"于一体的建筑作品才能体现想象（"创造的感觉"）与审美（"评判的感觉"）。（27）

维尔将理论实践推介为历史，一种建基于经验与口述基础
的话语，它根植于实践并由特定场所中的行为所产生的问题来 183
驱使，它作用于特定的业主与文脉。（50）这是历史的理性，并
非科学、技术或神话的理性。它的经验教训不能被简约为教条。
确实，查尔斯-弗朗斯瓦时常重申关于字词与行为之间的联系，
以此隐含地质疑他周边变化的技术模式。

交织

如果你运用超现实主义的技术来写作可悲的废话，它仍然
是可悲的废话。这没有什么托词可言。如果你属于不知晓字词
含义的个体种类，超现实主义的实践极有可能仅仅是将此全然
的无知放大。

——阿拉贡（Louis Aragon），《论风格》

"作品"的进步论历史观在19世纪的建筑话语中成为主导。
它主张建筑语言是通过建筑的风格来理性地表达，如同优美且
"科学的"散文形式。一旦某种风格（或诸风格的有意组合）被
理性地选择来传达设计的问题，国家的形象甚至偷窥狂的情节
以及所有保留下来的都成为一种"构图"练习。

巴黎综合理工学院创立的、在杜兰德的两本著作中着重分析
的理论框架成为欧洲与北美大多数现代建筑教育机构的基础。[67]
杜兰德理论中的许多教学主张也几乎立即被巴黎美术学院所内

化。虽然有着 19 世纪"作为艺术的建筑学"与"作为工学的建筑学"的激烈争论，这两所院校却想当然地共享着大多数的关键前提。这个毫无结果的争论持续到我们的时代，成为对历史与理性的狭隘与扭曲的理解，并导致学科两极分化为功能主义与形式主义的阵营。

查尔斯-弗朗斯瓦·维尔是第一位将风格"问题"认定为创造性基石的基本语法。建筑师必须写作优秀并知晓字词的含义。然而不同于其同代人，他认识到风格不能通过简单的意愿行为来先天地产生并简约为创造的冲动；它取决于国家与场所。恰当的风格只能够通过历史的理由与动态的制作来发现。他试图想象着另一种不同的可能，即不要将建筑简化为应用科学，警惕将建筑唯美化为个人幻想的表达所蕴含的危险，他认定个人幻想时常毫无意义且与社会无关。他极端保守，叹息个人的创造性，坚持认为古老的先例几乎不可超越。[68] 他将理论理解为经由欧洲传统的伟大建筑来与过去进行综合交往的话语，这个观点显然具有建设性。然而，作为诠释学的有限形式，这个理论对将建筑理解为如同精确科学那样由数学理性所推动的"进步"学科的观点发出质疑。对查尔斯-弗朗斯瓦来说，过去作品的意义建基于其历史的持久性，它是超越时间的现象学意义。如果伟大的历史范例能提供原则，而当代实践对其进行模仿，建筑将通过对历史的诗意模仿而被创造出来。关键问题是"模仿"的准确意义。如同尼采在查尔斯-弗朗斯瓦几十年之后所解释，在宇宙学缺失的状况下，历史能够为有意义的人类创造提供出发点，但同时它又可能成为可怕的绊脚石，使我们觉得自己像后来者，总是行进在巨人的阴影中。如果模仿仅仅是抄袭或抄本，结果将不可避免地是保守的。然而，如果模仿是翻译，我们也许有希望产生真正的创新，作品将显得新鲜而不可预测，但又令人熟悉，这将是持久的作品。

将维尔兄弟理解为互补而非仅仅是争论的关系，为我们提供了一个出发点去想象进程终结处的可能的建筑，它超越了道德与美学的常规观念。虽然让-路易仍然倡导着牛顿式的诗意并坚信作为科学的诗学，他完全懂得展开批判的必要，以图建构建设性的历史来揭示神话中的真理以及真理与美之间的嫡亲关系。另一方面，查尔斯-弗朗斯瓦也理解批判的重要性。他主张诗学需要科学，批评同时代人把绘图艺术与构图及构造科学分割开来。对查尔斯-弗朗斯瓦而言，科学是"历史的理性"，是实践的理性，它不能天衣无缝地与数学逻辑相混淆，它是诗意建筑承担道德功用所必需的。

在许多问题上这两兄弟所持观点大相径庭。让-路易对西方古典传统猛烈抨击，而查尔斯-弗朗斯瓦则将西方古典传统看作基于古希腊语法之上的自明语言。查尔斯-弗朗斯瓦将古希腊语法还原为对简单线条、构造与比例的极少主义表达，非常近似德·基里科的形而上学绘画或罗西的理论建构中所表现的那些建筑。让-路易将建筑理解为语言，将其与文化统合的领域相联系，通过简单几何表达大同的仪式。让-路易为支持大革命的创新建筑的理论前提提供了清晰的解释，而查尔斯-弗朗斯瓦则将这些创新建筑视为基于对起源之妄想上的与新奇的纠缠。在这个同异的网络中，我们发现关键的当代性问题、与主流发展相悖的主张，以及建筑在爱之上的可能选择，它能承担起爱欲与友爱的使命。

如果建筑是一种写作形式，它必须是诗或雄辩的散文。维尔兄弟将建筑师／作者视为被赋予历史视角的有责任的个体。建筑不能够成为实用的产品或神秘创造。对他们而言，技术与文化的高度机械化是不可想象的。无论是依赖于对形体化理性内在界限的内向搜寻，还是对神话理解的深度探寻，或者深奥地扎根于历史理性，建筑都需被定义为精神的成长。话语应当被理解为行动，以此拒绝理论（如同应用科学）与实践（如同科学技术）的新技术性理解以及融合或完美匹配两者的幼稚愿望。[69]建筑师必须明智，能够理解自己作品的文化意义，而非是艺术或科学的技术专业户。维尔兄弟反对从杜兰德到"图表建筑"新时尚中的简约符号系统，将建筑理解定格为向"翻译"打开的写作。无论建筑与象形文字或风格、诗学或政治配对与否，问题的所在是修辞，关键是发现有效的社会参与的恰当表达。虽然维尔兄弟对理性与诗意的侧重不同，在某些方面甚至南辕北辙，但是他们都寻求建基于文化统合上的建筑，揭示交叉主体中的雄辩与真实。在彼此之间他们都预示着作为我们社会存在的诗意表达与秩序手段的建筑可能性。

查尔斯-弗朗斯瓦拒绝杜兰德的技术性理论，而让-路易批评围绕着18世纪新古典主义的无用途的美学讨论。两者都以自己的方式关注着建筑美学化所蕴含的危险及其在自我满足式幻想中的表现，它们使有效的社会参与失去可能。如果建筑是艺术，这是因为美具有社会相关性且涉及人的生存境况，因为建筑的秩序是真理的表现。

186

8 （西方）建筑传统中的诗与意

开篇

在面对美的时候，眼泪可以在若干场合奔涌。假设美是以人的视网膜最匹配的方式使光扩散，眼泪则是对视网膜及眼泪未能留住美所发出的感叹。在整体上，爱伴随着光的速度而来，与语言的声速相分离。正是由于从更快的速度减弱到低的速度，这使人的眼睛湿润。因为人是有限的存在，与美的场所发生的离别总是让人觉得具有终结性；似乎离开美就是永远地离开它了……由于眼睛自身不与所属的身体而是与它所关注的对象相认同……眼泪是眼睛对未来的预示。

　　　　　　　　——布罗茨基（Joseph Brodsky），《水印》

哭泣是当视觉扎根于我们所需求的大地，它是对开放的需求、对接触的需求、对整体性的需求。

　　　　　　　　——莱文（David M. Levin），《视觉的敞开》

他我是确实存在的，因为不是我在看，也非他在看。因为
无名的可见性寓于你与我，这是一种总体感的视觉，它穿越属
于肉体的原初属性，经历着此时此地以及无所不在的永恒。

——梅洛-庞蒂，《可见的与不可见的》

从内向外的建筑

真正的传统不是一去不复返的过去的遗迹，而是使当下生
动且富有意义的生命力。从这个意义上讲，那个半开玩笑式的
自相矛盾的命题，即所谓一切非传统的都是抄袭的，确实是正
确的……传统远非意味着重复已有的，而是预先设定着那持久
的现实。它看起来就像传家宝，一个人将它继承下来就是为了
在传给后代之前让其开花结果。

——斯特拉文斯基，《音乐诗学六讲》 187

与我们的第一印象相反，现代生活与传统的破裂并非意味
着过去的消失或贬值。甚至有可能正是在这种破裂发生之后，
过去才能显现得如其所是，获得迄今未知的重要性与影响。传
统的消失意味着过去已失去了其传承性，除非人们找到恢复与
传统关系的方式，否则它将变成简单的积累对象。

——阿甘本（Giorgio Agamben），《空虚的人类》

随着牛顿认知论的垄断，18 世纪关于神的语言仍然与数学
相关联，它是不可置疑的自然"规律"的语言，比如"万有引

力定律"。当艺术家与理论家（诸如音乐界的拉莫、美术界的
巴特和建筑理论界的布里瑟与洛吉耶）将牛顿的洞见推断到人
的科学时，他们相信自己能够解读这种数学语言并将其应用于
奠定各自学科的基础。[1]建筑中的表象理论寻求建筑形式的"文
化"源头，但仍然将比例作为建立与自然的类比关系的手段。

　　然而，在同一个世纪，往往在同一作者群的作品中，语言
的类比逐渐变得更为重要。虽然在实验与技术产品中显现出数
学理性的自明性，维柯对作为统一语言的原初与终极基础的数
学逻辑的合理性提出质疑。他关于神话作为人类表达的原初模
式的观点导致其对语言的与众不同的理解，他坚信统一的语言
必须是诗意的，而非理性或数学。通过一种非辩证的方式，他
对个别文化的特殊性与想象性统一的现实同时加以肯定。这个
观点对我们而言是无价的，它也许通过维柯的学者朋友、威尼
斯的洛多利的教学而第一次被传递给建筑师。[2]维柯将历史理解
为既非完全的线性也非完全的循环，这对认清进步论的谬误与
西方逻各斯中心主义的后现代诠释理论很关键，同时又避免了
相对主义以及从若干传统中抽取元素来建构道德的理论实践。[3]

　　在建筑缓慢地跌入历史之后，大约在费舍尔的《概述》
（1721）与杜兰德的《平行》（1801）之间，我们遭遇到从内部
思考建筑的挑战，它试图从建构的秩序内部，即我们在精神与
认识论上深深扎根于古典传统的西方文化中来考察建筑的潜在
意义。在《人性的，太人性的》（1878）一书中，尼采清醒地表
达了在其时代及之后的若干世纪中艺术作品的局限性与面临的

挑战。一方面，新的历史视点使我们能够全新地欣赏艺术，"死亡的魔力似乎在其周边游戏"。他预言艺术家也许"不久就会被看作光荣的遗迹"，但是"我们的最好的东西也许来自早期的感性，而我们几乎无法再直接接触到它；太阳已经落下，但我们生活的天空依然闪耀着它的光芒，即使我们不再能看见它"。[4]

尼采最终看见诗意表达的能力，它是一种能够宁静面对深渊的新超人的本质特征。他的哲学寻求揭示新真理，而寻求的过程变成诗意的游戏。他意识到这个目标很高远且问题极度复杂，这要归因于法国大革命之后的社会变化。他写道："当今天的艺术家极力让自己的作品产生感官的效果时，他们时常犯错；因为他们的观众或读者不再拥有完全的感性，与艺术家的初衷相反，他的作品对观众产生的效果是一种与无聊紧密相关的'神圣'感。"然而，情况并非毫无希望。尼采提示，观众的感性发生在艺术家止步的时刻，这样双方也许"在某个唯一的点上"相遇。[5]

尼采反思着建筑以及当建筑被视为美学"产品"时所出现的问题，他指出，在总体上我们不再能够理解建筑，"至少不再以理解音乐的方式来理解建筑。我们已经远离了线条与图形的象征主义，就如同我们使自己断绝了与修辞的声音效果的关系"。这种"文化的乳汁"不再是我们吮吸的源泉。"每一座古希腊或基督教建筑中的每一个细部都原本意味着什么，它确实是事物更高秩序的东西。这种取之不尽的充满意义的感觉将建筑蒙上了一层魔幻的面纱。美（就其美学感觉而言，如同美女）

只是偶然地进入这个通过神的魔力与对神的接近来运作的奉献系统，没有在本质上介入神秘且升华的根本感知。美至多减轻了恐惧，但这种恐惧是无处不在的前提。"[6]尼采清楚地察觉到我们至今在感知建筑时仍然面对这一基本问题，对他的同代人而言，建筑物的美就像无实质的虚伪面罩，一种可有可无的装饰罢了。

世界建筑的多样性、仪式的不可理解性、理论思考的表面无关性以及对美或雄伟的无用追求，杜兰德所处的19世纪早期对逻辑与功能理论的梦想迅速扩散开来。这个梦想，同时也是一个噩梦，不久即被广泛表达为一种方程式。虽然森佩尔（Gottfried Semper）敏锐地批判作为美术的建筑，并提出在手工艺范畴中对建筑起源的自己的理解，他却将建筑看作是通过算术语言来解答"问题"。自相矛盾的是，正如梅洛-庞蒂所指出，算术是一场抵抗语言的被给予性的革命。无论它们有多么复杂，建筑的实用性理论通过数量或概念的变量回应人的生活，但总是错过真正的文化议题，而趋向于实际的答案或有机的类比，由此否定了建筑与人的境况的潜在关联。

我们也许确定建筑意义的存在，但关于这些意义我们所能说的（如同关于死亡我们所能说的）表明它们远不可及。建筑似乎生存于另外的领域，这种感觉在建筑所有的形体体现中都很明显，这无论是就观念还是所有类型的构造而言皆如此，包括机器、花园与建筑物。这个特征导致后结构主义评论家诸如威格利（Mark Wigley）断言，"建筑"及其"表象"都是均质的。这个论断的逻辑一致性使这个起源于德里达的"写作"概念的流行观点显得颇具挑战性。但是，正如斯坦纳所指出，将关于里尔克的重要写作与里尔克自己的写作等同起来会给我们的诗意经历带来不公。对诗意片刻的参与具有变革性，常规的时间性发生解体，用帕斯的话来概述，生与死巧合的灿烂时刻得到显现。虽然诗与散文都表现于写出的词句，但诗（没有必要是押韵诗）在特质上迥然于散文。在诗的作品中，无论其特定的媒介形式，首要的言说性以及我们与世界的全神贯注的交往得以显现出来，我们的完全意识得到打开，而它不再仅仅是论说理性的感官。我们在半路上与诗意作品相遇，通过那个在心与腹之间我们无法命名的器官开始"感悟"。真理显现为火花、短暂的声音、沉默、永不恒定，它永远是转瞬即逝的遭遇。诗的词句是多义的，因而显然是可翻译的。当然，读者必须愿意倾听。

否定诸如塔尔科夫斯基的《乡愁》与高迪的巴德罗公寓这些诗意作品的交流与变革的能力，就必然附和笛卡尔所言的感知经验是一种妄想，或者同意后结构主义所说的作品仅仅是文化的建构；这两者都否定人的意识的前反思区域。在此为现象学理论探讨哲学案例显然不合适，但是有必要指出最近几年来持续不断的后结构主义与现象学之间的争论，许多评论家都指出梅洛-庞蒂晚期哲学的重要性，以此反对德里达的假设。[7]我们与艺术品的特定遭遇从来不是雷同的，即使对同一个人来说亦如此，但是艺术作品使人们得以与真理感交流，无论这种交流在后宇宙学的世界是多么短暂，正如海德格尔所言"真理打开"。

后结构主义的批判与存在现象学的回应被启蒙运动时期的文化变革所预示。自从 18 世纪以来，"绝对"的所指如同在牛顿的形而上学中被进一步消除。[8]上帝存在但已变得遥远，不再受身体与人的行为的相对运动的影响。最终，上帝被流放到个人的信仰世界。这种情况完全不同于中世纪将上帝理解为神秘性、一种"其他性"，但又始终有意义。18 世纪，历史被看成人类产生的进步性变化，一个迥然于过去并指向未来的现在。建筑寻求通过绝对的可见性来交流情感，却不认为意义与可见性有何联系。语言学的类比，带着其复杂性与矛盾性，由此成为现代建筑的唯一选择。根据斯坦纳，所有的语言学论述都涉及现实的具象与抽象的两极。对建筑而言，有必要认识到柏拉图的"原初空间"概念也是梅洛-庞蒂所谓的"神秘语言"的场所，它是矛盾诸方面的同时性相互转换。[9]在《蒂迈欧篇》中，柏拉图认识到文化空间的外表与界限使文字得以立刻指向单一与统一的事物。这种空间特质显示了建筑指代秩序的独特能力及其不情愿被简化为单义的符号。

许多的争论都聚焦于语言之外的思想概念。梅洛-庞蒂通过研究幼儿来寻找意识的前反思区域。人类时常注意到可以感觉却又"难以言表"的经验。的确，音乐与建筑似乎包容着思想与"动态意义"（再次借用斯坦纳的词语），它们以极度抽象但又具象的方式运转着。虽然存在着关于人的想象力的语言本质的可信研究，[10]但建筑师往往相信他们的"灵感"在某种程度上（如果不是全体）外在于语言。语言的混杂本质，即它的物质的/非物质的、抽象的/具象的、形体的/思维的双重性，是意识最重要的被给予境况，我们因此必须接受语言对简单逻辑的内在挑战。[11]当语言在不同的文化中"建构"不同的时空观念时，某种关于时空的预先性理解对语言产生影响。结构主义的主张因而是封闭循环，而语言的富饶仍然是我们人类最重要 191 的神秘。

语言是我们人做出承诺的能力。人类学家提出在人的进化与语言的将来时之间存在着联系。灵长类动物从来不为未来的用途储存工具。即使存在着科学中的熵的概念，它承认衰退不可避免，未来仍然有必要保持我们的人性。今天，在"现代的结尾"，我们也许质疑无限发展的观念和单一统一的乌托邦的信仰，但是我们的行动与行为，尤其是作为建筑师，仍然假定着为他人创造更美好未来的道德使命。我们的"设计"是用将来时写下来的持久承诺。如同诗歌，建筑的感知超越时间，使我们识读现在的过去与现在的将来。在《诗学》一书中，亚里士多德为我们提供了关于"历史"与"诗歌"之间有洞见的沉思：历史从过去重述真实的事实，而诗学（小说或戏剧）通过超越对现实的第一参考秩序打开未来；诗学因此比历史更具"哲学性"。换言之，小说通过认识我们的有限性与超验性来揭示人的本质，并以此揭示文化的潜在现实。

虚构与建筑之间的关系是一个庞大的主题。建筑师在18世纪后期开始认识到虚构与建筑计划之间的亲密性，在随后的两个世纪中一些建筑师追求这个理念。情节设置的必要性仍然是一个激烈争论的问题，它的形式并非明显。在诸如史诗的口头诗歌中，情节从来不是线性发展的。[12] 只有随着 19 世纪浪漫小说的开始及线性历史的出现，线性情节才在西方文学中占据霸主地位。然而，有必要认识到建筑与诗意语言的亲密关系。诗意语言，包括音乐与建筑，使人类得以克服其即时的呈现并体验时间之外的时间，这个时间不受线性时间与可怕的同一反复的限制。

作为诗意写作的建筑

字词不是符号。德里达指出"不存在写作之前的语言符号"。（《论文字学》，1976，14）但是如果提及写作文本的口头参考的话，在写作之后也不存在语言"符号"。虽然字词的文本的与视觉的表现释放出字词前所未有的潜力，它并非真正的字词，而是"次要的模式系统"。思想寓于言语，而非文本，所有的文本之所以有意义，是通过可见符号对（短暂的、非客观的、即逝的）声音世界的参考。

——翁（Walter J. Ong），《口语文化与书面文化》

当维特鲁威在命名适合于建筑的表达形式时，他明确地将这些相称的"布局"与古希腊的"理念"概念相联系。[13]"理念"这个词（eidos，又意指"形式"）建基于视觉并在词源学上回应着拉丁词"videre"，意思是"看"。因此，柏拉图的理念（如同形象）是无声与孤立的，而非像讲话那样相互作用。维特鲁威的"ichnographia"（即现代的平面）、"orthographia"（即立面）与更模糊的"scenographia"（译者按：根据作者的研究，维特鲁威的这个概念在文艺复兴时期既意指"投影"又被理解为"透视"，但绝非现代的中性透视几何，而是对神秘视觉深度的表达）等概念包含铭刻、痕迹与写作的观念。

在人类意识的漫长历史转换中，写作的重要性已在前面关于爱欲的讨论中被唤起，这尤其体现在犹太人发明的传统的字母写作中，并在古希腊的古典文化中开花结果。不同于象形脚本，字母的写作"凝固"了说话并将其铭刻于"视觉的"世界。[14] 它提示我们，阅读发生于参与中的爱欲空间。柏拉图关于写作的著名的矛盾性论述具有重要意义，尤其是他创立了西方系统哲学传统。柏拉图的著作是对古老的口述文化的拒弃，那曾是被城市共和国放逐的诗人的互动世界，然而柏拉图的思想以对话的形式表达出来，通过苏格拉底的往往使对话者困惑的口述来探讨高深莫测的问题。这种写作的对话形式贯穿西方哲学，以伽利略、布鲁诺与查尔斯·佩罗为杰出代表。柏拉图知道语言的写作能够抹掉记忆，他在《斐德罗篇》中让苏格拉底表述写作是非人性的，因为它假装在思维之外建立只能存在于思维中的东西。[15]

那么，什么才是建筑师留下的痕迹，这些痕迹包括绘图、标注、模型与所有尺度及不同媒介的构造吗？将建筑师的痕迹与写作（脚本）相比拟的尝试在 19 世纪早期变得强烈，而且这个比较在过去几十年中依循后结构主义及其建筑理论的推衍而变得非常时髦。运用象形、表意与谜语般文字的古代形象性写作系统有赖于我们对自然生活世界的参与。艾布拉姆（David Abram）与其他一些人已经注意到古希腊字母有能力将语言的参考框架还原至严格的人的范畴，[16] 由此导致语言潜在的自我前反思以及人的（历史）领域与超越人的（自然）领域之间的后启蒙时代的分离。

象形、表意、刻痕的木棍与卵石的行列在本质上是"缄默的"，即维柯所言的神话的原初感。在大约公元前 3500 年第一个楔形文字的脚本被发明之前，人类已经铭刻了一千年的"符号"只有通过再创造的对话才能"说话"，而这种对话在我们大部分的历史中涉及仪式行为。这种转换性的交流总是独特的，它唤起爱欲体验，使生命与死亡的意识相调和。这些再创造绝非是说话与思想的简化。如同口述文学"荷马"的作者，它们的真正作者，即游吟诗人，是无名的。讲述的每个故事都是原创的，并在参与听众的诗意基础上再创造。

将建筑产品与表意和象形而非论述脚本联系起来，符合我们共同的信仰，即建筑如同音乐，交流着情感而非论述的思想。在我们早期的"后识读"文化，这种类比也许意味着对早期现代的"自然"与"文化"二分法谬误的新回应。后现代哲学已经表明以未来为导向的进步观以及作为唯一变化载体的人的行为的局限性。[17] 技术的非神秘化并不能产生新的"神话"，但它使得对人的目的性反思以及具有不同理解的精神进化成为可能。确实，后现代世界的建筑潜势经由与诗意言说的类比最好地被展示出来。建筑秩序的话语发生在人体验的真实生活时间中，在当下的生动现实中。虽然现时代倾向于将意义与清楚明了的"符号"等同起来，我们没有必要将建筑想象成客观化的脚本。恰恰相反，由于我们的前概念与体验是所有（语言）现实的基础，意义将永远超出那镶嵌于建筑物或产品中的客观与去文脉化的物性。

当过去几十年的建筑师宣称建筑即是写作时，他们仅仅表达了自维特鲁威（与柏拉图）时期就已存在的前提。但是，虽然有着中世纪鼎盛期的字母检索的发明以及运用字母撰写乡土（口述）语言，虽然有着文艺复兴著名的印刷发明，口述一直到18世纪仍然在西方文化中维持着其首要地位。[18] 虽然变化着的现实模式在17世纪与现代科学和哲学相伴出现，转变了建筑与宇宙及历史的关系，规则继续象征性地运转着：依循柏拉图的 194 "象征符号"的传统感，通过与寻找方向感及潜力宣泄的情爱相遇，真正地参与其中。

在"旋转的符号"一文中，帕斯描述了一种"批判诗意"的可能性，承认19世纪以来西方文化（后来的世界文明）所遭遇的变革。他提到马拉美（Mallarmé）宣称传统诗意的结束，如同中世纪大教堂或巴洛克宫殿那样，这种传统诗意揭示了"世界与作为整体的环球世界"。[19] 帕斯的诗意表达的展开不是拒绝而是完全地与将语言还原至单义符号的技术世界相交往。

他的反思与建筑极为相关。他主张技术是统一的宇宙消失之后所遗留的现实。宇宙与自我不再是整体。传统技术是人与自然之间的桥梁，但是技术处于我们与人之外的世界之间；"它关闭了每个视域的可能：在铁、玻璃或铝制的几何之外什么也没有，除非那未知的、那还未被人转化的无形区域。"（245）技术不是形象，因为"它的目标不是为了表现或重现现实"。它也不是视觉，因为它并非将世界理解为形状，而仅仅是人的意愿或多或少可锻造的资源。因此，帕斯做出结论，技术不是通常意义的语言，"即建基于世界的视觉之上的恒定意义的系统"。相反，它是"具有暂时变化意义的符号集合，一个应用于现实转换的统一行动语汇"。（242）

现代性的建筑必须运用一套符号的类比集合。这是我们的传统内核，这个传统深深扎根于历史，其19世纪早期以来的主旨是革命性的，即否定自身。为了找回概括诗意形象的"其他性"，建筑师不得不在散漫的碎片中"写作"。帕斯委婉地问道："难道诗歌不是那生动的空间，符号被投射为承担意义的表意文字？空间、投射、表意文字，这三个词暗示着展开场所的运作，……碎片重新组合，试图形成图案、意义的原子核。"（249）

在这个新的时代，由于写作正被计算机技术转化，形象无处不在，而且读写能力似乎正在没落，我们可能会发展出将建筑理解为时空诗意形式的新能力。也许概括我们地球村信息时代的同样革命可以为建筑打开新视野，勾画形体化知识的更统一模式，使人想起帕斯的批判诗意的观念。这样做需要不同的建筑理论实践与教育的模式，形成现代建筑文化起源的深刻认识，同时又具有当地的对植根于区域与不同文化（语言）视角的价值理解。我已经强调了建筑的制作是诗意形式（诸如绘图、模型与构筑）之间的翻译（而非转录）问题。[20] 每个翻译需要充满思考的再写，而非将想当然的清楚的"符号"自动转录成其参考对象。这个观点并非怀旧式地唤起作为手工艺的实践概念。具有挑战的是将翻译的意识匹配于现代实践过程中的批判性接受，现代实践在定义上需要构筑的精确说明。希望在常规的边缘，同时将精确的建筑工具转化为具有讽喻意义的诗意手段。

作为批判性诗歌的建筑

批判的诗，如果我没弄错的话，（马拉美提出的）这两个矛盾词的联合意味着：诗包含着自己的否定，并使这个否定成为歌的起点，它与肯定与否定保持着同样的距离。

——帕斯，"旋转的符号"

事实是，字词什么也没说，如果我可以如此说的话……没有字词能够表达最深刻的体验。我越是想解释自己，我越是不能理解自己。当然，不是任何事都不能用字词来说，只有生活的真理可以。

——尤内斯库（Eugène Ionesco），日记，

引自乔治·斯坦纳，《巴别塔之后》

最终，没有任何人的话语形式可以是绝对私密的。这当然是诸如维特根斯坦的 20 世纪艺术与分析哲学的主要悖论。但是道德的设计有赖于公众的参与来获取意义。对建筑师而言，这意味着与默认的共享场地的交往，即形体与文化的环境，它在我们全球化的今天时常不明显，只有通过创造自身的行为来显现。因此阿尔托、莱韦伦茨与巴拉甘的诗意建筑可以是完全现代的，又分别体现出芬兰、瑞典与墨西哥的文化价值（它永远不是为了表现一个民族或国家）。显然，没有建筑师能够确保作品的意义，因为它通过时间向他人显现，但是并不能因此就不负责任。为被动的旁观者（或甚至是敬畏的访问者）和以消费为目的的产品制造不能够贡献于文化的延续与人类潜力的增长。

尤内斯库怀疑，语言不能够传达我们的转化经历，这概括了过去的 150 年西方传统中艺术与文学的生产特点。在《摩西与亚伦》中，勋伯格（Schönberg）重复道："词，我想念的词。"艺术品挑战我们的期待并使我们面临深渊；它使世界变得陌生并引发沉默。然而，那些我们内在经历的空间被有意义的作品突然推入，永远不是沉默的；相反，它们与平常相处并显得吵闹。[21]

"字词贫瘠"这个概念要求制作采用完全不同的策略。不再想当然地信任外部现实的诗歌与艺术产生了自己不同的"参考对象"。帕斯与斯坦纳已经表明，字词与世界之间的经典"合约"在 1850 年后就骤然解体了。[22] 完善的语言成为敌人，所有重要的诗歌都远离当下常规的言语与叙述，后者以科学散文为样板。帕斯写道，在诗歌的语言中，"词与宇宙的联姻以非寻

常的方式达到完美，它既非词，也非沉默，它是寻求意义的符号。"（"旋转的符号"，254）

转换在建筑中回响。19世纪之前，建筑及其理论话语被镶嵌于与科学及形而上学相关的语言秩序中。这即使在今天看来也是精英的理解，建筑在18世纪中始终是"可理解的"，因为它构成了社会互动的有效场所。当建筑在巴黎综合理工学院被转化成从属于工学的学科之后，即使它在19世纪被"再次供奉"为美术，关注意义的建筑师们已经将标准语言视为建筑物的桎梏而非完善的"言语"（即"风格"的形式常规）。实践必须具有批判性。寻求诗意制作的建筑师有赖于内在的确定性而非集体的假设。理论的平庸语言与实践的理性风格都不能够帮助建筑师实现设计的诗意与道德的承诺。

197

兰波（Arthur Rimbaud）在其《看者的信》（1871）中漂亮地表述了手头的工作："首先得找到说话的方式；其次，每个词都应该是理念，如此，统一语言的时代将会到来！"[23]这个目标很高远。空洞的沉默时常来自我们对博物馆中那些展出的新作品的感受，建筑中形式杂技的炫耀经常显得不可理喻。表达生活的真理一定是人类制作的目标。诸如乔伊斯的《芬尼根守灵夜》这类作品与李布斯金的犹太人博物馆，它们都力图通过语言的桎梏来述说。有时结果看似极端，但是，正如斯坦纳与阿甘本所指出，边界区域是语言的恒定性所在。即使在个人的母语中，语言总是在被获取的进程中。因此，"非语言的"（语言之外的）世界一直存在。这是一个总的观点：省略、概述、私密的意义以及个人的说话习惯，是常规话语的基本构成元素，并且必须被接受为意义的悖论式条件。"极端的"现代主义观点似乎着重于意向与强调。自从巴别塔之后，字词与物体之间的对应就开始弱化了。为了寻求意义，现代主义仅仅是强调这个弱点，而非基于形而上学或神学的必要来肯定词与物之间强有力的联系。在任何情况下，语言的神秘与人的机构的世界比这种有意为之的变化要根本得多。建筑的诗意形式通过谈论"世界"而非说话者，通过表达真正的人类奇观与最神秘而非技术控制或政治垄断来寻求参与。

　　然而，此类任务的难度很高。虽然有当代的精神病理学，现代人仍然坚定地将逻辑理性不能讲清楚的事物排除在外。建筑教育总体上被导向职业团体的狭隘实用兴趣，并在很大程度上将诗意拒之门外。学生接受着职业范围内最少的文化基础教育；大多数建筑课程传达着技术信息与无文脉的解决问题的方法，而非提出并展开真正的问题。虽然我们也昭示对历史的兴趣，自19世纪以来的建筑师不能够理解此学科的历史范围，因此当垄断的现代主义范式初步成形时，他们没有意识到曾经存在的选择方向。建筑的历史（或自从"伟大的杜兰德"发表之后的建筑物的历史）基本上被传授成风格或功能类型的依次演变，并且最近更多地被看作匿名社会力量的产品。甚至研究生的建筑历史课程在其范围选择上也趋向于微观，着重于现代传统的狭小的某个片断。既非美术又非应用科学，建筑只是在最近才开始意识到自己真正的潜力，这个意识大多是经由能够交往历史现实复杂性的诠释学研究而获得。然而，教育与实践继续在这样两个错误选择之间两极化：美术或应用科学。在过去二十年中计算机技术的引进将建筑话语进一步简约成工具性问题。最普遍的讨论假设所谓的范式转移的重要性，强调这种手段的潜力与局限，使二分法继续下去。由此，理论话语往往沉溺于形式创新与生产高效性的手段性问题，建筑的人性维向被进一步破坏，教育内容变得日益行业化。

查尔斯-弗朗斯瓦·维尔将风格认定为建筑表达的问题，将语言学的类比投射到新的领域并将建筑与政治相认同。随着"形式的句法学"的发展，新的困惑产生了。大多数建筑师追求风格来表述特定的"参考物"，诸如结构的理性（勒-杜克）、宗教的意识形态（教会学）、民族主义（英国哥特复兴），或者最近的个人与团体的宣传。这个新的建筑观与西方的其他重要变化齐头并进。正如米切尔（Tim Mitchell）通过引用海德格尔与福柯的观点所示，西方殖民主义的权力是建基于将世界简约为图案的能力，将字词与建筑物还原至单义的符号。这个能力只是在法国大革命之后才发展起来，当时认识论与政治变化造就了完全的"民主主体性"。[24] 在法国后革命的巴黎综合理工学院发展起来的表现方法对于工业化的成功具有实用性，并牢固地植入现代建筑实践中，首先在欧洲，现在已全球化。[25] 巴黎综合理工学院的教育大纲完全是应用科学，对哲学或神学的问题漠不关心。这种教育中运用的语言是实证理性的散文形式。

巴黎综合理工学院的大纲不久成为西方世界现代建筑教育

的基础。这个教育机构本身带有军事背景，被法国输出到其殖民地，直接地或间接地推动殖民化。[26] 这种新的基于文本的教育时常受到殖民地的抵制。例如，一直到 19 世纪中期，印刷业在埃及与中东（那里有着主导性的阿拉伯口述文化）遭到拒绝。[27] 然而，在过去的两个世纪不同的写作语言（诸如土耳其语）已采用了拉丁语字母来系统化交流。同样，西方的技术绘图系统现在内藏于计算机软件，将生活的空间简约为几何实体，被全世界采用于设计建筑、机器与城市。后殖民主义响应区域差异与文化根源的建筑愿望，被这种工具的假定中性所破坏。

"散文写作"成为全球建筑的生产与接受的指导性参考。建筑师的文件，包括绘图、构造细部、标注细则与造价估算，被认为只有在其能够清晰与有效地"图示"与"预测"产品时才是合理的。另一方面，建筑物被期待着表达由意识形态或技术决定的直接与清晰的信息，这种信息最终隐入背景作为支持物质生活的建筑物。如同消费产品，它们不能够保存与保护区域或文化特殊性。一旦真理被假设存在于图案的"背后"，当地的文化实践所体现的智慧就被破坏了。随后，传统的真理就会显得可望而不可即或毫不相干。

至此，我们已认识到建筑的诗意潜势以及在建构更富同情与诗意的世界时所遭遇的巨大困难。在日益同化于地球村的技术性世界中，许多人都怀疑建筑除去提供遮蔽所之外还具有任何意义。这种怀疑论毫不奇怪，因为对技术而言，真理通过与应用科学成就的关联获得其合理性，而后者最终来自于数学语言：它似乎独立存在着，与地区语言或文化无关。今天的世界几乎完全由手段的有效性来驱动。有效性成为所有生活秩序中的绝对价值，因为它能够通过数学论证来显示。对技术而言，专业化是信息繁殖的唯一可行答案，这种观点对历史知识的必要性视而不见，历史知识使我们具有此时此地从整体生活经验出发应对我们自身行为的道德能力。由此，这种技术手段能够声称不受目的性社会结果的影响。在这个框架中，建筑也许看起来只能拥有有效性，充其量只是美学意味上的有趣建筑物，它服务着寄生在计算机屏幕上的一个心烦意乱的世界文明。

然而，即使我们的理性能够将建成环境的质量从我们的精 200 神状态的中心边缘化，我们的梦想与行为总是置身于场所中，我们对他人与自我的理解不可能发生于无意义的场所。理想的状况应该是充满诗意客体的世界，它体现了民族的记忆与未来，并通过其他民族的形体想象力而表现出文化的特定性与可译性。如同诗歌，建筑"设计"的含义已预定了语义的创新。虽然形式的创造可以通过计算机工具来提高，但是真正的创新需求整个学科的广泛诠释，即对形式、纲要与意向性的历史理解，以此为建筑师提供恰当的语言来口头表达观点。建筑是政治性的行为。它永远是与价值相关的，而非仅仅是关于好看的建筑或诱人的细部这类的问题。建筑师需要一个广泛的文化基础来给予道德的答案。

9 建筑的道德形象

开篇

巴力没有下命令，而是咕哝着。

巴别塔是权力的场所，充满活力

巴别塔——坍塌高楼的场地

砖、土变成石头、金属、混凝土，

承载着欢乐与恐惧，

被连续几代的

愚蠢的淫秽者所玷污。

呼吸，溪流的歌声

小溪、鸟儿、蝴蝶

无休止地挣扎于

闲言絮语。

野蛮围绕着众神之门，

逻各斯的酒神般的祭祀

扰乱着所有的神圣殿堂，

五旬节咀嚼的舌头仍然舔着

光束。

脚跟拖鞋的单身汉们在哲学化着：

博斯的《花园》

波提切利的《诞生》，以及

贝利尼的《天使》：融化的体验，所有

愚笨的妄想，他们宣称，如同

黑暗的明光与我们内心深处的梦的逃亡，

悲喜交加，

照亮内在的天空。

优美地露齿一笑，他们肯定着否定：

"婴儿事实上并不会笑，而且

哀怜的狗吠一点也不像哭泣，

诗是不可翻译的。"

——伦诺，《建筑的字母》　203

本质主义者……与社会构成主义者……没有必要关于美而争吵。因为我们对美的反应几个世纪以来都没有变化，或许美被文化所界定。……如果美屈从于我们任意的改造，……必然，我们所希望的将是这样一个世界，观者的脆弱等同于被观者的脆弱，或更甚之。注视时充满愉悦的躁动预示着给这个世界已经存在的美锦上添花，比如创作一首诗、哲学的对话或神曲；或弥补创伤或社会不公等。要么美已经要求我们如此去做（这是本质主义的观点），要么我们能够自由地去创造自己力所能及的美。这种美要求我们如此。

——斯卡利，《论美与公正》

有意义的建筑有赖于人的认知与参与，同时又得承认游戏跖骨的两个碎片永远不会天衣无缝地吻合，如同设计意向与我们的所说或所写之间的空间。有意义的建筑有赖于我们认识到，可见的形式与语言都指向某种其他，这种其他性只有当主导性视觉感经由身体的原始触觉与通感理解的斡旋才能被认知到。

——伦诺，日记，1998

诠释学与道德的意向

以上的思考已经显示建筑的现实是无限复杂的，它既随历史与文化而变化，又保持着自身的同一性，这类似于人的境况，它要求我们持续地回答同样的基本问题，诸如如何协调与死亡的关系以及文化超验的可能性，即人的欲望的终极视角。建筑不能被简约为建筑物的历史集合，此集合的主要意义也许是通过冷漠的沉思来提供可有可无的愉悦，或者被简约为迎合实用需求的技术解答。对建筑传统更仔细的评估揭示了存在着另外的方式去理解那些体现道德与情爱之间若离若合交接的建筑的文化相关性，这正如运作在维柯所称的"想象性统合"的领域中。我们发现建筑这个学科历经几个世纪，通过全然不同的化身与产品模式为人性提供诗意的导向。建筑作品既具诗意又有批判性，诱发对话者的想象，解构着仅仅是满足实用需求的机制。通过诗意的形象，建筑既具有颠覆性又具有生产性，打开了欲望的空间，虚构与人的行为相交织；它诱惑居住者/参与者 204 去领会和交往欲望而不被其击垮，超越而非隐藏我们有限生命的境况。

　　审视本书研究中所发生的可能性与困难，显然，建筑师既非神秘的创造者（他运作于语言之外），也非生产型的工程师（他通过机械语言来运作）。建筑师必须在文化的语言维向沟通。建筑话语的主要关注点是道德，力图发现恰当的语言来根据共同的美好利益建构设计，又能适合于每个项目的特殊性。从这个理论出发的建筑实践永远也不是工具性的应用或者综合性的运作——将个体风格或方法加以普遍应用的运作。这种实践也许被理解为动词更好些，而非仅关注其多样化的产品。它是一种具有内在价值的进程，一种根基深厚的理论实践的呈现，它是建筑师贯穿时间的言语与行为的轨迹，由此体现负有责任心的实践哲学，这较之特定作品的美学或功能性质要关键得多。

　　我们已经看到，建筑的责任远远超出商品的高效生产，并且不能被规范化。强制建筑结构满足最少的建筑或道德标准的

要求不可能产生更深的责任感。如同文学与电影，建筑的道德
实践寓于其是否能够诗意地和批判地解决特定文化中真正有关
人性的问题，揭示日常事件与客体背后的谜。虽然技术从本质
上抹平了多样性，但建筑的理论实践远远超出了技术手段与科
学运作的范畴，它关注那些特定文化中行为事迹的故事情节所
描述的价值。建筑的持久性特质对文化的延续性有着根本作用。
价值一旦出现在这个生活的世界中，就被机构和使其使然的具
体结构完好地保护下来。这些多样化的实践，如同许多传统文
化的语言，是必须加以保护的濒临灭绝的珍稀事物。

那种既美丽又公正、既现代又适合特定文化、既具有地区
意义又含有普世说服力、既诱人又令人尊敬的建筑，很难在我
们今天的技术与政治的氛围中得到重视。我在前文中提到这种
建筑在历史中存在过，而且尤其存在于现代，但这个观点时常
被他人不屑一顾。由法国大革命原型产生的现代价值已经被曲
解了。当今泛滥空洞的计算机生成的形式主义、作为其根基的
205　自由资本主义，以及 20 世纪人性所见证的冠以健康与美好名声
的阴险的道德灾难，这尤其相关于极权主义（它们以"兄弟会"
或"平等"的名义），使我们不得不对建筑产生怀疑。纵观整个
人类历史，建筑时常提供真实的栖居，使个体的人得以在有目
的的自然与文化环境中认清自己的场所。然而，有时，尤其在
现代，建筑物也导致悲剧。纳粹德国的美学计划就是佐证。纳
粹的计划不是由想象来主导，而是诞生于理性化的神话，进而
转化成民族主义的教条。再想一想那两栋非常高但又典型的摩

天楼，即技术胜利的世俗产品，被伊斯兰极端分子在2001年9月11日解读为意识形态的符号。双塔坍塌的惊人事件将这两栋常规的建筑转化成象征，并对我们的世界文明产生了极坏的影响。面对所有这些原因，以及当这个世界走向虚无主义时诗意魅力的消失，我们所能做的就是继续削弱来自于极端主义、有组织的宗教和技术至上的意识形态观所散布的强烈价值，期待在夹缝中一种新的纯真的心灵诞生。如果我们自欺欺人地认为存在着有待建筑表现的独一无二与绝对的价值体系，它构成于单一的神话、教条化的宗教、理性的意识形态或技术，那将是真正的不道德。大多数真实的现代建筑让自己面对深渊，正因为没有成为简单的符号而变得有意义。为了持续削弱那些我们文化中根深蒂固的强烈价值，建筑的理论实践必须在其文脉中思考一个又一个的问题，而设计的答案应该是因地制宜的。我们也许仍然希望所产生的精心调整的"碎片"能够促成奇观，但是，批判的维向永远也不能消失。如果关注尼采与海德格尔的建议，建筑师必须防止规划师的统筹答案的梦想，时刻准备、耐心地等待天使翅膀擦肩而过的沙沙声。

　　海德格尔认为，人性面临着严重的危险，因为我们生活在客体化的世界中，它遮蔽了我们有限的眼界，阻止我们进入或理解人之外的世界，从而导致我们将自然当作仅仅是有待利用的资源。对于处在现代性另一边的我们来说，如澳大利亚原住民那样解读风景，或如同神秘祖先那样与自然为伴都并非我们真正的选择。如果说现代性失去了什么，比如我们对场所精神

206 的文化理解的缺失，现代性也获得了很多。寓于技术世界的高度人为的文化，经由对历史的自觉可以立于今天，思考过去的循环时间与线性时间之间的矛盾困惑，将宇宙时间与历史时间整合起来，由此可能认知诗意制作的最早期产品所发现与释放的神秘原初性。通过对历史的回忆与未来的取向，我们不仅能够培育自己尽职尽责的能力，还能培育我们作为制造者揭示与庆祝原初神秘性的诗意潜能，它如同显现于我们的形体体现中的原始结构：一个被给予世界的丰富意义，它拒绝被简约为大同的范畴。

语言的使用有其明显的局限性。字词与行为永远也不能完全吻合。一旦一件作品被公之于众，它就超出了建筑师的控制。建筑师表达出来的设计意向永远不可能完全预测作品的意义，他人决定着意义的所在及其最终意义。但是此种矛盾的境况值得我们的庆祝而非感到痛惜，因为字词与行为之间的严格统一的假设所表达的是科学（而非建筑）的观点。正如斯坦纳所提示，语言的"不透明性"概括了人的存在特性。人的语言不像神的话语，对后者而言，"说即是做"。拥有象征与多义的人的语言类似于姿态、制作与建造的多样化模式，属于我们被给予的最宝贵的礼物之一。

这些观察表明，即使存在着潜在的错位与逻辑的"非一致性"，我们作为创造者所力所能及的是认清并交往思与做之间、特定语言的字词与行为之间内在的现象学的连续性。建筑师对其意向负责，意向是建筑师真正可以控制的。虽然人们往往较之"真实的行为"不看重美好的意向，具有良好根基的设计意向在现代世界中极为关键与罕见。除去个体的人在意识表面或经由特定的产品所表述的内容，意向意味着思考与行动的整体风格，它思考着过去的生活与深厚的文化联系脉络。意向的思考是亚里士多德所言的理论实践的道德基础。在 18 世纪之前，建筑的理论实践趋向于实践智慧，一种扎根于日常生活的实践哲学，它在不同的时刻与神话、神学、哲学或科学的现实描述相融合。在现代，这种取向必须来自历史的诠释。

　　历史使得生疏的人工产品通过诠释学的过程给我们讲述它们的故事。这是指向未来的历史，旨在提高我们的生命力与创 207造性，而非通过数据、不可企及的模式或者为了过去而过去的非恰当的顺从固化我们。在与描述其他时空的理论实践的建筑与文字（通常情况下即文本）交往时，要求我们参考当代问题所引起的预判以及过往制作者的语言（与文化）文脉，尊重他们提出的原始问题。因此，诠释的过程交往着我们所公认的真正遥远的事物，能够在我们自己特定的时代与政治中发表它们的声音，而非假设一种统一的工作语言或者持进步观的目的论。毋庸置疑，这种诠释学的理解同样适用于我们与其他文化的共时性交往。

　　诠释学包括了对建筑意向的诠释、解读其他时间与场所的作品及其产生时的相关认识论文脉。展开建设性对话与视角的融合，其目的是为了在字里行间开展满怀敬意的阅读。作品的世界以及作品之前的世界必须得到显现，使我们认识到人类对动机之外与之上的意义的追求。然而，这种阅读必须是批判性的，力图理解这些历史的建筑作品与文本如何应对我们当今人性的问题。批判的诠释学拒绝解构主义对历史的平板化与均质化，提倡人的体验的价值化、作为人类目的的神秘性以及心灵的体现。它总是试图解释重要的事物并能够改变我们的生活。

　　在这个框架下，道德并非通过规范或泛泛而谈来显现，而是通过侧重于特定作品与个人的故事。在最近的批判理论与文化研究领域，人的自我被理解为18世纪发明的危险膨胀的自我，并由此得到一个坏名声。女权主义与社会批判倾向于将艺术与设计渲染为多少有些匿名的或者阴暗势力的产物。对自我中心的诠释性揭示当然是健康的。然而，随着这种评论方式而来的放弃我们个体想象的欲望是极其危险的。想象并非邪恶，并非是能被客观的共同意志的框架所取代的扭曲机制。我已经谈到科尔尼的"想象"概念所表达的首要道德功能。同情与爱若没有想象就不可能存在。想象之于道德的关键作用如同之于爱的劳作。具有特定文化根基的作者具有其诗意的述说，能够超越狭隘风格、意识形态或民族主义的桎梏。我想说的是，历史中的人，通过其对人的根本问题的个人定义，有助于我们对普世的栖居呼唤做出想象与诗意的回答。从这些回答中我们能够学习并发展当下开展行动的能力。

　　建筑语言的关键部分是计划（program）。非常有必要强调建筑的计划是一种允诺。这种计划永远不是中性的，既不是业主也非免除建筑师责任的机构所给出的简单要求的明细表。同意设计一座监狱、博物馆或医院是一项可能产生严重后果的复杂决定。如果建筑师接受了委托，他或她必须确信该建筑能够有助于社会的共同利益。有可能通过与业主的对话或者政治手段来转化既定的计划，通过为使用者产生的美来提升公平感。这样说似乎很难让人信服，尤其当我们看到具有高尚情操的人被迫让位于压制他们的人，后者试图美学化或非文脉化人的产品，这就如同在过去的二十年中某些博物馆所做的，或者是仅仅强调技术的过程从而扩大社会的病态，而非去设想可以治愈心灵的环境。计划的决定使建筑师担当责任，它不应被轻视。每一个机构都提出特定的问题，它们不是注解就可以回答的。使一个设备变得高效与愉悦是不够的。计划是设计项目的根本部分，因为它为生命如何生活给出提案。计划实际上是道德意向最具表达性的守望者，使"共同美好"所驱动的生活憧憬成为可能。它最终的规划（或甚至项目是否实施的决定）是建筑师的道德责任。即使面对我们时常辩论的现实，比如建筑师设计的建筑几年之后可能被转换成其他不同的功能，这种道德责任仍然存在。换言之，建筑既非"自治的"系统，也非简单的社会实践。

计划的文本形式也非中性。如果将计划表达为具有尺度规格的"客观的"部件集合，这显然是遮蔽其真实本质的又一个错误。表达特定文化及其价值的诗意栖居的故事性虚构是必需的，尤其在仪式作为有意义的人类行为的缩影已经消失殆尽的今天。我已经描述了18世纪早期的实践通过建筑的性格来反映

209 社会的等级。在 18 世纪后期，勒杜觉得有必要"发明"一种对诗意生活更具建设性的城市计划。[1]从此以后，他的城市设计成为我们所关注的中心问题，把握其重要性对于识别过去二十年中有意义的建筑至关重要，尤其有助于避免后现代时期花样繁多的拙劣模仿（形式主义）的陷阱。

建筑理论作为实践的智慧涉及个体与社会交互作用中的诸多问题，建筑的意义反映了建筑师生命的意义。我们在此必须牢记，当布雷宣称如果建筑失去真正的基础和文化的存在价值，那将是多么难以承受时，他已经对其理论化的根基感到绝望。被道德意向所推动，作为实践智慧的建筑理论从实用手段的关注中脱离出来，将诗意制作或实践揭示为开放的进程，即充分体现意义的个体制作的展开。

对于在道德与美学的科学式理解之外寻求意义的建筑而言，设计既非问题解答，也非形式的创新。建筑秩序的发现需要其他艺术所熟知的同类型的批判性解构，展开通常被技术教育所窒息的意识维向。但是对于建筑而言，不存在直觉的运作或非反思的行为，而是实践哲学与思索性实践的延续。一旦机会适宜，它将带着期待的自觉性以及合作的方式去制造。确实，有可能发展出一种对奇妙性的自觉，我们能够通过制作向自己与他人揭示这些奇妙。历史表明，这种自觉是可以翻译的，而且建筑师已从其他艺术的尝试中掌握了。虽然建筑设计的媒介不再局限于传统的绘图与模型制作，与视觉和触觉的交往仍然非常重要。这种设计行为具有戴奥尼索斯自由游戏的本质（按照尼采与伽达默尔所言），试图揭示人的创造中机会与必然的巧合。德鲁兹就此表述得很好，他说作为肯定性的游戏是保留给思索与艺术的，胜利属于那些知道如何游戏、如何肯定与利用机会的人们，而非将其分解以图控制与取胜。[2] 这种特性正是艺术能够干扰世界的现实与结构的原因。我们的想象有效地建构着世界，这是意义体现的想象，它必须在我们二元化空间的时代中被不断地回忆。这个过程需要耐心与开放的心态。形体探索的每一个时刻都有义务通过内在的视觉与外在的作品释放诗意的特性，这些释放也许最终能被翻译到不同的取向中。建筑师游戏于材料与表象的模式中，在设计中反复斟酌，干扰规划的预定性线型结构，使自己处于一个更好的位置表现人的行为 210 与生活空间，避免使用那些将生活空间简化为几何实体的设计手段。由此，建筑作品能够展开人的身体取向的原始几何，它是意义旋律的运动基线，旨在揭示深层的谜底与"最广泛表达所有心声的"空间维向。[3]

论无尽的欲望

> 在爱中交接：一是统一与整体的二。
> 没有爱的交接：一是孤独与三。
>
> ——德·夏莎尔，《塑性》

一辆火车在傍晚 6 点进站，车上下来两位乘客，一男与一女。他们互不认识。她听着水滴落到地面的声音。他看着火焰腾空。他俩感觉到沉默……

穿过若干大厅与房间之后，男人与女人步入中央的开敞庭院。在庭院内放着四件东西。一件是 30 英尺高的状如节拍器的时钟。钟摆是一个悬在细长铁杆上的扁扁的圆形金属饼。时钟只在早上 6 点与下午 6 点之间工作。与时钟相切的是一个沉入地中的倒置的状如节拍器的悬浮空间。空间中被注入了水；一个球浮在水面的中心，它也像时钟一样从早上 6 点工作到晚上 6 点……

男人从顶端走下来，进入一间巨大的地下房间。房间的背墙刻有各种语言书写的"受害者"。他尝试着一个一个读下去，但没有成功……

女人在地面上等待着。他们相遇并面朝南方；一位走向左边，另一位走向右边……

她转身跨过水渠，攀过儿童的墓地与孩子母亲的墓地。在东边的男人开始走动，攀过父亲的墓地。儿童及其母亲的建筑物是由灰色石头与黑色花岗岩建成。父亲的建筑物由铅锡合金的金属构成。事实上，父亲的墓地看起来像波浪，就像海水的巨浪突然静止了。母亲的建筑物看起来像一声哀叹……

他们同时进入了一个 U 形建筑中，看着内部的墙体面面相视。一面墙上是失去的与消失的人们的相片；另一堵墙上是那些承担罪责的人们的相片……

过了很久，他们踏上了回程的火车，坐在同一节车厢内。当火车驶离站台时，她向窗外眺望，觉得看见一只灰豹正与铁轨平行地奔跑着。他向窗外望去，不相信有任何东西。

——黑达克，"受害者 II"片段， 211
《铅锡合金的翅膀，金色的号角，石头的面纱》

　　技术使经验的世界失去了边界。物质的环境几乎完美地匹配着我们的需求，无视室外肆虐的暴风雪。或者我们可以吞下一片药来消除头疼，或者改变我们的意识，甚至最终变得无意识。这种技术支配生活的境况在全世界程度不同，但似乎正在占据主导地位。自从笛卡尔将生命的身体看作获取真正知识的绊脚石并将其视为有悖于逻辑思维的机制，生命的身体就从西方的集体意识中消失了。[4] 随着工业革命的到来，世界已变得日益家庭化。各种类型的技术系统与设施使我们能够舒适地生活在森林、沙漠、北极圈或海洋上的高楼中。我们挑战或忽视地球引力，这是我们在地球上生存的最根本的欲望表现。我们将道德隐藏起来，寻找快乐并躲避疼痛，这似乎已成为当今人类的正常生活轨迹。鲍德里亚将笛卡尔的"现实"极端化，甚至能够将超越死亡与爱欲满足的人的存在，想象为无目的性诱惑的持续状态，这种状态将人的本性从意义寻求中"解放出来"并标志着历史的结束。[5] 然而，我们以消费为主导的经济取决于如何限定与利用人的占有欲和消费欲。对利益与服务的需求，即使当这种需求显得既滑稽又多余时，它俨然成为人性最严肃的追求，并被获取满足与快乐的信念所鼓动。我们建成的环境通过表达模糊的意义来支持与鼓励这种追求，它被虚假的生产技术的中性身份伪装起来，由此在我们的病态身心与政治危机中起着关键作用。

这些对爱欲的曲解导致极大的混乱。消费的欲望要求放弃个体的想象。国家政权与公司经由公众性机构的帮助取代了个体人的想象。地球村开建了，几乎没有留给真实欲望的空间，人们等待着一个永远也不会实现的未来。鲍德里亚对世俗天堂的噩梦般虚构很难成为一个有希望的选择。诗意的想象对此现状做批判的抵抗，并展开行动。通过想象，尤其是内在于艺术、电影、建筑与故事叙述的想象，显现与非显现事物之间的区别变得清晰，并通过想象自身的表达相联系。这是艺术实践赐予我们的道德礼物。

佛教的传授老师经常谈到"欲望/附着"的谋略。与占有相关联的欲望是最具破坏性的感觉。智慧意味着摘掉此类假象的面具，使我们明白所有相关人类的事物都具有根本的瞬时即逝的本质。这并非否认欲望自身的现实，欲望是人的意义体现的特征，但必须认识到依附在欲望之上会引起悲伤。我们的目的是要揭示在欲望之外我们的头脑（而非身体）已经能够与一种统一的思维交流。我们因此可以欣慰一笑，感叹生活也许是一出喜剧。

如同有限开放的欲望空间以及基督教对上帝的无尽渴望，西方对爱欲的兴趣更多地寓于悲剧中。人的意识强调意义的体现，并将具体化的空间看作苦乐参半，在此空间中人性找到了存在的意义。这个体验还揭示了欲望的满足并非就会产生快乐，欲望旨在某种"其他"的东西，但是快乐不是欲望的结果。相反，结果是某种像米开朗基罗的"感伤"那样的东西：如果生活是美好的，那么死亡必然也美好。对立面的巧合概括着所有的诗意作品，而在没有上帝的境况下，这只能被理解为对至尊欲望的向往。

也许不足为奇的是，正是在肥沃的西方文化的风景中技术首先占据了主导地位。然而，当技术试图实现理想的时候，人类期待着从满足中寻找快乐。欲望的真实空间消失了，它通过对人间天堂的虚拟获取而被否定，被其衍生出来的怪物——消费空间——所取代，并被不断地投射到乌托邦的未来中。

这种当代人的困境能够从两个视角来理解。东方关于从欲望的附着解脱出来的可能性的真知灼见，应和着海德格尔的"释然"（Gelassenheit）这一概念。我们紧紧把握瞬时即逝的有限生命，显示了欲望附着的无能为力。海德格尔相信"释然"将有助于超越实用主义的"权力意志"，确保一种与世界及他人不同的、更具同情心的关系。释然还印证了瓦蒂莫（Gianni Vattimo）对"正在弱化的"强烈价值的召唤，以图建构更具道德的未来，根除所有类型的意识形态的极端。这是当我们面对技术世界的物质与政治现实时，所应采取的积极态度。

然而，作为历史中的制作者，我们尤其必须交往第二种选择，寻觅苦乐参半的体验空间来统合道德与诗意。因此，一种当下世界的恰当建筑应该超越进步观与大同文明的乌托邦，通过美丽的形式与负责任的计划寻求具同情与诱惑力的意义体现。

扎根于特定的语言与文化视角，这种实践能够产生有意义的作
213 品，既揭示又超越地域文化与历史境况。虽然在现代的创造中
存在着内在的唯我主义（它缺乏宇宙观、统一的生活传统或一
套引导我们生活的仪式），游戏般展开创造性的可能性正取决于
建筑师是否愿意施展其个体想象去寻求美，并坚定不移地致力
214 于向历史学习，以此持续地更新自我的理解。

注　释

导语：建筑与人的欲望

1　Plato, *Symposium* 186a-b. In *Selected Dialogues of Plato*, trans. by Benjamin Jowett, rev. Hayden Pelliccia, New York: Modern Library, 2001. 中译本见柏拉图：《会饮篇》，王太庆译，北京：商务印书馆，2013。

2　这个故事根据帕拉斯马（Juhani Pallasmaa）在芬兰建筑博物馆由他策划的一次关于动物建筑的展览上所讲述。

3　Marion, Jean-Luc. *Le phénomène érotique*, Paris: Bernard Grasset, 2003. 9-23.

4　见哈里森（Jane Harrison）1913 年的经典文本 *Ancient Art and Ritual*. Reprint, London: Moonraker, 1978; 与我自己的文章 "Chora: The Space of Architectural Representation" in *Chora: Intervals in the Philosophy of Architecture*, vol. 1. Montreal: McGill-Queen's University Press, 1994. 1-34。

5　Pérez-Gómez, Alberto. "The Myth of Daedalus". *AA Files* 10（1985）: 49-52; McEwen, Indra. *Socrates' Ancestor: An Essay on Architectural Beginnings*. Cambridge, MA: MIT Press, 1993.

1 爱欲与创造

1　Vernant, Jean-Pierre. "One...Two...Three: Eros". In *Before Sexuality*: *The Construction of Erotic Experience in the Ancient Greek World*, ed. David M. Halprin, John J. Winkler, and Froma Zeitlin. Princeton, NJ: Princeton University Press, 1990. 465－478.

2　Hesiod. *Theogony* 116－117, 120. 我在此大多借鉴韦尔南（Vernant）的文章 "One...Two...Three: Eros" 中的英文翻译，某些修辞参考了 *Theogony* 的西班牙语版本：*Teogonía*, trans. José Manuel Villalaz. Mexico City: Porrúa, 1978。中译本见赫西俄德：《工作与时日·神谱》，张竹明、蒋平译，北京：商务印书馆，2011。

3　在这段话以及本书的其他地方，我极大地受益于卡森（Anne Carson）关于柏拉图的爱的理论的精彩见解，详见她的论著 *Eros the Bittersweet*: *An Essay*. Princeton, NJ: Princeton University Press, 1986。

4　Carson. *Eros*. 155.

5　Clement of Alexandria. *Stromata* 1.21; cited in Couliano, I. P. *Out of This World*: *Otherworldly Journeys from Gilgamesh to Albert Einstein*. Boston: Shambhala, 1991. 127.

6　Couliano. *Out of This World*. 129.

7　Plato. *Symposium* 202d-e.In *Selected Dialogues of Plato*, trans. Benjamin Jowett, rev. Hayden Pelliccia. New York: Modern Library, 2001；本章所有对柏拉图的参考都出于此版本，以下的引用将在正文中的括号中标注。中译本见柏拉图：《会饮篇》，王太庆译，北京：商务印书馆，2013。

8　Couliano, Ioan P. *Eros and Magic in the Renaissance*, trans. Margaret Cook. Chicago: University of Chicago Press, 1987. 21.

9　同上，第20页。

10 关于"神爱"(agapē)的内涵,见本书第二部分开始的"插曲"篇。

11 Couliano. *Eros and Magic*. 87.

12 Ficino, Marsilio. *The Book of Life*, trans. Charles Boer. Dallas: Spring Publication, 1980. 151.

13 同上,第 157 页。

14 同上,第 158 页。

15 Paracelsus. *Selected Writings*, ed. Jolande Jacobi, trans. Norbert Guterman, Bollingen 28. Princeton, NJ: Princeton University Press, 1988. 15.

16 同上,第 32—33 页。

17 爱欲(erōs)、友爱(philia)、神爱(agapē),这三个古希腊"爱"的词语,传统上分别与柏拉图、亚里士多德与圣保罗联系着。关于这些原始资料的文章与摘要的优秀选集,见 Soble, Alan ed. *Eros, Agape, and Philia*: *Readings in the Philosophy of Love*. New York: Paragon House, 1989。

18 尤其见"A General Account of Bonding",载于 Bruno, Giordano. *Cause, Principle and Unity and Essays on Magic*, trans. and ed. , Robert de Lucca and Richard J. Blackwell. Cambridge: Cambridge University Press, 1998. 143。

19 Couliano. *Eros and Magic*. 93.

20 这个比较应该永远是有道理的。就马基雅维里(Niccolò Machiavelli)看来,政治行为中的人类自由取决于"命运女神"的成功诱惑并最终承诺一个至高无上的神的秩序。

21 Couliano. *Eros and Magic*. 93.

22 同上,第 98 页。

23 同上,第 101 页。不同于库利亚诺(Couliano)的非常精彩的著作,我在布鲁诺关于"联束"统一性的深邃观察中并没有发现任何现代式的愤世嫉俗的态度。

24 根据布鲁门伯格(Hans Blumenberg),这个讨论源于 13 世纪下半叶。基督教神学主张万能的神，并滑向对亚里士多德世界的极端疑问。神的创造因而的确可能与我们所想象的不同。见其论著 *The Genesis of the Copernican World*, trans. Robert M. Wallace. Cambridge, MA: MIT Press, 1987. 135。

25   Copernicus, Nicholas. *De revolutionibus*; quoted by Hallyn, Fernand. *The Poetic Structure of the World*: *Copernicus and Kepler*, trans. Donald M. Leslie. New York: Zone Books, 1993. 54. 中译本见哥白尼:《天体运行论》，叶式辉译，北京：北京大学出版社，2006。

26   这个间距解释了文艺复兴的艺术与建筑中数学的内在隐喻（象征）力量。这个间距是隐喻的空间，同一与差异相吻合。

27   对实用知识的强调尤其清晰地表现在我在别处已分析到的卡拉慕尔（Juan Caramuel de Lobkowitz）的"斜线建筑"，以及笛沙格（Girard Desargues）的理论框架的异常现代性，后者在对投影几何做出西方史上第一次彻底格式化的基础上，致力于产生实用的工具性理论。见我的论著 *Architecture and the Crisis of Modern Science*. 1983; reprint, Cambridge, MA: MIT Press, 1992. 97-104; Pérez-Gómez, Alberto and Louise Pelletier. *Architectural Representation and the Perspective Hinge*. Cambridge, MA: MIT Press, 1997. 125。通过这些联合式方法来发现新的诗意形象的可能性开创了即使今天也被看作是较新的设计范式，即通过演算法则和计算机辅助设计的软件来产生建筑。

28   Guarini, Guarino. *Architettura civile*. Turin, 1737; reprint, Milan: Il Polifilo, 1968. 10.

29   Funkenstein, Amos. *Theology and the Scientific Imagination from the Middle Ages to the Seventeenth Century*. Princeton, NJ: Princeton University Press, 1986. 3-9.

30   Malebranche, Nicolas. *Entretiens sur la métaphysique*. Paris, 1688. 12.

31   这种去神秘化在佩罗（Perrault）兄弟的作品中显而易见。见我的论著 *Architecture and the Crisis of Modern Science*. 25-26。

32　例如，Bekker, Bathasar. *The Enchanted World*（1693），贝克尔（Bekker）不相信法术与巫术。他描述了取代超自然启示的一种"奇迹般"的本质，天使或魔鬼都不存在其中。

33　Diderot, Denis. *Encyclopédie* 3, v. 7 of Oeuvres complètes. Paris: Hermann, 1976. 35.

34　*Encyclopédie; ou Dictionnaire raisonné des sciences, des arts et des métiers...publié par M. Diderot*, 17 vols. Paris, 1751–1780; reprint, New York: Pergamon Press, 1969. 7: 81.

35　同上，卷 7，第 582 页。

36　Vico, Giambattista. *The New Science*, Thomas Goddard Bergin 与 Max Harold Fisch 根据 1744 第三版节译（1970）。Reprint, Ithaca, NY: Cornell University Press, 1979. 75. 中译本见维柯：《新科学》，朱光潜译，北京：商务印书馆，2011。

37　Nietzsche, Friedrich. *Philosophy in the Tragic Age of the Greeks*, trans. Marianne Cowen. Chicago: Gateway, 1962, cited in Spariosu, Mihai I. *Dionysus Reborn*: *Play and the Aesthetic Dimension in Modern Philosophical and Scientific Discourse*. Ithaca, NY: Cornell University Press, 1989. 74. 中译本见尼采：《希腊悲剧时代的哲学》，周国平译，南京：译林出版社，2014。

38　同上，第 75 页。

39　Gadamer, Hans-Georg. *The Relevance of the Beautiful and Other Essays*, trans. Nicolas Walker, ed. Robert Bernasconi. Cambridge: Cambridge University Press, 1986. 伽达尔关于"游戏"的有见地理解出现在该书第 4 章。中译本见伽达默尔：《美的现实性：作为游戏、象征、节日的艺术》，张志扬等译，北京：生活·读书·新知三联书店，1991。

40　Nietzsche, Friedrich. *The Will to Power*, trans. Walter Kaufmann and R. J. Hollingdale, ed. Walter Kaufmann. New York: Vintage, 1968. frag. 800, p. 421. 中译本见尼采：《权力意志》，孙周兴译，北京：商务

印书馆，2011。

41 同上，第 434 页。

42 见 Steiner, George. *Real Presences*. Chicago: University of Chicago Press, 1989; Scarry, Elaine. *On Beauty and Being Just*. Princeton, NJ: Princeton University Press, 1999。

43 Paz, Octavio. *The Bow and the Lyre*（*El arco y la lira*）: *The Poem, the Poetic Revelation, Poetry and History*, trans. Ruth L. C. Simms. Austin: University of Texas Press, 1991. 140.

44 Nietzsche. *Will to Power*. frag. 809, p. 428.

45 Scarry. *On Beauty*. 3.

2　爱欲与界限

1 Vernant, Jean-Pierre. "One...Two...Three: Eros". In *Before Sexuality*: *The Construction of Erotic Experience in the Ancient Greek World*, ed. David M. Halprin, John J. Winkler, and Froma Zeitlin. Princeton, NJ: Princeton University Press, 1990. 467.

2 Carson, Anne. *Eros the Bittersweet*: *An Essay*. Princeton, NJ: Princeton University Press, 1986. 10.

3 同上。

4 同上，第 16 页。

5 同上。

6 同上，第 21 页。

7 同上，第 26 页。

8 此现实转化为后工业社会的病态焦虑。只要比较一下青藏高原上藏族牧民的笑脸和我们在繁华购物街和大商场中游荡的富裕中产阶级的阴暗面孔，就足以明白此道理。

9 例如，Ong, Walter. *Orality and Literacy*: *The Technologizing of the Word*.

London: Methuen, 1982。中译本见沃尔特·翁:《口语文化与书面文化：语词的技术化》，何道宽译，北京：北京大学出版社，2008。Abram, David. *The Spell of the Sensuous*: *Perception and Language in a More-Than-Human World*. New York: Pantheon, 1996; Carson. *Eros*. 41.

10　Abram. *Spell of the Sensuous*. 93.

11　Robb, Kevin. "Poetic Sources of the Greek Alphabet: Rhythm and Abecedarium from Phoenician to Greek". In *Communication Arts in the Ancient World*, ed. Eric A. Havelock and Jackson P. Hershbell. New York: Hastings House, 1978. 23–36.

12　Carson. *Eros*. 49.

13　*Graeci*, *Grammatici* ed. Alfred Hilgard. Leipzig: Teubner, 1901: 1. 3. 183; quoted by Carson. *Eros*. 56.

14　Pérez-Gómez, Alberto. "The Myth of Daedalus". *AA Files* 10（1985）: 50. 这个普通名词 "daidalon" 的含义尤其可以从荷马与赫西俄德的著作中推断出来。

15　*Oxford English Dictionary*, s. v. "harmony". 1.

16　Padel, Ruth. *In and Out of the Mind*: *Greek Images of the Tragic Self*. Princeton, NJ: Princeton University Press, 1992. 12.

17　Kuriyama, Shigehisa. *The Expressiveness of the Body and the Divergence of Greek and Chinese Medicine*. New York: Zone Books, 1999. 111.

18　Galen. *On the Usefulness of the Parts of the Body*; quoted by Kuriyama. *Expressiveness of the Body*. 123, 128.

19　Kuriyama. *Expressiveness of the Body*. 128–129.

20　同上，第 129 页。

21　根据 *Physiognomics*，一部伪亚里士多德的论著；被引于同上，第 134 页。

22　Kuriyama. *Expressiveness of the Body*. 136.

23　同上，第 135 页。

24 所以"地图术"（chorography）这个词在古代与文艺复兴时期的地理著作中指称一种区域地图。

25 Homer. *Iliad* 16. 68, 23. 68, trans. A. T. Murray, Loeb Classical Library, 2 vols. Cambridge, MA: Harvard University Press; London: Heinemann, 1924–1925. 中译本见荷马：《伊利亚特》，水建馥译，北京：商务印书馆，2013。

26 Carson. *Eros.* 84.

27 Eckermann, J. "Sonntag, den 20 März 1831". *Gespräche mit Goethe.* In Johann Wolfgang von Goethe. *Gedenkausgabe der Werke, Briefe, und Gespräche*, ed. Ernst Beutler. Zurich: Artemis, 1948–1950. 24: 484; quoted in Zeitlin, Froma. "The Poetics of Eros". In Halprin, Winkler, and Zeitlin, eds. *Before Sexuality.* 420.

28 Zeitlin. "Poetics of Eros". 430.

29 同上。

30 同上，第454—455页。

31 同上，第458页。

32 重要的1499年版本附加了波齐（Giovanni Pozzi）和恰波尼（Lucia Ciapponi）的意大利文注释，出版于1968年，并再版于1980年。在英文中，只有第一部分的大部分被翻译，其译成书名是《爱的梦旅》，出版于1592和1890年。戈德温（Joscelyn Godwin）的新全文英译本不久前（1999）已经出版。虽然此新译本非常精美，文本也易于阅读，但注释不够，而且原文的许多精妙之处没有翻出来，尤其是缺乏恰当的哲学背景介绍。

33 Winton, Tracey. "A Skeleton Key to Poliphilo's Dream: The Architecture of the Imagination in the *Hypnerotomachia*"（剑桥大学博士学位论文，2001）. 这篇论文是对《波利菲洛的爱的梦旅》迄今最清晰完整的诠释，详细揭示了该书的思想脉络。

34 关于该书的更广泛的讨论，见拙文："The *Hypnerotomachia Poliphili* by Francesco Colonna: The Erotic Nature of Architectural

Meaning". In *Paper Palaces: The Rise of the Renaissance Architectural Treatise*, ed. Vaughan Hart and Peter Hicks. New Haven, CT: Yale University Press, 1998. 86-104。那篇文章还提供了最近关于《波利菲洛的爱的梦旅》研究的文献索引。

35   Lucretius. *On the Nature of the Universe* 1. 21-23, trans. R. E. Latham, rev. John Godwin. London: Penguin, 1994: "Prayer to Venus", 10.

36   Sappho. frag. 188 L-P; quoted in Carson. *Eros*. 170.

37   Plato. *Symposium* 177d and *Theages* 128b; quoted in Carson. *Eros*. 170.

38   Plato. *Apology* 21d; quoted in Carson. *Eros*. 170. 中译本见柏拉图：《苏格拉底的申辩》，严群译，北京：商务印书馆，2011。

39   Plato. *Symposium* 211d; quoted in Vernant. "One...Two...Three: Eros". 472.

40   Aristotle. *Physics* 2. 1, 193a, trans. Robin Waterfield. Oxford: Oxford University Press, 1999. 中译本见亚里士多德：《物理学》，张竹明译，北京：商务印书馆，2011。

41   Aristotle. *On the Parts of Animals* 645a; quoted in Kuriyama. *Expressiveness of the Body*. 127. 中译本见亚里士多德：《动物志》，吴寿彭译，北京：商务印书馆，2011。

42   Vitruvius. *Ten Books on Architecture*, trans. Ingrid D. Rowland, ed. Rowland and Thomas Noble Howe. Cambridge: Cambridge University Press, 1999: book 1, chap. 1, pp. 21-24. 中译本见维特鲁威：《建筑十书》，（美）I. D. 罗兰英、陈平中译，北京：北京大学出版社，2012。

43   Plato. *Timaeus* 49. In *Timaeus and Critias*, trans. Desmond Lee. Harmondsworth, England: Penguin, 1965. 此版本在以后的引用时将被标注在正文的括号中。中译本见柏拉图：《蒂迈欧篇》，谢文郁译，上海：上海人民出版社，2005。

44   Vernant, Jean-Pierre. *Mythe et pensée chez les Grecs*. Paris: Maspero, 1965. 1 : 124. 中译本见让-皮埃尔·维尔南：《希腊人的神话和思想》，黄艳红译，北京：中国人民大学出版社，2007。

45　（Snell Bruno）is cited in Carson. *Eros*. 38; 见 Snell. *The Discovery of the Mind: The Greek Origins of European Thought*, trans. T. G. Rosenmeyer. Cambridge, MA: Harvard University Press, 1953.

46　Padel. *In and Out of the Mind*. 190–192.

47　Aristotle. *Poetics* 4. 12, 1449a, trans. S. H. Butcher. *Aristotle's Theory of Poetry and Fine Art*. 1895; reprint, New York: Dover, 1951. 中译本见亚里士多德：《诗学》，陈中梅译注，北京：商务印书馆，2011。

48　Harrison, Jane. *Ancient Art and Ritual*. 1913; reprint, London: Moonraker Press, 1978: 40.

49　Tatarkiewicz, Wladyslaw. *History of Aesthetics*, ed. C. Barrett, trans. R. M. Montgomery. Warsaw: Polish Scientific Publishers, 1970. 1 : 16. 中译本见达达基兹：《西洋古代美学》，刘文潭译，台北：联经出版事业公司，2001。

50　Pérez-Gómez. "The Myth of Daedalus".

51　在现代希腊语中，"κωρα"通常被音译为"hora"，意指场所，也被用为代词，指称某些岛上的最重要城市。（在伯罗奔尼撒靠近皮洛斯的地方，也有一个这样的"场所"。）"chōra"在荷马文学中意指场所。另一方面，"舞蹈"一词是"κορά"，用的是"希腊字母 O"而非"希腊字母 Ω"，重音在最后一个音节。有些古希腊语中的发音区别也许在今天已经消失了。但因为希腊语中的重音直到公元前 3 世纪才出现，词与词之间的语音联系显得更为重要。

52　Kern, Hermann. "Image of the World and Sacred Realm". *Daidalos* 3（1983）: 11.

53　Vitruvius. *The Ten Books on Architecture*, trans. Morris Hickey Morgan. 1914; reprint, New York: Dover, 1960: book 5, chap. 3, p. 137.

54　Padel. *In and Out of the Mind*. 48.

55　同上，第 189—191 页。

56　Vitruvius. *Ten Books on Architecture*, trans. Morgan. Book 5, chap. 3, p. 139; chap. 4, p. 140.

57 Voegelin, Eric. *The Ecumenic Age*. Baton Rouge: Louisiana State University Press, 1974. 186. 更宽泛的讨论，见第 3 章。

58 库萨（Nicholas of Cusa）似乎能够将无限理解为人脑的产物。他用几何术语来界定基督教的上帝（将其比作无处不在的球面）。然而，即使对他而言，宇宙的被创造的无限性并不能够涵盖"无限"一词的所有含义；它与上帝的绝对无限性仍然保持着无限的距离。哈里斯（Karsten Harries）已在其著作中分析了库萨思想的现代性。Harries, Karsten. *Infinity and Perspective*. Cambridge, MA: MIT Press, 2001. 中译本见卡斯滕·哈里斯：《无限与视角》，张卜天译，长沙：湖南科学技术出版社，2014。

59 Sawday, Jonathan. *The Body Emblazoned*: *Dissection and the Human Body in the Renaissance*. London: Routledge, 1995.

60 Vitruvius. *De architectura*, trans. with commentany and illustrations by Cesare di Lorenzo Cesariano. Como, 1521. 5: 83.

61 Vesely, Dalibor. *Architecture in the Age of Divided Representation*: *The Question of Creativity in the Shadow of Production*. Cambridge, MA: MIT Press, 2004. 367.

62 Aristotle. *Poetics* 1450b, trans. W. H. Fyfe. In *Aristotle*: *The Poetics*; *"Longinus"* : *On the Sublime*; *Demetrius*: *On Style*, Loeb Classical Library. Cambridge, MA: Harvard University Press, London: Heinemann, 1927.

63 古希腊词"prepon"，意指"被清楚地看见、显要"，抓住了"得体"（decorum）的古典内涵，道德的与美的从来不相矛盾。见 Vesely. *Architecture*. 364–367; and n. 35 citing Pohlenz, M. *"To Prepon*: Ein Beitrag zur Geschichte des griechischen Geistes" . *Nachrichten von der Gesellschaft der Wissenschaften zu Göttingen* 16（1933）: 53–92。

64 Dee, John. *The Mathematical Preface to the Elements of Euclid*. London, 1570. 2.

65 例如，Koyré, Alexander. *Metaphysics and Measurement*: *Essays in*

Scientific Revolution. London: Chapman and Hall, 1968: chaps. 1–4。

66 Cited in Vesely. *Architecture*. 372.

67 Bruno, Giordano. *Cause, Principle and Unity and Essays on Magic*, trans. and ed. Robert de Lucca and Richard J. Blackwell. Cambridge: Cambridge University Press, 1998. 87. 中译本见布鲁诺:《论原因、本原与太一》，汤侠声译，北京：商务印书馆，2013。

68 梅洛-庞蒂（Maurice Merleau-Ponty）使用"肌体"（flesh）这个概念意指现实的"第一个"元素，以图克服西方认识论从笛卡尔继承下来的二元论。见 *The Visible and the Invisible*, ed. Claude Lefort, trans. Alphonso Lingis. Evanston, IL: Northwestern University Press, 1979。中译本见莫里斯·梅洛-庞蒂:《可见的与不可见的》，罗国祥译，北京：商务印书馆，2008。

69 Pérez-Gómez, Alberto. "Juan Bautista Villalpando's Divine Model in Architectural Theory". in *Chora*, vol. 3. Montreal: McGill-Queen's University Press, 1999. 125–156.

70 Aristotle. *Physics* 44，212a.

71 Merleau-Ponty, Maurice. *Phenomenology of Perception*, trans. Colin Smith. London: Routledge and Kegan Paul, 1962. 235. 中译本见莫里斯·梅洛-庞蒂:《知觉现象学》，姜志辉译，北京：商务印书馆，2001。又见 Pérez-Gómez, Alberto and Louise Pelletier. *Architectural Representation and the Perspective Hinge*. Cambridge, MA: MIT Press, 1997. 330–340。

72 Nicolas, Antonio De. *Powers of Imagining*: *Ignatius Loyola, a Philosophical Hermeneutic of Imagining through the Collected Works, with a Translation of These Works*. Albany: State University of New York Press, 1986.

73 Sennett, Richard. *The Fall of Public Man*. Cambridge: Cambridge University Press, 1977. 中译本见理查德·桑内特:《公共人的衰落》，李继宏译，上海：上海译文出版社，2008。

74 Bibiena, Ferdinando Galli da. *L'architettura civile.* 1711; reprint, New York: Blom, 1971.

75 Harries, Karsten. *The Bavarian Rococo Church: Between Faith and Aestheticism.* New Haven, CT: Yale University Press, 1983.

76 Abbé Laugier, Marc-Antoine. *Essai sur l'architecture.* Paris, 1755.

77 佩罗（Claude Perrault）首次否定"视觉纠正"作为建筑师中心技术问题的重要性。见我与佩尔蒂埃（Pelletier）合著的 *Architectural Representation*，第 97—104 页。

78 见 *The Libertine Reader: Eroticism and Enlightenment in Eighteenth Century France*, ed. Michel Feher. New York: Zone, 1997。尤其是费尔（Feher）写的"引言"部分。

79 Pelletier, Louise. *Architecture in Words.* Routledge, 2007: chaps. 9, 10. 又见 Bastide, Jean-François de. *The Little House: An Architectural Seduction*, trans. Rodolphe el-Khoury. New York: Princeton Architectural Press, 1997.

80 Pelletier. *Architecture in Words.* chaps. 9, 10.

81 同上，第 8 章。

82 Spurr, David. "The Study of Space in Literature: Some Paradigms". in *The Space of English*, ed. Spurr and Cornelia Tschichold. Tübingen: Gunter Narr Verlag, 2005. 15-34.

83 Loos, Adolf. "Ornamnet und Verbrechen".（1908）. in *Sämtliche Schriften*. Vienna: Verlag Herold, 1972.

84 施玛索（August Schmarsow）关于建筑中空间的重要性的观点最早出现在莱比锡大学（1893）与皇家撒克逊科学学会（1896）的两次演讲。他最紧凑的理论概述见 *Grundbegriffe der Kunstwissenchaft am Übergang vom Altertum zum Mittelalter*. Leipzig: Teubner, 1905。

85 Schmarsow, August. "Raumgestaltung als Wesen der architektonischen Schöpfung". *Zeitschrift für Ästhetik und allgemeine Kunstwissenchaft* 9（1914）: 66-95.

86 Pérez-Gómez and Pelletier. *Architectural Representation*. 298–338.

87 Merleau-Ponty, Maurice. "Eye and Mind", trans. Carleton Dallery. In *The Primacy of Perception, and Other Essays on Phenomenological Psychology, the Philosophy of Art, History and Politics*, ed. James M. Edie. Evanston, IL: Northwestern University Press, 1964. 181. 中译本见莫里斯·梅洛-庞蒂:《知觉的首要地位及其哲学结论》,王东亮译,北京:生活·读书·新知三联书店,2002。

88 Carson. *Eros*. 111.

89 同上,第 115 页。

90 Vitruvius. *Ten Books on Architecture*, trans. Rowland. Book 2, chap. 2, p. 24.

91 关于爱欲与写作之间类比的分析,见 Carson. *Eros*. 117–133。

92 Vitruvius. *Ten Books on Architecture*. Book 3, chap. 1, p. 47.

93 Carson. *Eros*. 136.

3 爱欲与诗意形象

1 Aristotle. *Rhetoric* 1. 11, 1370a; quoted in Carson, Anne. *Eros the Bittersweet: An Essay*. Princeton, NJ: Princeton University Press, 1986. 63. 中译本见亚里士多德:《修辞学》,罗念生译,上海:上海人民出版社,2006。

2 Carson. *Eros*. 170–171.

3 Aristotle. *Rhetoric* 3. 2, 1405a; quoted in Carson, Anne. *Eros*. 63.

4 Gadamer, Hans-Georg. *The Relevance of the Beautiful and Other Essays*, trans. Nicolas Walker, ed. Robert Bernasconi. Cambridge: Cambridge University Press, 1986. 14.

5 Plato. *Phaedrus* 249c-d. in *Selected Dialogues of Plato*, trans. Benjamin Jowett, rev. Hayden Pelliccia. New York: Modern Library, 2001. 所有

关于柏拉图的引用，除非有特别说明，都来自这个版本，以下在正文中用括号标注。中译本见柏拉图：《斐德罗篇》，载于《柏拉图全集》（第二卷），王晓朝译，北京：人民出版社，2003。

6　Caron. *Eros*. 161–162.

7　Aristotle. *Rhetoric* 1. 10，1369b ; quoted in Carson. *Eros*. 66.

8　Kuriyama, Shigehisa. *The Expressiveness of the Body and the Divergence of Greek and Chinese Medicine*. New York: Zone Books, 1999. 126–127.

9　Lucretius. *De rerum natura* 1. 443–446 ; quoted in Vesely, Dalibor. "The Architectonics of Embodiment". in *Body and Building: Essays on the Changing Relation of Body and Architecture*, ed. George Dodds and Robert Tavernor. Cambridge, MA: MIT Press, 2002. 30. 中译本见卢克莱修：《物性论》，方书春译，北京：商务印书馆，1981。

10　Vesely. "Architectonics". 30.

11　Deleuze, Gilles. "Eighteenth Series of the Three Images of Philosophers". in *The Logic of Sense*, trans. Mark Lester with Charles Stivale, ed. Constantin V. Boundas. New York: Columbia University Press, 1990. 127.

12　Deleuze. *The Logic of Sense*; quoted in Spariosu, Mihai I. *Dionysus Reborn: Play and the Aesthetic Dimension in Modern Philosophical and Scientific Discourse*. Ithaca, NY: Cornell University Press, 1989. 148.

13　关于建筑表象的历史及其与建筑实践关系的详细论述，见 Pérez-Gómez, Alberto and Louise Pelletier. *Architectural Representation and the Perspective Hinge*. Cambridge, MA: MIT Press, 1997。

14　Ficino, Marsilio. *Commentary on Plato's Symposium on Love* 6: 6, trans. Sears Jayne, 2nd ed. Dallas: Spring Publications, 1985. 113–115. 中译本见斐奇诺：《论柏拉图式的爱——柏拉图〈会饮〉义疏》，梁中和译，上海：华东师范大学出版社，2012。

15　Bruno, Giordano. *Theses de magia* 15. Vol. 3: 466; cited in Couliano, Ioan P. *Eros and Magic in the Renaissance*, trans. Margaret Cook. Chicago: University of Chicago Press, 1987. 91.

16　Bruno, Giordano. *De magia*（1588）; quoted in Couliano. *Eros and Magic*. 92.

17　Plotinus. *The Enneads*, trans. Stephen MacKenna. Harmondsworth: Penguin Classics, 1991. 46. 中译本见普罗提诺:《九章集》, 石敏敏译, 北京: 中国社会科学出版社, 2009。事实上在对称与公正这两个概念之间存在着联系, 并与平等及相称相关联。普罗提诺似乎修辞性地表述着其观点。其对立的观点将更清晰地出现在我们对"友爱"的讨论中, 并在斯卡利（Elaine Scarry）的著作中得到论述: *On Beauty and Being Just*. Princeton, NJ: Princeton University Press, 1999。

18　Plotinus. *Enneads*. 46, 47, 48.

19　Jayne. introduction to Ficino. *Commentary*. 7. 这个版本在此以后的引用时标注在正文的括号中。

20　Wallis, R. T. *Neoplatonism*. London: Duckworth, 1972. 53.

21　这种建筑表象出现在 16 世纪关于军事建筑的论文与论著中, 作者包括卡塔内奥（Pietro Cataneo）与迪塞尔索（Jacques Androuet du Cerceau）。"军事建筑"的传统一直延续到现代。见 Pérez-Gómez and Pelletier. *Architectural Representation*. 243-272。

22　Francesco di Giorgio Martini. *Trattati di architettura ingegneria e arte militare*, ed. Corrado Maltese, 2 vols. Milan: Il Polifilo, 1967: "Primo trattato", 1: 38-39.

23　同上, 卷 2, 第 303 页。

24　Winton, Tracey. "A Skeleton Key to Poliphilo's Dream: The Architecture of the Imagination in the *Hypnerotomachia*"（剑桥大学博士学位论文, 2001）.

25　Pérez-Gómez and Pelletier. *Architectural Representation*. 97-105, 119-

122.

26　Yates, Frances. *Giodano Bruno and the Hermetic Tradition*. London: Routledge and Kegan Paul, 1971. 197.

27　Pérez-Gómez, Alberto. *Architecture and the Crisis of Modern Science*. 1983; reprint, Cambridge, MA: MIT Press, 1992. 203.

28　Bruno, Giordano. *The Ash Wednesday Supper*, trans. Stanley L. Jaki. The Hague: Mouton, 1975. 109, 107.

29　Danti, Vincenzo. *Libri delle perfette proporzioni per il disegno*. Florence, 1568.

30　这个争论导致关于基督教大爱之本质的不同观点。比较这两本论著: Miguel de Unamuno. *El sentimiento trágico de la vida*. Madrid: Espasa-Calpe, 1967; Ortega y Gasset, José. *Estudios sobre el amor*. Madrid: Espasa-Calpe, 1966. 113－123。

31　Couliano. *Eros and Magic*. 85, 89.

32　Anton T. de Nicolas's introduction to Ignatius Loyola's "Spiritual Exercise". in *Powers of Imagining: A Philosophical Hermenentic of Imagining through the Collected Works of Ignatius de Loyola, with a Translation of These Works*. Albany: State University of New York Press, 1986.

33　Pérez-Gómez, Alberto. "Juan Bautista Villalpando's Divine Model in Architectural Theory". in *Chora*, vol. 3. Montreal: McGill-Queen's University Press, 1999. 134－140.

34　Taylor, René. "Architecture and Magic: Consideration on the Idea of the Escorial". in *Essays in the History of Architecture Presented to Rudolf Wittkower*, ed. Douglas Fraser, Howard Hibbard, and Milton J. Lewine. New York: Phaidon, 1967. 81.

35　Lindberg, David. *Theories of Vision from Al-Kindi to Kepler*. Chicago: University of Chicago Press, 1976. 202.

36　同上，第 204 页。

37 Kepler. *Paralipomena*; quoted in Lindberg. *Theories of Vision*. 204.

38 变形成为诸如杜尚等先锋艺术家作品中的重要策略。见 Pérez-Gómez and Pelletier. *Architectural Representation*. 371。

39 Blondel, Jacques-François. *Cours d'architecture ou traité de la décoration, distribution et construction des bâtiments*, 9 vols. Paris, 1771–1777, 1: 390.

40 关于语言类比的更多讨论，见本书的第二部分。

41 Piranesi, Giovanni Battista. *Carceri d'invenzione*. Rome, 1745, 1761.

42 由此，皮拉内西的铜版画系列《监狱》成为 19 世纪和 20 世纪许多重要艺术、建筑与文学的先驱，从卡罗尔（Lewis Carroll）的《爱丽丝》到奥布赖恩（Flann O'Brien）的《第三个警察》，从德·基里科的绘画到李布斯金的柏林犹太人博物馆，以及丹尼鲁斯基（Mark Danielewski）的《树叶屋》中的迷宫走廊。

43 Piranesi, Giovanni Battista. *Della magnificenza ed architettura de'romani*. Rome, 1761; *Parere sull'architettura*. Rome, 1765; *Diverse maniere d'adornare i camini*. Rome, 1769.

44 当然，维柯的观点与亚里士多德在其《诗学》中关于虚构的特点的提法很相近。关于维柯哲学的建筑影响的综合研究，见 Kunze, Donald. *Thought and Place: The Architecture of Eternal Place in the Philosophy of Giambattista Vico*. New York: Peter Lang, 1987。

45 Vico, Giambattista. *The New Science*, abridged trans. of the 3rd ed. (1744) by Thomas Goddard Bergin and Max Harold Fisch. 1970; reprint, Ithaca, NY: Cornell University Press, 1979. 381.

46 同上，第 74 页。

47 同上，第 75 页。

48 Verene, Donald. *Vico's Science of Imagination*. Ithaca, NY: Cornell University Press, 1981. 50–51.

49 Nicolson, Marjorie. *Newton Demands the Muse: Newton's Opticks and the Eighteenth Century Poets*. 1946; reprint, Princeton, NJ: Princeton

University Press, 1966.

50　Pérez-Gómez, Alberto. "Charles-Etienne Briseux: The Musical Body and the Limits of Instrumentality in Architecture". in Dodds and Tavernor, eds., *Body and Building*. 164–189.

51　Pelletier, Louise. "Nicolas Le Camus de Mézières's Architecture of Expression, and the Theatre of Desire at the End of the Ancien Régime; or, The Analogy of Fiction with Architectural Innovation"（麦吉尔大学博士学位论文，2000）. 296–298. 又见 Bastide, Jean-François de. *The Little House*: *An Architectural Seduction*, trans. Rodolphe el-Khoury. New York: Princeton Architectural Press, 1996。

52　Pelletier. "Nicholas Le Campus". 298.

53　见 Leatherbarrow, David & Mohsen Mostafavi. *Surface Architecture*. Cambridge, MA: MIT Press, 2002.

54　Husserl, Edmund. "Spatiality of Nature: The Originary Ark, the Earth, Does Not Move", trans. Leonard Lawlor. in *Husserl at the Limits of Phenomenology*: *Including Texts by Edmund Husserl, Maurice Merleau-Ponty*, ed. Lawlor with Bettina Bergo. Evanston, IL: Northwestern University Press, 2002. 又见 Merleau-Ponty, Maurice. *Phenomenology of Perception*, trans. Colin Smith. London: Routledge and Kegan Paul, 1962。中译本见莫里斯·梅洛-庞蒂:《知觉现象学》，姜志辉译，北京：商务印书馆，2001。

55　Merleau-Ponty, Maurice. *The Visible and the Invisible*, ed. Claude Lefort, trans. Alphonso Lingis. Evanston, IL: Northwestern University Press, 1979. 中译本见莫里斯·梅洛-庞蒂:《可见的与不可见的》，罗国祥译，北京：商务印书馆，2008。

56　Breton. *Mad Love*, trans. Mary Ann Caws. Lincoln: University of Nebraska Press, 1987. 8, 10.

57　同上，第 25 页。

58　Rilke, Rainer Maria. "Letters on Love". in *Rilke on Love and Other*

Difficulties, ed. and trans. John J. L. Mood. New York: W. W. Norton, 1975. 33–35.

59 Paz, Octavio. *The Bow and the Lyre* (*El arco y la lira*): *The Poem, the Poetic Revelation, Poetry and History*, trans. Ruth L. C. Simms. Austin: University of Texas Press, 1991. 3–15.

60 Bruno, Giordano. *De gl'heroici furori*. Paris, 1585. 135.

61 巴什拉（Gaston Bachelard）就材料的想象力发表了一系列论著，探讨与基本元素诸如水、空气、火与大地相关的原型诗意形象: *La psychanalyse du feu*. Paris: Gallimard, 1938; *L'eau et les rêves*. Paris: J. Corti, 1942; *L'air et les songes*. Paris: J. Corti, 1943; *La terre et les rêveries de la volonté*. Paris: J. Corti, 1947; *La terre et les rêveries du repose*. Paris: J. Corti, 1948。

62 Pallasmaa, Juhani. *The Architecture of Image: Existential Space in Cinema*. Helsinki: Rakennustieto Oy, 2001.

63 Hawkes, John. *The Blood Oranges*. New York: New Directions, 1972.

64 庄子被引于: Paz. *The Bow and the Lyre*. 88。

65 Pérez-Gómez, Alberto. *Polyphilo or The Dark Forest Revisited*: *An Erotic Epiphany of Architecture*. Cambridge, MA: MIT Press, 1992.

66 Duboy, Philippe. *Lequeu: An Architectural Enigma*, trans. Francis Scarfe, additional trans. by Brad Divitt. Cambridge, MA: MIT Press, 1987.

67 Paz, Octavio. *Marcel Duchamp, Appearance Stripped Bare*, trans. Rachel Phillips and Donald Gardner. 1978; reprint, New York: Arcade, 1990. vii.

68 Kiesler, Frederick. *Inside the Endless House*; *Art, People, and Architecture*: *A Journal*. New York: Simon and Schuster, 1964. 567.

69 Kiesler, quoted in Hat je Cantz. *Frederick Kiesler*: *Endless House*. Frankfurt: Museum für Moderne Kunst, 2003. 17.

70 同上，第 63 页。

71　Libeskind, Daniel. "An Open Letter to Architectural Education". in *his Radix-Matrix*: *Architecture and Writings*, trans. Peter Green. Munich: Prestel, 1997. 155.

72　Libeskind, Daniel. *End Space*: *An Exhibition at the Architectural Association*. London: Architectural Association, 1980. 12, 22.

73　Daniel Libeskind, quoted in Mark Taylor. "Point of No Return". In Libeskind. *Radix-Matrix*. 134.

74　Carson. *Eros*. 168.

75　Baudrillard, Jean. *Seduction*, trans. Brian Singer. New York: St. Martin's Press, 1990. 中译本见让·鲍德里亚:《论诱惑》, 张新木译, 南京: 南京大学出版社, 2011。

插曲: 爱欲、友爱与神爱

1　Gadamer, Hans-Georg. *The Relevance of the Beautiful and Other Essays*, trans. Nicholas Walker, ed. Robert Bernasconi. Cambridge: Cambridge University Press, 1986; Brentingler, John. "The Nature of Love". In *Eros, Agape, and Philia*: *Readings in the Philosophy of Love*, ed. Alan Soble. New York: Paragon House, 1989. 136; Kosman, L. A. "Platonic Love". 同上, 第 149 页。

2　Plato. *Symposium* 193d. In *Selected Dialogues of Plato*, trans. Benjamin Jowett, rev. Hayden Pelliccia. New York: Modern Library, 2001. 除非特别注明, 本章所有对柏拉图的参考都出自此版本, 在正文中标注在括号内。中译本见柏拉图:《会饮篇》, 王太庆译, 北京: 商务印书馆, 2013。

3　Vernant, Jean-Pierre. "One...Two...Three: Eros". in *Before Sexuality*: *The Construction of Erotic Experience in the Ancient Greek World*, ed. David Halprin, John W. Winkler, and Froma Zeitlin. Princeton, NJ:

Princeton University Press, 1990. 473.

4   Scarry, Elaine. *On Beauty and Being Just*. Princeton, NJ: Princeton University Press, 1999. 57.

5   同上, 第 52—53 页。

6   同上, 第 28 页。

7   同上, 第 47 页。

8   Heidegger, Martin. "The Origin of the Work of Art". in *Basic Writings from "Being and Time"* (*1927*) to *"The Task of Thinking"* (*1964*), ed. David Farrell Krell. New York: Harper and Row, 1977. 143–188.

9   Gadamer. *The Relevance of the Beautiful*. 121.

10 Merleau-Ponty, Maurice. *The Visible and the Invisible*, ed. Claude Lefort, trans. Alphonso Lingis. Evanston, IL: Northwestern University Press, 1979. 又见 Dillon, M. C. "Temporality: Merleau-Ponty and Derrida". in *Merleau-Ponty, Hermeneutics, and Postmodernism*, ed. Thomas W. Busch and Shaun Gallagher. Albany: State University of New York Press, 1992. 189–212; *Ecart et différance: Merleau-Ponty and Derrida on Seeing and Writing*, ed. M. C. Dillon. Atlantic Highlands, NJ: Humanities Press, 1997。在后一本书中尤其令人感兴趣的章节有: Dillon, M. C. "Introduction: Ecart & Différence". 1–17; Busch, Thomas W. "Merleau-Ponty and Derrida on the Phenomenon". 20–29; Madison, G. B. "Merleau-Ponty and Derrida: La différence". 94–111; Vallier, Robert. "Blindness and Invisibility: The Ruins of Self-Portraiture (Derrida's Re-reading of Merleau-Ponty)". 191–207。

11 Carson, Anne. *Eros the Bittersweet: An Essay*. Princeton, NJ: Princeton University Press, 1986. 107–109.

12 Kearney, Richard. *The Wake of Imagination: Toward a Postmodern Culture*. Minneapolis: University of Minnesota Press, 1988.

13　Gadamer, Hans-Georg. *Gadamer in Conversation: Reflections and Commentary*, ed. and trans. Richard E. Palmer. New Haven, CT: Yale University of Press, 2001. 78–85.

14　杜特（Carsten Dutt）与伽达默尔的对话，同上，第 81—82 页。中译本见伽达默尔、杜特：《解释学美学实践哲学：伽达默尔与杜特对谈录》，金惠敏译，北京：商务印书馆，2005。

15　Rilke, Rainer Maria. "（Ah, not to be cut off）." in *Ahead of All Parting: The Selected Poetry and Prose of Rainer Maria Rilke*, ed. and trans. Stephen Mitchell. New York: Modern Library, 1995. 191.

16　Soble. Introduction to *Eros, Agape, and Philia*. xxiii.

17　Marion, Jean-Luc. *Le phénomène érotique*. Paris: Bernard Grasset, 2003. 9–21.

18　Plato. *Lysis* 221e–222a; quoted in Carson. *Eros*. 33. 中译本见柏拉图：《〈吕西斯〉译疏》，陈郑双译，北京：华夏出版社，2014。

19　Scarry. *On Beauty*. 80.

20　Ortega y Gasset, José. *Estudios sobre el amor*. Madrid: Espasa-Calpe, 1966. 67; Rilke, Rainer Maria. "Letters on Love". in *Rilke on Love and Other Difficulties*, trans. John J. L. Mood. New York: W. W. Norton, 1975. 25–37.

21　Aristotle. *The Nicomachean Ethics* 1166a, trans. J. A. K. Thomson. 1953; reprint, London: Penguin, 2004. 中译本见亚里士多德：《尼各马可伦理学》，廖申白译注，北京：商务印书馆，2011。

22　同上，1161b。

23　Vlastos, Gregory. "The Individual as an Object of Love in Plato". in Soble ed. *Eros, Agape, and Philia*. 96.

24　Aristotle. *Rhetoric* 2. 4, 1380b–1381a; quoted by Vlastos. "The Individual". 96.

4　友爱、仪式，与得体

1　Arendt, Hannah. *The Human Condition*. Chicago: University of Chicago Press, 1958. Chap. 2; Sennett, Richard. *The Fall of Public Man*. Cambridge: Cambridge University Press, 1977. Chaps. 3-6. 中译本见汉娜·阿伦特:《人的境况》, 王寅丽译, 上海: 上海人民出版社, 2009。中译本见理查德·桑内特:《公共人的衰落》, 李继宏译, 上海: 上海译文出版社, 2008。

2　Vitruvius. *Ten Book on Architecture*, trans. Ingrid D. Rowland, ed. Rowland and Thomas Noble Howe. Cambridge: Cambridge University Press, 1999: Book 2, chap. 1, p. 34. 中译本见维特鲁威:《建筑十书》, (美)I. D. 罗兰英、陈平中译, 北京: 北京大学出版社, 2012。

3　同上, 第 6 书, 前言部分, 第 75 页。

4　Ortega y Gasset, José. *El espectador*, vols. 5-6. Madrid: Espasa-Calpe, 1966: 193.

5　Scully, Vincent. *The Earth, the Temple, and the Gods*: *Greek Sacred Architecture*, rev. ed. New York: Praeger, 1969. 184; Pausanias 3. 11. 9.

6　关于阿那克西曼德(Anaximander)的理论介绍及其资料来源, 见 Kirk, G. S. , J. E. Raven and M. Schofield. *The Presocratic Philosophers*: *A Critical History with a Selection of Texts*, 2nd ed. Cambridge: Cambridge University Press, 1983. 100-110。

7　同上, 第 111 页。

8　Aristotle. *Physics* 2. 2, 194a, trans. Robin Waterfield. Oxford: Oxford University Press, 1999.

9　同上。

10　Arendt. *The Human Condition*. 117.

11　Miller, Stephen. *The Prytaneion*: *Its Function and Architectural Form*. Berkeley: University of California Press, 1978. 13-14.

12 同上，第 15 页。

13 Vernant, Jean-Pierre. *Mythe et pensée chez les Grecs.* Paris: Maspero, 1965. 1:124. 中译本见让-皮埃尔·维尔南:《希腊人的神话和思想》，黄艳红译，北京：中国人民大学出版社，2007。

14 Padel, Ruth. *In and Out of the Mind: Greek Images of the Tragic Self.* Princeton, NJ: Princeton University Press, 1992. 7.

15 同上，第 3 页。

16 同上，第 100 页。

17 Miller. *The Prytaneion.* 18.

18 同上。

19 Vitruvius. *Ten Book on Architecture.* Book 5, chap. 3, p. 65.

20 Vesely, Dalibor. *Architecture in the Age of Divided Representation: The Question of Creativity in the Shadow of Production.* Cambridge, MA: MIT Press, 2004. 367-368.

21 Aristotle. *Poetics* 6. 6, 1449b, trans. S. H. Butcher. in *Aristotle's Theory of Poetry and Fine Art.* 1895; reprint, New York: Dover, 1951.

22 同上，6. 9-10, 1450a; 9. 2, 1451a。

23 关于此话题，见 Oddone Longo. "The Theater of the Polis". in *Northing to Do with Dionysos? Athenian Drama in Its Social Context*, ed. John J. Winkler and Froma I. Zeitlin. Princeton, NJ: Princeton University Press, 1990. 13。隆戈（Longo）自己引用了库伯（Frank Kolb）的文章："Polis und Theater". in *Das griechische Drama*, ed. Gustaf Adolf Seeck. Darmstadt: Wissenschaftliche Buchgesellschaft, 1979. 468-505。

24 Webster, T. B. L. *Greek Theater Production.* 1956; reprint, London: Methuen, 1972. 2; quoted in Longo. "The Theater of the Polis". 13.

25 Winkler, John J. & Froma I. Zeitlin, eds. Introduction to *Nothing to Do with Dionysos?* 5.

26 这个争论对当前关于建筑学科的批判性写作仍然至关重要。它反

映了在过去的几十年中存在主义现象学与后结构主义的学者之间
发生的更广阔的讨论。我希望在不介入复杂的通常也是技术性论
证的情况下，我的主张能够提出简单化辩证对立关系之外的其他
选择。

27 Vitruvius. *Ten Book on Architecture*. Book 1, chap. 2, p. 25. 关于几种
不同柱式后面的故事，见该书：book 4, chap. 1, p. 54。

28 Gadamer, Hans-Georg. *The Enigma of Health: The Art of Healing in a
Scientific Age*, trans. Jason Gaiger and Nicholas Walker. Stanford, CA:
Stanford University Press, 1996. 1–30.

29 Gusdorf, Georges. *Les origines des sciences humaines*. Paris: Payot,
1967. 42.

30 Gadamer, Hans-Georg. *Truth and Method*, trans. and ed. Garrett Barden
and John Cumming. London: Sheed and Ward, 1975. 141. 中译本见伽
达默尔：《真理与方法》，洪汉鼎译，上海：上海译文出版社，1999。

31 Pérez-Gómez, Alberto. *Architecture and the Crisis of Modern Science*.
1983; reprint, Cambridge, MA: MIT Press, 1992. chap. 1; Pérez-
Gómez, Alberto. Introduction to Claude Perrault, *Ordonnance for the
Five Kinds of Columns after the Methods of the Ancients*, trans. Indra
Kagis McEwen. Santa Monica, CA: Getty, 1993. 1–44.

32 关于"indole"的讨论，见 Neveu, Marc. "The Architectural Lessons
of Carlo Lodoli（1690–1761）"（麦吉尔大学博士学位论文，2005）。

33 Durand, Jean-Nicolas-Louis. *Précis des leçons d'architecture données à
l'Ecole Polytechnique*, 2 vols. Paris, 1802. 1: 3–8.

5　在语言边界的建筑

1 Plato. *Euthyphro* 11 c-e. in *Selected Dialogues of Plato*, trans. Benjamin
Jowett, rev. Hayden Pelliccia. New York: Modern Library, 2001. 中译

本见柏拉图:《游叙弗伦·苏格拉底的申辩·克力同》，严群译，北京：商务印书馆，2011。McEwen, Indra. *Socrates' Ancestor: An Essay on Architectural Beginnings.* Cambridge, MA: MIT Press, 1993. 麦克尤恩（McEwen）精彩地探讨了这段陈述所揭示的建筑与哲学之间的关系。

2　运作于语言边缘的建筑这一概念在此论著中得到发展：Trías, Eugenio. *Lógica del límite.* Barcelona: Ediciones Destino, 1991。

3　Steiner, George. *After Babel: Aspects of Language and Translation.* London: Oxford University Press, 1975. 51. 我在本书中借鉴了斯坦纳（Steiner）的不少语言概念。以下几页概述了其论著中前面两章的许多思想，并将其在建筑话语的世界中加以验证。

4　在普通感知的时候，明确的框架呈现在那些失败的案例（诸如失语症）中，在获得口语能力之前的小孩中尤其显得清晰。Merleau-Ponty, Maurice. *Phenomenology of Perception*, trans. Colin Smith. London: Routledge and Kegan Paul, 1962. 191. 又见 Merleau-Ponty, Maurice. *Consciousness and the Acquisition of Language*, trans. Hugh J. Silverman. Evanston, IL: Northwestern University Press, 1973。

5　Steiner. *After Babel.* 47.

6　Ricoeur, Paul. *Oneself as Another*, trans. Kathleen Blamey. Chicago: University of Chicago Press, 1992; Heidegger, Martin. "The Age of the World Picture". in *The Question Concerning Technology and Other Essays*, trans. William Lovitt. Toronto: Harper and Row, 1977. 115–154. 中译本见海德格尔:《海德格尔的技术问题及其他文章》，宋祖良译，台北：七略出版社，1996。

7　桑塔格（Susan Sontag）在其精美的论著（*Against Interpretation, and Other Essays*. New York: Farrar, Straus and Giroux, 1966）中认为现象学与诠释学两者之间是对立的；与之相反，（我认为）诠释学哲学显示了体验与判断这两个时刻之间的连续性。

8　Frampton, Kenneth. *Modern Architecture: A Critical History.* New York:

Oxford University Press, 1980. 中译本见弗兰姆普敦:《现代建筑：一部批判的历史》，张钦楠等译，北京：生活·读书·新知三联书店，2012。

9　Agamben, Giorgio. *Means without End*: *Notes on Politics*, trans. Vincenzo Binetti and Cesare Casarino. Minneapolis: University of Minnesota Press, 2000.

10　例如，莱瑟巴罗（David Leatherbarrow）关于20世纪建筑的论著（部分与莫斯塔法维合著），尤其是 *Uncommon Ground*: *Architecture, Technology, and Topography*. Cambridge, MA: MIT Press, 2000；以及他与莫斯塔法维（Mohsen Mostafavi）合著的 *Surface Architecture*. Cambridge, MA: MIT Press, 2002。又如韦塞利（Dalibor Vesely）对（德国）茨维法尔滕（Zwiefalten）的巴洛克教堂的诠释，见 *Architecture in the Age of Divided Representation*: *The Question of Creativity in the Shadow of Production*. Cambridge, MA: MIT Press, 2004. 216-226。

11　我自己关于诠释学的观点得益于奥特加（José Ortega y Gasset）有关历史本质的著作、海德格尔的本体论诠释学，尤其是伽达默尔（Hans-Georg Gadamer）的 *Truth and Method*, trans. and ed. Garrett Barden and John Cumming. London: Sheed and Ward, 1975; *Philosophical Hermeneutics*, trans. and ed. David E. Linge. Berkeley: University of California Press, 1976。还有保罗·利科（Paul Ricoeur）关于此论题的大量著作，尤其是他的 *History and Truth*, trans. Charles A. Kelbley. Evanston, IL: Northwestern University Press, 1965；中译本见保罗·利科:《历史与真理》，姜志辉译，上海：上海译文出版社，2004；*The Conflict of Interpretations*: *Essays in Hermeneutics*, ed. Don Ihde. Evanston, IL: Northwestern University Press, 1974；中译本见保罗·利科:《解释的冲突》，莫伟民译，北京：商务印书馆，2008；*Time and Narrative*, trans. Kathleen McLaughlin and David Pellauer, 3 vols. Chicago: Unievrsity of Chicago Press,

1984−1988.

12 Vico, Giambattista. *The New Science*，根据第三版（1744）节译，trans. Thomas Goddard Bergin and Max Harold Fisch. 1970; reprint, Ithaca, NY: Cornell University Press, 1979. 63. 中译本见维柯:《新科学》，朱光潜译，北京：商务印书馆，2011。

6　建筑理论中的友爱语言

1 Vitruvius. *The Ten Books on Architecture*, trans. Morris Hickey Morgan. 1914; reprint, New York: Dover, 1960: Book 1, chap. 1, pp. 5−13. 20 世纪的另一个翻译本，与拉丁文本相对照，也有助于厘清特定术语的意义: *On Architecture*, trans. Frank Granger, 2 vols. , Loeb Classical Library. 1931−1934; reprint, Cambridge, MA: Harvard University Press, 1983。还可以比较由罗兰（Ingrid D. Rowland）最近翻译的英文版（ed. Rowland and Thomas Noble Howe. Cambridge University Press, 1999）。中译本见维特鲁威:《建筑十书》，（美）I. D. 罗兰英，陈平中译，北京：北京大学出版社，2012。

2 Vitruvius. *The Ten Books on Architecture*, trans. Morgan. Book 1, chap. 1, pp. 11−12.

3 关于这些术语诸如"理论""技术"与"理论实践"的原初与现代含义的清醒讨论，见 Gadamer, Hans-Georg. *The Enigma of Health*: *The Art of Healing in a Scientific Age*, trans. Jayson Gaiger and Nicholas Walker. Stanford: Stanford University Press, 1996. 1−30。

4 Vitruvius. *The Ten Books on Architecture*, trans. Morgan. Book 1, chap. 1, p. 5. 拉丁文版见格兰杰（Granger）的版本，1 : 6。

5 Vitruvius. *On Architecture*, trans. Granger. Book 1, chap. 1, 1: 6, 7.

6 Aristotle. *Rhetoric* 3. 2, 1405a; quoted in Carson, Anne. *Eros the Bittersweet*: *An Essay*. Princeton, NJ: Princeton University Press,

1986. 63.

7　Vitruvius, trans. Granger. Book 1, chap. 2, pp. 25–30.

8　Proclus. *A Commentary on the First Book of Euclid's Elements*, trans. Glenn R. Morrow. Princeton, NJ: Princeton University Press, 1970. 31–33. 这个版本在本文以后的引用时将被标注于正文括号中。在另外的地方，普罗克鲁斯写道："由于知识的形式相互有别，所以它们的客体对象在自然中也各不相同。智力的客体的存在模式比其他任何事物都要简单，而感官与感知的客体在任一方面都欠缺首要的现实性。数学的客体以及所有一般的被理解的客体处在这其中的中间位置。"（4）

9　关于反射光学的诠释，见 Pérez-Gómez, Alberto and Louise Pelletier. *Architectural Representation and the Perspective Hinge*. Cambridge, MA: MIT Press, 1997. 101。

10　Padel, Ruth. *In and Out of the Mind*: *Greek Image of the Tragic Self*. Princeton, NJ: Princeton University Press, 1992. chap. 2.

11　同上，第 17 页。

12　Pérez-Gómez and Pelletier. *Architectural Representation*. 97.

13　Vitruvius. *Ten Books on Architecture*, trans. Morgan. Book 5, chap. 3, p. 37.

14　同上，第 1 书，第 2 章，第 13 页。在被运用于界定"柱式"的概念之后，"纠正"或"调整"这一概念在文中出现多次（比如关于立柱的厚度、柱顶雕带的投影等等）。

15　"Acts of the Constitution of Masonry"（ca. 1400）. In Harvey, John. *The Medieval Architect*. London: Wey land, 1972. 191–207.

16　Dionysius the Areopagite. *The Divine Names and Mystical Theology*, trans. C. E. Rolt. 1971; reprint, London: SPC, 1987. 87, 195.

17　Illich, Ivan. *In the Vineyard of the Text*: *A Commentary to Hugh's Didascalicon*. Chicago: University of Chicago Press, 1993. 伊里奇（Illich）显示了字母索引所产生的深远影响，它实际上将书本转换

成了完全可以介入的记忆库，非常不同于较早的记忆化身。

18　来自于 Tatarkiewicz, Władysław. *History of Aesthetics*, ed. C. Barrett, trans. R. M. Montgomery. Warsaw: Polish Scientific Publishers, 1970. 2: 198-199。

19　Vesely, Dalibor. *Architecture in the Age of Divided Representation: The Question of Creativity in the Shadow of Production*. Cambridge, MA: MIT Press, 2004. 110-173.

20　Rowe, Colin. "The Mathematics of the Ideal Villa"（最早发表于 1947）；载于其论著：*The Mathematics of the Ideal Villa and Other Essays*. Cambridge, MA: MIT Press, 1976. 1-28.

21　例如，Taylor, René. "Architecture and Magic: Consideration on the Idea of the Escorial". in *Essays in the History of Architecture Presented to Rudolf Wittkower*, ed. Douglas Fraser, Howard Hibbad, and Milton J. Lewine. New York: Phaidon, 1967. 81-109；以及拙作："Juan Bautista Villalpando's Divine Model in Architectural Theory". in *Chora*, vol. 3. Montreal: McGill-Queen's University Press, 1999. 125-156。

22　Philibert de L'Orme. *Traités d'architecture*, ed. Jean-Marie Pérouse de Montclos. Paris: Léonce Laget, 1988; 最早在巴黎出版为：*Nouvelles intentions pour bien bastir et à petits fraiz*（1561）；*Premier tome de l'architecture*（1567）。

23　Villalpando, Juan Bautista. *In Ezechielem explanations et apparatus urbis ac templi hierosolymitani*. Rome, 1596-1604. 见 Pérez-Gómez. "Juan Bautista Villalpando's Divine Model".

24　关于 17 世纪对维拉潘多（Villalpando）的"发现"的诠释，见 Caramuel de Lobkowitz, Juan. *Architectura civil recta y oblicua considerada y dibuxada y en el Templo de Ierusale[m]*. Vigevano, 1678。

25　Jonas, Hans. *The Gnostic Religion: The Message of the Alien God and the Beginnings of Christianity*, 2ⁿᵈ ed., rev. Boston: Beacon Press,

1963. 31.

26　例如，见瓜里尼（Guarino Guarini）与卡拉慕尔（Juan Caramuel de Lobkowitz）的论著。我在两本拙作中都对他们作品的含义做了讨论：*Architecture and the Crisis of Modern Science*. 1983; reprint, Cambridge, MA: MIT Press, 1992; *Architectural Representation and the Perspective Hinge*。

27　Foucault, Michel. *The Order of Things*: *An Archaeology of the Human Sciences*. London: Tavistock, 1970. 46.

28　Chi, Lily. "An Arbitrary Authority: Claude Perrault and the Idea of Caractère in Germain Boffrand and Jacques-François Blondel"（麦吉尔大学博士学位论文，1997）. 又见我为一本译著所作的前言 Perrault, Claude. *Ordonnance for the Five Kinds of Columns after the Methods of the Ancients*, trans. Indra Kagis McEwen. Santa Monica, CA: Getty, 1993。

29　Perrault, Charles. *Parallèle des anciens et des modernes*, 4 vols. Paris, 1692−1696. 1:132.

30　Fischer von Erlach, Johann Bernhard. *Entwürff einer historischen Architektur*. Vienna, 1721.

31　Blondel, François. *Cours d'architecture*. Paris, 1698. 768−774.

32　Blondel, Jacques-François. *Architecture françoise*. Paris, 1752. 318.

33　Blondel, Jacques-François. *Cours d'architecture ou traité de la décoration, distribution et construction des bâtiments*, 9 vols. Paris, 1771−1777. 1: 376.

34　同上，卷1，第390页。

35　同上。

36　Pérez-Gómez, Alberto. "Charles-Etienne Briseux: The Musical Body and the Limits of Instrumentality in Architecture". in *Body and Building*: *Essays on the Changing Relation of Body and Architecture*, ed. George Dodds and Robert Tavernor. Cambridge, MA: MIT Press,

2002. 164.

37 关于皮拉内西的《监狱》系列与现代电影之间的类比，参考著名的文章 Eisenstein, Sergei. "Piranèse ou la fluidité des formes"（皮拉内西或者电影的流畅性）；载于 *La non-indifférente nature*, trans. Luda and Jean Schnitzer, vol. 1. Paris: Union Générale d'Editions, 1976. 271–338。又见 Pérez-Gómez and Pelletier. *Architectural Representation*. 370–383。

38 Boullée, Etienne-Louis. *Architecture, essai sur l'art*. Paris: Hermann, 1968. 67–69.

39 Pérez-Gómez. *Architecture and the Crisis of Modern Science*. Chap. 9.

7 维尔兄弟的故事

1 Pérouse de Montelos, Jean-Marie. "Charles-François Viel, architecte de L'Hôpital Général et Jean-Louis Viel de Saint-Maux, architecte, peintre et avocat au Parlement de Paris". *Bulletin de la Société de l'histoire de l'art français*. 1966. 257–269.

2 例如，*Annales françaises des sciences, des arts, et des lettres* 5（January 1820）. 230–234。

3 甚至 *Lettres sur l'architecture des anciens et celle des moderns*（Geneva: Minkhoff, 1974）一书的现代重版也被法瑞（Michel Faré）在其前言中归属为查尔斯-弗朗斯瓦·维尔所作。

4 Viel, Charles-François. *Principes de l'ordonnance et de la construction des bâtiments*. Paris, 1797. dedication.

5 La Minerve（1777），Les Neufs Soeurs（1779）. 见 Ramla Ben Aissa. "Erudite Laughter: The Persiflage of Viel de Saint-Maux". in *Chora: Intervals in the Philosophy of Architecture*, vol. 5。

6 Viel de Saint-Maux, Jean-Louis. *Lettres sur l'architecture des anciens et celle des modernes, dans lesquelles se trouve développé le génie*

symbolique qui préside aux monuments de l'antiquité. Paris, 1787. Sixth letter.

7　Viel de Saint-Maux, Jean-Louis. *Lettre sur l'architecture à M. le comte de Wannestin.* Brussels, 1780; *Seconde lettre sur l'architecture à Monseigneur le duc de Luxembourg.* Brussels, 1780.

8　Pérez-Gómez, Alberto. *Architecture and the Crisis of Modern Science.* 1983; reprint, Cambridge, MA: MIT Press, 1992. 79.

9　Viel de Saint-Maux. *Lettres sur l'architecture.* Sixth letter, 12.

10　同上，第一封信，第 5 页。

11　例如，见他的关于阿尔伯蒂的《建筑艺术》（载于同上，第一封信，第 22—23 页）以及关于科尔德穆瓦（Cordemoy）及他人的（第六封信，第 16 页）讽刺性评论。

12　Viel de Saint-Maux. *Lettres sur l'architecture.* Vi.

13　Dupuis（citoyen Français）. *Abrégé de l'origine de tous les cultes.* Paris, 1820. Chap. 1. 迪普伊（Dupuis，1742–1809）于 1797 出版了其最早的具影响力的著作。

14　同上，第 4、10、447 页。

15　Viel de Saint-Maux. *Lettres sur l'architecture.* First letter, 17.

16　Ledoux, Claude-Nicolas. *L'architecture considérée sous le rapport de l'art, des moeurs et de la législation.* Paris, 1804.

17　Viel de Saint-Maux. *Lettres sur l'architecture.* First letter, 21, 6.

18　同上，第 20 页。在其第二封信的一个脚注中，他强调："如同我们，古代人从来没有将神圣的建筑与建构私人住宅的艺术相混淆；后者与神庙及纪念建筑没有任何关系。"（18 n. 1）

19　同上，第一封信，第 9 页。

20　考特（Court de Gébelin）的作品被多处引用。例如，见同上，第 23 页。

21　Court de Gébelin, Antoine. *Histoire naturelle de la parole, ou Précis de l'origine du langage et de la grammaire universelle, Extrait du monde primitif*. Paris, 1776. 1, 4.

22 "L'arbitraire n'a nulle autorité et ne peut jamais faire loi, dans les mots, comme dans la 'Conduite des Peuples et de Familles'." （同上，第 11 页）

23 考特相信第一种语言是由描绘物质形体的土著人发出的单音节所构成；这些单音节成为所有字词的来源。所有语言都建基于少量的一个音节的根词："物质的"字词表达着道德或智性的理念。（同上，第 37—39 页）

24 Court de Gébelin, Antoine. *Monde primitif analysé et comparé avec le monde moderne, considéré dans son génie allégorique et dans les allégories auxquelles conduisit ce genie*. Paris, 1773. 6. 他写道，人类在自然中发现了 "les Éléments de tout ce dont il s'occupe—la musique est fondée sur une octave qui ne dépend jamais du Musicien... la Géométrie, sur les rapports et les proportions immuables des corps"。诗意的 "步行频率" 与我们声音的延伸及我们身体的运动相关。（22）

25 Court de Gébelin. *Histoire naturelle*. 14.

26 同上，第 107 页。

27 Court de Gébelin. *Monde primitif*. 3; *Histoire naturelle*. 382-383.

28 Court de Gébelin. *Monde primitif*. 5.

29 同上，第 64—70 页。

30 同上，第 90—93 页。

31 Viel. *Principes*. Chaps. 16-19.

32 同上，第 96 页。维尔注释道："建筑师运用线条如同作家运用字词。只有当其依循规则时，两者才能传递思想。从线条的多样性产生了构成秩序的线条，就如同在话语中我们用字词来构成短语。"

33 Court de Gébelin. *Histoire naturelle*. 141.

34 Viel. *Principes*. Chap. 20. 对这部著作的引用以下将标注在正文的括号中。

35 Abbé Laugier. *Observations sur l'architecture*. Paris, 1765. Pérez-

Gómez. *Architecture and the Crisis of Modern Science*. 64.

36 例如，自然在胚胎中产生形式的方式，开始于头部，以引发脸部最重要的特征，鼻子的生长开始于一条线，眼睛开始于两个黑点。在维尔看来，这种自然的方式为建筑师提供了范本，他开始于草图并勾画着未来建筑的形体。（第 26 页）

37 这些简短的作品将被简略地讨论，因为我在拙作 *Architecture and the Crisis of Modern Science* 中已经对其做了分析；它们包括 *De l'impuissance des mathématiques pour assurer la solidité des bâtimens*. Paris, 1805; *Dissertations sur les projects de coupoles*. Paris, 1809; *De la solidité des bâtimens, puissé dans les proportions des ordres d'architecture*. Paris, 1806。

38 Viel. *De l'impuissance des mathématiques*. 5. 在此引用的版本与其他若干短文发表于他的 *Architecture*. Paris, 1797。

39 Viel. *De la solidité des bâtimens*. 49–50.

40 同上，第 50 页。总之，柱式是"构图与构造的基本原则"，它们如同天上的星星，为建筑师照亮了寻找和谐与坚固的道路。

41 Viel. *De l'impuissance des mathématiques*. 6. 在脚注中，他引用了德·昆西（Quatremère de Quincy）的话："Il est difficile que tout ne soit pas connexe dans toutes les parties d'un même art"。

42 同上，第 11–25 页。

43 Viel. *De la solidité des bâtimens*. 12; *Dissertations*. 19–20.

44 Viel. *Dissertations*. 48.

45 Viel, Charles-François. *Des anciennes études d'architecture: De la nécessité de les remettre en vigueur et de leur utilité pour l'administration des bâtiments civils*. Paris, 1807. 1.

46 同上，第 5 页。

47 同上，第 6 页。

48 同上，第 25 页。

49 同上，第 3 页。

50　Viel. *Des anciennes études d'architecture.* 2.

51　同上，第 3 页。

52　Viel, Charles-François. *Inconvéniens de la communication des plans d'édifices avant leur exécution.* Paris, 1813. 7–8.

53　同上，第 25 页。有必要强调，只有在维尔时代记谱的技术（在建筑中，如同在音乐中）变成有效的简约方法。这种发展不久即被想当然地采纳为这些学科的操作模式，在此境况下，他的观点性显而易见。关于音乐理论中这一重要的平行演变，见 Goehr, Lydia. *The Imaginary Museum of Musical Works: An Essay in the Philosophy of Music.* Oxford: Clarendon; New York: Oxford University Press, 1992。

54　Rondelet, Jean. *Traité théorique et pratique de l'art de bâtir.* Paris, 1802.

55　Viel, Charles-François. *Décadence de l'architecture à la fin du dix-huitième siècle.* Paris, 1800. 25.

56　Viel, Charles-François. *De la construction des édifices publiques sans l'emploi du fer.* Paris, 1803. 15.

57　Viel. *Des anciennes études d'architecture.* 25.

58　维尔展开长篇讨论，试图证明哥特建筑并非原创的发明。他相信，早期与晚期中世纪结构的多样性证明，中世纪的建造者仅仅是改造与滥用为其所接受的模式。他声称大众对哥特建筑的热情纯粹是因为建筑物的庞大体量。

59　沃杜瓦耶（Vaudoyer）的书页边上的注释提示，这些建筑师可能是勒杜与布雷，或甚至是瓦伊（Wailly）。见维尔的 *Décadence de l'architecture* 的第 8 页，所参考版藏于加拿大蒙特利尔市的加拿大建筑中心（载于 *Architecture* 第一册）。

60　Pérez-Gómez. *Architecture and the Crisis of Modern Science.* 322.

61　Viel. *Dissertation.* 23.

62　Viel. *Décadence de l'architecture.* 8–10.

63　Viel. *De l'impuissance des mathématiques.* 71.

64　不同于 18 世纪的建筑史作者强调形式的分门别类，维尔讨论与形式相关的用途的重要性。虽然他对多立克柱式存有偏好（例如，在 *Principes*，第 31 章 "论现代的神庙"），他指出古代神庙的内殿只用来装置神的雕像，这截然不同于现代基督教教堂中祷告都发生在室内。确实，古罗马的巴西利卡往往被改造为教堂。

65　Viel. *Décadence de l'architecture*. 10.

66　我使用的 "进步中的微弱信仰" 这一概念取自瓦蒂莫（Gianni Vattimo）。见其论著 *The End of Modernity: Nihilism and Hermeneutics in Postmodern Culture*, trans. Jon R. Snyder. Baltimore: John Hopkins University Press, 1988。中译本见詹尼·瓦蒂莫:《现代性的终结: 虚无主义与后现代文化诠释学》，李建盛译，北京: 商务印书馆，2013。

67　Durand, Jean-Nicolas-Louis. *Précis des leçons d'architecture*, 2 vols. Paris, 1819; *Recueil et parallèle des édifices de tout genre, anciens et modernes*. Paris, 1801. 在其 *Précis* 中，杜兰德解释了他的基于方格网的设计方法论或 "构图机制"，补充完善了 "宏大的杜兰德" 计划，即其经由同一比例的图示对各历史时期的建筑进行的大规模的历史汇编。

68　Viel. *Des anciennes études d'architecture*. 5, 13.

69　查尔斯-弗朗斯瓦·维尔断然地拒绝，以此批判那些通过画法几何与分析性应用来设计建筑的新方式。见其 *Inconvéniens de la communication des plans*，第 23 页。

8　（西方）建筑传统中的诗与意

1　Pérez-Gómez, Alberto. "Charles-Etienne Briseux: The Musical Body and the Limits of Instrumentality in Architecture". in *Body and Building: Essay on the Changing Relation of Body and Architecture*, ed. George Dodds and Robert Tavernor. Cambridge, MA: MIT Press, 2002. 164–

189.

2　洛多利没有任何写作留下来，但他的理论经由其学生，尤其是米莫（Andrea Memmo）与皮拉内西为我们所知晓。

3　浪漫主义的哲学家与作家诸如诺瓦利斯、波德莱尔与里尔克都继续着维柯对诗意语言的理解，但很少了解其早期的观点。而且，维柯的反思似乎在乔伊斯的先锋作品中对诗意语言的高超与挑战性运用起着关键作用。

4　Nietzsche. *Human, All Too Human*, trans. R. J. Hollingdale. Cambridge: Cambridge University Press, 1986. frag. 223, p. 105. 中译本见弗里德里希·尼采：《人性的，太人性的》，杨恒达译，北京：中国人民大学出版社，2005。

5　同上，第 175 节，第 91 页。

6　同上，第 218 节，第 101 页。

7　关于后结构主义与现象学之间争论的近期发展，尤其是针对梅洛－庞蒂的晚期与未完成作品，见 Merleau-Ponty. *Vivant*, ed. M. C. Dillon. Albany: State University of New York Press, 1991;Dillon. "Temporality: Merleau-Ponty and Derrida". in Merleau-Ponty. *Hermeneutics and Postmodernism*, ed. Thomas W. Busch and Shaun Gallagher. Albany: State University of New York Press, 1992. 189-212。

8　Pérez-Gómez, Alberto. *Architecture and the Crisis of Modern Science*. 1983; reprint, Cambridge, MA: Cambridge University Press, 1992. 79.

9　Merleau-Ponty, Maurice. *La prose du monde*. 163; quoted in Steiner, George. *After Bebel*: *Aspects of Language and Translation*. London: Oxford University Press, 1975. 128.

10　例如，Ricoeur, Paul. "The Function of Fiction in Shaping Reality". *Man and World*, v. 12 1979. 123-141; Kearney, Richard. *The Wake of Imagination*: *Toward a Postmodern Culture*. Minneapolis: University of Minnesota Press, 1988。尤其是后一本书的介绍与结尾。

11　Steiner. *After Babel*. 128-129.

12　在其《诗歌艺术》(*Ars poetica*)一书中，贺拉斯 (Horace) 写道，史诗诗人"急切地行动，急于将听众投入事物之中"（第 148—149 行）；被引于 Ong, Walter. *Orality and Literacy: The Technologizing of the World.* London: Methuen, 1982. 16–27, 142。中译本见沃尔特·翁:《口语文化与书面文化：语词的技术化》，何道宽译，北京：北京大学出版社，2008。

13　Vitruvius. *The Ten Books on Architecture*, trans. Morris Hickey Morgan. 1914; reprint, New York: Dover, 1960: Book 1, chap. 2, pp. 13–14. 维特鲁威将"设计理念"与现场的建构行为而非现代意义上的建筑图示相联系。关于此问题的进一步讨论，见 Alberto Pérez-Gómez & Louise Pelletier. *Architectural Representation and the Perspective Hinge.* Cambridge, MA: MIT Press, 1997. 88–104。

14　Ong. *Orality and Literacy.* 83–93.

15　Plato. *Phaedrus.* 274–277. In *Selected Dialogues of Plato*, trans. Benjamin Jowett, rev. Hayden Pelliccia. New York: Modern Library, 2001.

16　Abram, David. *The Spell of the Sensuous: Perception and Language in a More-Than-Human World.* New York: Pantheon, 1996. 93–135.

17　Vattimo, Gianni. *The End of Modernity: Nihilism and Hermeneutics in Postmodern Culture*, trans. Jon R. Snyder. Baltimore: Johns Hopkins University Press, 1988. 中译本见詹尼·瓦蒂莫:《现代性的终结：虚无主义与后现代文化诠释学》，李建盛译，北京：商务印书馆，2013。

18　翁 (Ong) 写道："几个世纪以来，直到浪漫主义时代（当修辞学的重心明确地，如果不是全部地，从口头表达转向写作时），清晰地或隐晦地致力于修辞学的形式研究与形式实践表征了在既定文化中残余的首要口语性的程度。"（*Orality and Literacy.* 109）

19　Paz, Octavio. "Signs in Rotation". in *The Bow and the Lyre* (*El arco y la lira*): *The Poem, the Poetic Revelation, Poetry, and History*, trans.

Ruth L. C. Simms. Austin: University of Texas Press, 1991. 241.

20 Pérez-Gómez & Pelletier. *Architectural Representation*. 281–321.

21 Steiner. *After Babel*. 175.

22 同上，第 177 页。

23 Rimbaud; quoted (untranslated) in Steiner. *After Babel*. 177.

24 Mitchell, Timothy. *Colonising Egypt*. 1988; reprint, Berkeley: University of California Press, 1991.

25 Pérez-Gómez & Pelletier. *Architectural Representation*. 281–321.

26 Mitchell. *Colonising Egypt*. 63–71.

27 同上，第 133—134 页。

9　建筑的道德形象

1 参见他在绍城（Chaux）设计中的建筑项目，诸如"协调法庭"（pacifère），载于 Ledoux, Claude-Nicolas. *L'architecture considérée sous le rapport de l'art, des moeurs et de la législation*, 2 vols. Paris, 1806–1846。

2 Deleuze, Gilles. *Logique du sens*. Paris: Les Editions de Minuit, 1969. 76.

3 来自于一句格言，载于 Chazal, Malcolm de. *Sens-Plastique*, ed. and trans. Irving Weiss, 2nd ed. New York: Sun, 1979. 93。

4 Spicker, Stuart. *The Philosophy of the Body: Rejections of Cartesian Dualism*. New York: Quadrangle, 1970; Leder, Drew. *The Absent Body*. Chicago: University of Chicago Press, 1990.

5 Baudrillard, Jean. *Seduction*, trans. Brian Singer. New York: St. Martin's Press, 1990. 中译本见让·鲍德里亚:《论诱惑》，张新木译，南京：南京大学出版社，2011。

索　引

索引中的页码系原书页码，本书为页边码。

图书在版编目(CIP)数据

建筑在爱之上/(加)阿尔伯托·佩雷兹-戈麦兹著；
邹晖译. —北京:商务印书馆,2018
(建筑新视界)
ISBN 978 - 7 - 100 - 13881 - 9

Ⅰ.①建⋯　Ⅱ.①阿⋯ ②邹⋯　Ⅲ.①建筑史—研
究—世界　Ⅳ.①TU - 091

中国版本图书馆 CIP 数据核字(2017)第 098900 号

建筑在爱之上

〔加〕阿尔伯托·佩雷兹-戈麦兹　著
邹晖　译

────────────────

商 务 印 书 馆 出 版
(北京王府井大街 36 号　邮政编码 100710)
商 务 印 书 馆 发 行
北京通州皇家印刷厂印刷
ISBN　978 - 7 - 100 - 13881 - 9

────────────────

2018 年 4 月第 1 版　　　　开本 880×1230　1/32
2018 年 4 月北京第 1 次印刷　　印张 11¼
定价:48.00 元